水体污染控制与治理科技重大专项“十一五”成果系列丛书

⊙ 水污染控制战略与政策示范研究主题

滇池流域水污染治理与富营养化控制技术研究

Integrated Technical Framework for Water Pollution Control and Eutrophication Restoration of Lake Dianchi Watershed

郭怀成　贺　彬　宋立荣　段昌群
徐晓梅　罗　毅　刘　永　主编

中国环境出版社 · 北京

图书在版编目（CIP）数据

滇池流域水污染治理与富营养化控制技术研究 / 郭怀成等主编.
—北京：中国环境出版社，2017.5
（水体污染控制与治理科技重大专项“十一五”成果系列丛书）
ISBN 978-7-5111-2933-8

Ⅰ.①滇… Ⅱ.①郭… Ⅲ. ①滇池—流域—水污染防治—研究
②滇池—流域—富营养化—污染控制—研究 Ⅳ.①X524

中国版本图书馆 CIP 数据核字（2016）第 255254 号

出 版 人 王新程
责任编辑 陈金华 宾银平
责任校对 尹 芳
封面设计 岳 帅

出版发行 中国环境出版社
（100062 北京市东城区广渠门内大街 16 号）
网 址：http://www.cesp.com.cn
电子邮箱：bjgl@cesp.com.cn
联系电话：010-67112765（编辑管理部）
010-67113412（教材图书出版中心）
发行热线：010-67125803，010-67113405（传真）
印 刷 北京市联华印刷厂
经 销 各地新华书店
版 次 2017 年 5 月第 1 版
印 次 2017 年 5 月第 1 次印刷
开 本 787×1092 1/16
印 张 13.75
字 数 275 千字
定 价 55.00 元

水专项“十一五”成果系列丛书

指导委员会成员名单

主　任: 周生贤

副主任: 仇保兴　吴晓青

成　员: (按姓氏笔画排序)

王伟中　王衍亮　王善成　田保国　旭日干　刘　昆
刘志全　阮宝君　阴和俊　苏荣辉　杜占元　吴宏伟
张　悦　张桃林　陈宜明　赵英民　胡四一　柯　凤
雷朝滋　解振华

环境保护部水专项“十一五”成果系列丛书

编著委员会成员名单

主　编：周生贤

副主编：吴晓青

成　员：（按姓氏笔画排序）

马　中　王子健　王业耀　王明良　王凯军　王金南
王　桥　王　毅　孔海南　孔繁翔　毕　军　朱昌雄
朱　琳　任　勇　刘永定　刘志全　许振成　苏　明
李安定　杨汝均　张世秋　张永春　金相灿　周怀东
周　维　郑　正　孟　伟　赵英民　胡洪营　柯　兵
柏仇勇　俞汉青　姜　琦　徐　成　梅旭荣　彭文启

环境保护部水专项“十一五”成果系列丛书

《战略与政策主题》编著委员会成员名单

《滇池流域水污染治理与富营养化控制技术研究》

编著成员名单

主编：郭怀成　贺　彬　宋立荣　段昌群　徐晓梅　罗　毅　刘　永

编委：

课题 1	周　丰	郑一新	朱　翔	冯长春	贺灿飞	邹　锐
	毛国柱	马　杏	孙佩石	杨常亮		
课题 2	何　佳	虢清伟	温东辉	王树东	赵海英	张怀宇
	谢曙光	冯传平	侯立柱	郑金龙		
课题 3	杨逢乐	吴为中	李清曼	叶　海	崔理华	金竹静
	张春敏	叶金利	王俊松	赵　磊		
课题 4	和树庄	刘嫦娥	张国盛	陆轶峰	李　元	杨树华
	洪丽芳	王崇云	付登高	范亦农		
课题 5	肖邦定	李根保	李　林	陈　静	刘贵华	厉恩华
	潘　珉	李宗逊	谢志才	庄惠如		
课题 6	嵇晓燕	张　迪	王永华	孙宗光	张榆霞	李晓铭
	周　洁	陈云波	李　楠	宫正宇		
项目组	黄　凯	梁中耀	阳平坚	盛　虎	王艺淋	杨永辉
	于书霞	郁亚娟				

总 序

我国作为一个发展中的人口大国，资源环境问题是长期制约经济社会可持续发展的重大问题。在经济快速增长、资源能源消耗大幅度增加的情况下，我国污染排放强度大、负荷高，主要污染物排放量超过受纳水体的环境容量。同时，我国人均拥有水资源量远低于国际平均水平，水资源短缺导致水污染加重，水污染又进一步加剧水资源供需矛盾。长期严重的水污染问题影响着水资源利用和水生态系统的完整性，影响着人民群众身体健康，已经成为制约我国经济社会可持续发展的重大瓶颈。

“水体污染控制与治理”科技重大专项（以下简称“水专项”）是《国家中长期科学和技术发展规划纲要（2006—2020 年）》确定的 16 个重大专项之一，旨在集中攻克一批节能减排迫切需要解决的水污染防治关键技术、构建我国流域水污染治理技术体系和水环境管理技术体系，为重点流域污染物减排、水质改善和饮用水安全保障提供强有力的科技支撑，是新中国成立以来投资最大的水污染治理科技项目。

“十一五”期间，在国务院的统一领导下，在科技部、国家发展改革委和财政部的精心指导下，在领导小组各成员单位、各有关地方政府的积极支持和有力配合下，水专项领导小组围绕主题主线新要求，动员和组织全国数百家科研单位、上万名科技工作者，启动了 34 个项目、241 个课题，按照“一河一策”、“一湖一策”的战略部署，在重点流域开展大攻关、大示范，突破 1 000 余项关键技术，完成 229 项技术标准规范，申请 1 733 项专利，初步构建了水污染治理和管理技术体系，基本实现了“控源减排”阶段目标，取得了阶段性成果。

一是突破了化工、轻工、冶金、纺织印染、制药等重点行业“控源减排”关键技术 200 余项，有力地支撑了主要污染物减排任务的完成；突破了城市污水处理厂提标改造和深度脱氮除磷关键技术，为城市水环境质量改善提供了支撑；研发了受污染原水净化处理、管网安全输配等 40 多项饮用水安全保障关键技术，为城市实现从源头到龙头的供水安全保障奠定科技基础。

二是紧密结合重点流域污染防治规划的实施，选择太湖、辽河、松花江等重点流域开展大兵团联合攻关，综合集成示范多项流域水质改善和生态修复关键技术，为重点流域水质改善提供了技术支持，环境监测结果显示，辽河、淮河干流化学需氧量消除劣Ⅴ类；松花江流域水生态逐步恢复，重现大马哈鱼；太湖富营养状态由中度变为轻度，劣Ⅴ类入湖河流由 8 条减少为 1 条；洱海水质连续稳定并保持良好状态，2012 年有 7 个月维持在Ⅱ类水质。

三是针对水污染治理设备及装备国产化率低等问题，研发了 60 余类关键设备和成套装备，扶持一批环保企业成功上市，建立一批号召力和公信力强的水专项产业技术创新战略联盟，培育环保产业产值近百亿元，带动节能环保战略性新兴产业加快发展，其中杭州聚光研发的重金属在线监测产品被评为 2012 年度国家战略产品。

四是逐步形成了国家重点实验室、工程中心—流域地方重点实验室和工程中心—流域野外观测台站—企业试验基地平台等为一体的水专项创新平台与基地系统，逐步构建了以科研为龙头，以野外观测为手段，以综合管理为最终目标的公共共享平台。目前，通过水专项的技术支持，我国第一个大型河流保护机构——辽河保护区管理局已正式成立。

五是加强队伍建设，培养了一大批科技攻关团队和领军人才，采用地方推荐、部门筛选、公开择优等多种方式遴选出近 300 个水专项科技攻关团队，引进多名海外高层次人才，培养上百名学科带头人、中青年科技骨干和 5 000 多名博士、硕士，建立人才凝聚、使用、培养的良性机制，形成大联合、大攻关、大创新的良好格局。

在 2011 年“十一五”国家重大科技成就展、“十一五”环保成就展、全国科技成果巡回展等一系列展览中以及 2012 年全国科技工作会议和 2013 年初的国务院重大专项实施推进会上，党和国家领导人对水专项取得的积极进展都给予了充分肯定。这些成果为重点流域水质改善、地方治污规划、水环境管理等提供了技术和决策支持。

在看到成绩的同时，我们也清醒地看到存在的突出问题和矛盾。水专项离国务院的要求和广大人民群众的期待还有较大差距，仍存在一些不足和薄弱环节。2011 年专项审计中指出水专项“十一五”在课题立项、成果转化和资金使用等方面不够规范。“十二五”我们需要进一步完善立项机制，提高立项质量；进一步提高项目管理水平，确保专项实施进度；进一步严格成果和经费管理，发挥专项最大效益；在调结构、转方式、惠民生、促发展中发挥更大的科技支撑和引领作用。

我们也要科学认识解决我国水环境问题的复杂性、艰巨性和长期性，水专项亦是如此。刘延东副总理指出，水专项因素特别复杂、实施难度很大、周期很长、反复也比较多，要探索符合中国特色的水污染治理成套技术和科学管理模式。水专项不是包打天下，解决所有的水环境问题，不可能一天出现一个一鸣惊人的大成果。与其他重大专项相比，水专项也不会通过单一关键技术的重大突破，实现整体的技术水平提升。在水专项实施过程中，妥善处理好当前与长远、手段与目标、中央与地方等各个方面的关系，既要通过技术研发实现核心关键技术的突破，探索出符合国情、成本低、效果好、易推广的整装成套技术，又要综合运用法律、经济、技术和必要的行政手段来实现水环境质量的改善，积极探索符合代价小、效益好、排放低、可持续的中国水污染治理新路。

党的十八大报告强调，要实施国家科技重大专项，大力推进生态文明建设，努力建设美丽中国，实现中华民族永续发展。水专项作为一项重大的科技工程和民生工程，具有很强的社会公益性，将水专项的研究成果及时推广并为社会经济发展服务是贯彻创新驱动发展战略的具体表现，是推进生态文明建设的有力措施。为广泛共享水专项“十一五”取得的研究成果，水专项管理办公室组织出版水专项“十一五”成果系列丛书。该丛书汇集了一批专项研究的代表性成果，具有较强的学术性和实用性，可以说是水环境领域不可多得的资料文献。丛书的组织出版，有利于坚定水专项科技工作者专项攻关的信心和决心；有利于增强社会各界对水专项的了解和认同；有利于促进环保公众参与，树立水专项的良好社会形象；有利于促进专项成果的转化与应用，为探索中国水污染治理新路提供有力的科技支撑。

最后，我坚信在国务院的正确领导和有关部门的大力支持下，水专项一定能够百尺竿头，更进一步。我们一定要以党的十八大精神为指导，高擎生态文明建设的大旗，团结协作、协同创新、强化管理，扎实推进水专项，务求取得更大的成效，把建设美丽中国的伟大事业持续推向前进，努力走向社会主义生态文明新时代！

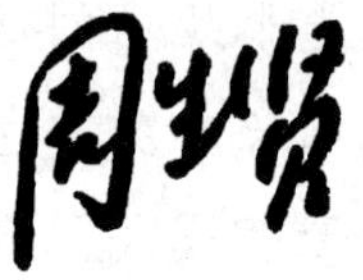

2013 年 7 月 25 日

序 言

“水体污染控制战略与政策示范研究”是国家科技重大专项“水体污染控制与治理”第六主题（以下简称“主题六”），主题六“十一五”阶段总体目标为：以提高水环境管理效能和示范区域水质改善目标为导向，围绕构建水环境战略决策技术平台、理顺水环境管理体制、提高水环境政策效果三大支撑，明确国家中长期水污染控制路线图，提出水环境管理体制创新、制度创新、政策创新主要方向，改进和完善水污染控制管理机制，增强市场经济手段在水污染控制中的作用和效果，为实现国家水污染防治目标和水环境质量改善提供长效机制。

为此，主题六“十一五”阶段设立了“水污染控制战略与决策支持平台研究”、“水环境管理体制机制创新与示范研究”和“水污染控制政策创新与示范研究”3 个项目，包含 11 个课题，总经费 4 366 万元。经过 50 余家科研单位近 700 位科研人员 6 年的共同努力，目前所有项目和课题均已经完成了验收，实现了主题六的“十一五”预期研究目标，突破了 30 余项关键技术，产出了近 30 项技术导则、标准及规范，向有关部门提交人大建议、政协提案、重要信息专报等 70 余份，取得了丰硕的科研成果，为国家水污染防治战略和政策制定提供了科学依据和技术支持。

主题六在“十一五”阶段取得的主要成果表现在三个方面：一是在国家战略与决策层面，提出了国家中长期水环境保护战略框架和“十二五”水环境保护指标体系，建立了水污染控制技术经济决策支持系统；二是在水环境管理体制机制创新层面，提出了国家水环境保护体制改革路线图，提出了农村水环境与饮用水安全监管机制；三是在水污染控制政策创新层面，建立了基于跨界断面水质的流域生态补偿与污染赔偿技术体系、不同用途差别水价和阶梯水价制度，构建了水环境保护投资预测和投融资框架、水污染物排放许可证管理技术体系，以及水环境信息公开和公众参与制度，集成了流域水环境绩效与政策评估技术体系。

上述研究成果得到了国家有关部委的高度评价和重视，而且许多建议和政策方案已经被相关政府部门采纳和应用。为了进一步总结和推广应用上述研究成果，推动我国水污染控制战略与政策研究，让更多的政府机构、环境决策者、环境管理人员、环境科技工作者分享这些研究成果，主题六将以课题为基本单位，出版《水体污染控制战略与政策示范研究主题》成果系列丛书，并分批次陆续出版。同时，也热忱欢迎大家积极参与“十二五”和“十三五”阶段的水污染防治战略和政策主题研究，共同推动中国水环境保护事业的发展。

主题六专家组组长 王金南

2014 年 1 月 25 日

前　言

滇池是我国云贵高原重污染湖泊的典型代表，在“九五”期间被列为国家重点治理的“三湖”之一。历经多年的治理，滇池水质恶化的趋势得到遏制，但仍未根本好转。为解决滇池流域长期治理中面临的环境与经济的压力大、水环境恶劣、水生态严重受损等问题和技术瓶颈，国家水专项在2008年启动了“滇池流域水污染治理与富营养化综合控制技术及示范”项目（2008ZX07102），由北京大学牵头负责，郭怀成教授任项目负责人。项目在全流域、多尺度的系统大调查与监测基础上，主要开展了系统的评估及流域水污染治理与富营养化综合控制技术研究，制定了滇池治理的中长期规划，进行了有一定规模的技术工程示范，为实现滇池水污染物排放总量削减目标以及为滇池流域水污染综合治理工程提供全面技术支撑，为开创滇池治理新格局奠定了坚实的科技基础。

项目系统全面总结了滇池治理的经验和教训，揭示了滇池富营养化的成因，指明了滇池治理存在的难点和关键点；针对识别的关键问题开展中长期规划设计、技术研发与示范，形成了“1+4”的研究成果：“1”即提出滇池流域水污染防治与富营养化控制的1整套中长期规划与路线图；“4”即形成了包含重污染排水区综合防控等 4 套高原重污染湖泊富营养化治理技术；并在滇池“十二五”水污染防治中得到规模化推广和应用。充分体现了重大专项以科技创新支撑引领滇池流域水污染防治及污染减排的作用。“十一五”水专项形成的研究成果，在滇池流域水污染防治“十二五”规划及治滇决策中起到了重要的科技支撑和引领作用。研究成果多角度、多层次、尽可能多地渗透和应用到滇池流域水污染防治“十二五”规划的目标、思路、控制单元确定、方案设计和重点工程设计等环节，在数据、结论、模型、关键技术、思路、方案以及规划建议等方面发挥了全面的科技支撑作用。形成的四大板块技术已经在“十二五”滇池治理中得到规模化推广，提供了强有力的科技支撑，并在抚仙湖、杞麓湖等其他云南高原湖泊中进行了应用，得到了云南省昆明市相关部门的一致认可。

本书系统梳理了滇池的治理历程，阐明了水专项的立项依据和主要目的，分析了主要的技术研发、问题诊断和工程示范，全书主体内容共分三个部分：

（1）第一部分为滇池概况及水污染治理回顾。主要分析了滇池流域的基本概况，梳理了滇池自“九五”以来的治理历程，指出了滇池水专项的立项依据、主要目的和任务。

（2）第二部分对滇池的水质变化历程及富营养化趋势展开分析。剖析了滇池水质持续恶化的直接原因和滇池水质难以改善的根本原因，评估了滇池治理工程，综合诊断了滇池治理的进展与问题。

（3）第三部分重点展示了滇池治理思路与技术实践。提出了滇池中长期治理理念与思路，构建了高原重污染湖泊富营养化治理技术，并对关键技术开展工程示范。构建的关键技术体系包括：高原湖泊流域营养盐迁移转化过程模拟预测及优化调控技术，高原湖泊城市重污染排水区综合控源及河道沿程削减技术，湖滨区设施农业集水区内面源污染防控技术，高原重度受损湖泊的“湖泊分区生态系统修复—湖滨带建设—湖滨区基底修复”技术。

本书是“十一五”滇池水专项团队集体智慧的结晶，主要参加单位有：北京大学、中国科学院水生生物研究所、云南省环境科学研究院、云南大学、云南高科环境保护科技有限公司、中国环境监测总站。在团队的共同努力下，几经修改并最终定稿。

在项目的研究和执行过程中，得到了国家科技重大专项办公室、昆明市人民政府、云南省环境保护厅、国家水专项管理办公室、云南省水专项领导小组办公室、昆明市水专项办公室及昆明市相关局（办）等的大力支持，得到了国家水专项总体专家组、湖泊主题专家组、流域专家组、三部委监督评估专家组及课题和项目验收专家组等的批评指导，由衷表示感谢！由于作者的知识和经验有限，书中难免出现疏漏，殷切希望各位同行不吝指正。

本书的研究与出版得到了国家水体污染控制与治理科技重大专项（编号：2008ZX07102）的资助。

目 录

第1章 概述

1.1 项目概要

1.1.1 立项背景

滇池是我国云贵高原重污染湖泊的典型代表，在“九五”期间被列为国家重点治理的“三湖”之一。尽管自“七五”计划以来，滇池流域的水污染治理投入已达数百亿元，但滇池流域的水环境质量状况没有得到根本性的逆转。究其原因，一方面是滇池流域的社会经济发展速度迅猛，人口密度大，对流域造成的水环境压力远超其自身承载能力；另一方面，过去的污染治理方案和工程措施没有统一规划、综合实施，没有形成自上而下、配置合理的滇池流域水污染防治与富营养化控制的整体方案。为此，“十一五”期间，国家重大科技专项“水体污染控制与治理科技专项”下属的“湖泊富营养化控制与治理”主题专门开展了“滇池流域水污染治理与富营养化综合控制技术及示范项目”（2008ZX07102），由北京大学作为第一责任单位与中国科学院水生生物研究所、云南省环境科学研究院、云南大学、云南高科环境保护工程有限责任公司、中国环境监测总站等科研院所共同承担研究任务。

本专项选择昆明滇池作为我国云贵高原湖区重污染湖泊的典型研究对象，针对其位居江河之首、环境保护与经济建设协调发展压力大、水动力条件差、水环境恶劣、水生态严重受损和富营养化程度高与蓝藻水华发生严重的问题，在流域层次上，开展流域水污染治理与富营养化综合控制技术研究，并进行规模化工程示范，以科技进步引导建立严格、有效的全流域污染控制的管理体系。为实现“十一五”期间滇池水污染物排放总量削减10%及滇池流域水污染综合治理工程提供技术支撑；达到逐步改善湖泊水质，提高水环境等级，加强水生态健康，为湖周边的经济建设与社会和谐发展服务，为我国高原重污染湖泊的水环境、水生态综合治理提供技术支撑。

1.1.2 项目目标和分阶段任务

滇池水专项针对滇池的湖沼学特征和现状，围绕当前迫切需要解决的关键科学问题，研究流域经济社会发展与滇池水环境保护的相互作用机理与调控，识别营养物在滇池流域系统中迁移转化的关键过程，制定滇池流域经济社会发展战略与水污染防治中长期战略规划与方案设计，开发科学有效的高原湖泊容量总量控制管理技术体系，揭示滇池富营养化特征和蓝藻水华周年发生的特殊规律，发展适应滇池流域的节水、控源技术方法，建立水环境、水土资源、水生态、经济社会数据库和系统管理的技术平台。最终以科技进步引导建立严格、有效的高原湖泊流域污染控制的管理体系，实现示范区污染负荷入湖量削减 20%以上，为实现“十一五”期间滇池水污染物排放总量削减 10%以及滇池流域水污染综合治理工程提供技术支撑。

1.1.3 项目研究任务设置

围绕项目目标，共设计了 6 个课题（表 1-1）：

课题一，“流域社会经济结构调整及水污染综合防治中长期规划研究”，主要的研究任务是对滇池流域的水环境与社会经济系统进行了详细调查与诊断，依据调查收集到的资料和数据对滇池流域的水环境承载力与主要污染物的总容量进行核算和优化分配，并基于承载力与总容量制定了“滇池流域社会经济结构调整与区域发展战略规划”与“滇池流域水污染综合防治中长期战略规划研究”，以缓解滇池流域水环境质量与人类活动带来的压力之间的矛盾。

课题二，“滇池北岸重污染区节水控源技术方法体系研究与工程示范”，针对滇池北岸昆明主城区水污染特征，以削减城市水污染负荷和控源减排为主要目的，开展城市源污染控制技术研发及集成；以滇池草海流域的船房河排水系统为工程示范研究重点，建立截污系统完善、配置调控优化合理、处理系统体系完备的城市源水污染控制示范区，为滇池流域城市水污染控制提供有效、实用的集成技术及系统控制方案。

课题三，“城市型污染河流入湖负荷削减及水环境改善技术与工程示范”，主要是深入开展城市型污染河流的基础调研工作，充分掌握流域内径流面源对河流水质污染造成的影响以及流域内点源截污完善后水质的变化情况，针对河流两岸截污后的低污染特征的河水，开展河道原位、易位强化处理高效脱氮除磷的技术模拟实验研究，针对城区、城郊地表径流的调蓄、处理技术的模拟实验研究，以及生态河道构建方法的研究和生态修复植物群落选育的研究，最后根据实验研究成果指导示范工程、技术及设计、施工，并进一步开展规模性的示范工程研究，提出城市型污染河流入湖负荷削减及水环境改善技术的方案。

课题四，“滇池流域面源污染调查与系统控制研究及工程示范”，主要开展滇池流域面源污染负荷产生输移贡献的调查解析、滇池流域面源污染负荷削减方案的研究、滇池流域湖滨区农村面源污染负荷削减关键技术研究与工程示范和滇池流域过渡区农村面源污染削减关键技术研究与工程示范 4 项研究任务，对滇池流域已开展面源污染研究工作的回顾调查和评析，根据流域面源污染状况基础调查和面源污染特征进行区划并以此构建数据共享平台，结合示范区基础资料调查结果及滇池流域面源污染控制的关键技术研究，设计滇池流域湖滨区设施农业重污染集水区和过渡区面源污染削减的关键技术研究与工程示范。

课题五，“湖泊生态系统退化调查与修复途径关键技术研究及工程示范”的主要研究目的是形成适合我国经济基础与管理水平、具有自主知识产权的严重受损湖泊分区分步生态系统修复、湖滨带建设、湖滨区基底修复的成套技术，在滇池外海南部建成河一湖复合生态系统修复示范工程、种子库恢复示范区、自然生态修复示范区，在滇池草海西岸建成以水生植物生态结构为主体的，以物种、群落多样性为特征的湖滨湿地示范工程，在滇池外草海西岸水域建成湖滨基底修复技术示范工程，示范区域自然生态景观得到根本改善，滨湖水陆交错带多层次植被群落得到全面恢复。

课题六，“滇池流域水环境综合管理支撑技术研究与平台建设课题”，主要以建设流域水环境综合管理决策支持系统为主线，设计流域水环境状况的监测监控系统方案，研究湖泊流域水环境状况信息表征指标体系，开展流域水环境特征关键指标监测技术研究，开展流域水环境模型集成和流域水环境数据整合与共享机制等信息化技术的相关研究；在此基础上，利用 3S 技术和网络技术等手段，整合滇池流域水环境相关信息及水专项滇池项目各课题的研究成果，综合运用系统理论和模拟技术，构建流域水环境信息共享基础平台，进而建设流域水环境实时监控、入湖污染总量动态监控、水质预测预报、污染治理项目综合评估等业务功能的流域水环境综合管理决策支持应用平台。

湖泊生态系统的修复是一个长期而又复杂的过程。对于滇池这样一个人口密集、经济规模巨大、城市化率又高达 90%以上的高原浅水湖泊而言，其治理难度是很大的。总结滇池污染治理经验和教训，滇池水专项提出了以“控源减排”为主导，以“综合治理”为手段，牢牢把握流域经济社会发展战略与水污染防治的协调规划，联合调控，着重开展流域范围内水文气象、水质、污染源及经济社会的系统调查与监测，摸清流域社会经济与环境污染，开展流域水环境污染和湖泊富营养化全过程诊断；识别流域经济社会与滇池水环境的特征，探讨流域经济社会发展与滇池水环境保护的相互关系，量化滇池流域水环境承载力，提出滇池流域社会经济结构调整与区域发展战略规划；开发高原湖泊容量总量控制管理技术体系，完成流域“控源—减排—截污—治污 —生态修复”多级削减技术系统的设计，提出滇池流域水污染综合防治中长期规划，最终为滇池治理提供战略决策支持，也为我国高原湖泊流域水污染控制与治理提供示范与借鉴。

表 1-1 “十一五”滇池水专项课题设置

序号	课题名称	牵头单位	课题负责人	参与单位
1	流域社会经济结构调整及水污染综合防治中长期规划研究	北京大学	郭怀成	云南省环境科学研究院、云南大学、昆明市环境科学研究院、昆明市环境监测中心
2	滇池北岸重污染区节水控源技术方法体系研究与工程示范	云南高科环境保护科技有限公司	徐晓梅	北京大学、环境保护部华南环境科学研究所、昆明市环境科学研究院、中国地质大学（北京）、中国市政工程中南设计研究院、玉溪师范学院
3	城市型污染河流入湖负荷削减及水环境改善技术与工程示范	云南省环境科学研究院	贺彬	北京大学、中国科学院水生生物研究所、环境保护部南京环境科学研究所、环境保护部华南环境科学研究所、华南农业大学、清华大学、云南农业大学、昆明市环境科学研究院
4	滇池流域面源污染调查与系统控制研究及工程示范	云南大学	段昌群	昆明市环境科学研究院、云南省农业科学院、云南省环境科学研究院、中国农业科学研究院、玉溪师范学院、云南农业大学
5	湖泊生态系统退化调查与修复途径关键技术研究及工程示范	中国科学院水生生物研究所	宋立荣	云南省环境科学研究院、中国科学院武汉植物园、昆明市滇池生态研究所、昆明市环境科学研究院、福建师范大学、上海师范大学、武汉理工大学、华中科技大学、常熟理工学院、中科院测量与地球物理研究所
6	滇池流域水环境综合管理支撑技术研究与平台建设	中国环境监测总站	罗毅	北京大学、北京科技大学、云南省环境监测中心站、昆明市环境监测中心、昆明市环境监控中心、昆明市环境科学研究院

1.2　研究成果简介

“十一五”期间，滇池项目启动了全流域、多尺度的系统调查与监测，获取了 60 多万个基础数据；构建了包含四大板块的高原重污染湖泊富营养化治理技术体系，示范区污染减排与水质改善显著；形成了 2 个标志性成果——滇池流域水污染防治与富营养化控制中长期路线图、高原重污染湖泊生态系统转换模式及草型清水稳态的实现。

1.2.1　构建了四大板块的高原重污染湖泊富营养化治理技术，初步形成高原重污染湖泊富营养化治理技术体系，示范区污染减排与水质改善显著

在对高原重污染湖泊富营养化的问题进行系统诊断与评估基础上，按照源头控制、途径削减和生态修复的技术路线，开展了系统的技术研发与集成，构建了“高原湖泊流域营养盐迁移转化过程模拟—预测及优化调控”“高原湖泊城市重污染排水区综合控源及河道沿程削减”“湖滨区设施农业集水区内面源污染防控”“湖泊分区生态系统修复—湖滨带建设—湖滨区基底修复”四大板块的高原重污染湖泊富营养化治理技术，初步形成高原重污染湖泊富营养化治理技术体系，解决了高原湖泊富营养化和流域污染控制的关键技术问题（图 1-1）。

共突破核心技术 10 项、开发关键技术 30 项、形成专利 35 项。基于四大技术板块的研究与集成，在北岸主城区、滇池湖体以及南部柴河流域 3 个综合示范区内集中建设了 16 项示范工程。滇池北岸重污染排水示范区内污水处理厂的雨季处理能力提高了 50%；南部柴河流域农业面源示范区内氮、磷流失量降低了 40%；在滇池湖体示范区内，在高营养负荷下实现了草型清水稳态的转换，示范区内 TN 下降 63%、TP 下降 70%，每年可削减 COD 24.47 t、TN 9.11 t、TP 1.43 t，水质改善效果明显。

1.2.1.1　技术板块 1：高原湖泊流域营养盐迁移转化过程模拟、预测及优化调控技术，为中长期规划与“十二五”规划奠定了科学基础

为解决滇池流域面临的社会经济发展与水环境不协调的问题，首次在高原湖泊流域研发了营养盐迁移转化的全过程模拟、预测与优化调控技术，包括：流域经济社会发展与滇池水环境保护相互作用模拟技术、滇池流域水文与非点源机理模拟技术、滇池三维水质与水动力机理模拟技术、滇池流域容量总量控制“模拟—优化”技术（图 1-2）。

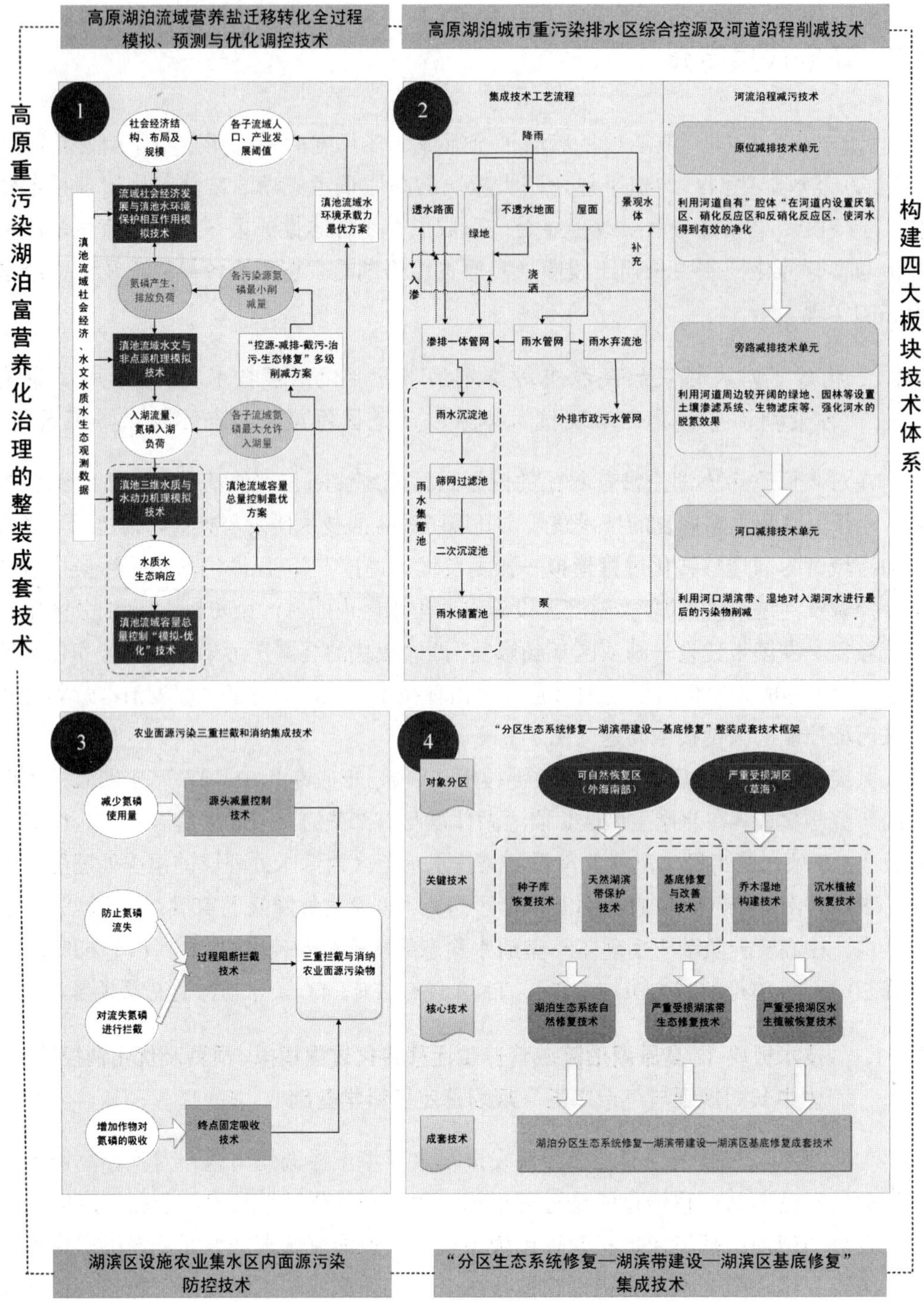

图 1-1　四大板块的高原重污染湖泊富营养化治理技术

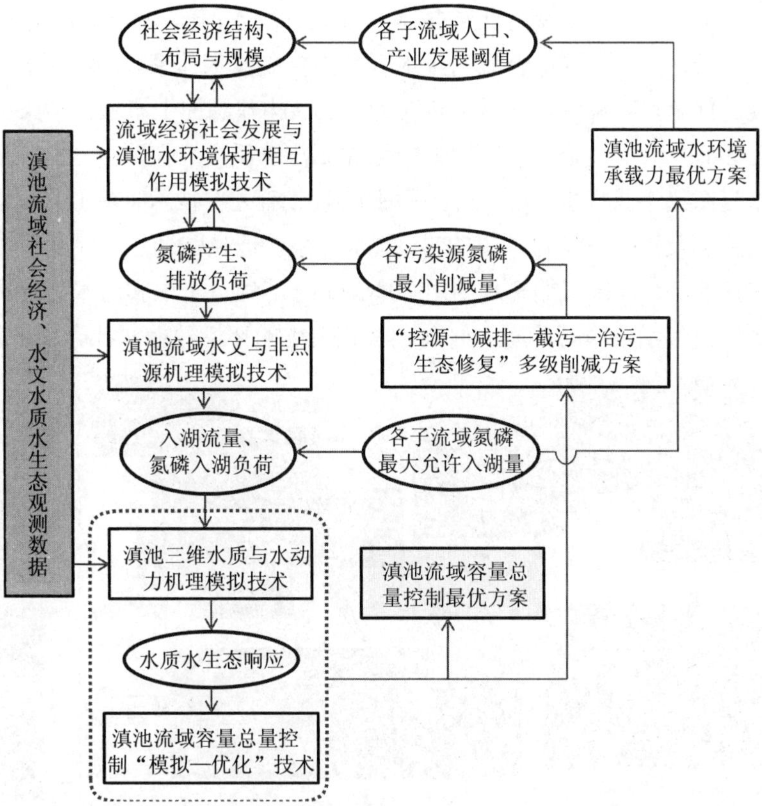

图 1-2　滇池流域营养盐迁移转化全过程模拟、预测与优化调控技术

该技术的先进性表现在可以产生多尺度、多情景、多途径的精细化技术方案，主要解决现有技术存在的分散、不灵活、计算时间长及精度不高等问题。基于该技术研发设计了滇池“流域—控制单元—污染源”多尺度容量总量控制方案，如果要实现滇池外海Ⅴ类、Ⅳ类和Ⅲ类的水环境功能要求，需要在现状基础上分别削减污染负荷54%、66%和 80%；据此提出了“流域控源减排—湖体水力调度—湖滨生态修复”的富营养化控制战略，奠定了中长期规划与战略决策的科学基础。这些研究成果被直接应用于滇池“十二五”水污染防治规划的目标确定、思路、方案设计和重点工程设计等环节，带动了“十二五”期间 400 多亿元的滇池治理规划投资。

1.2.1.2　技术板块 2：高原湖泊城市重污染排水区综合控源及河道沿程削减技术，在滇池“十二五”治理中得到规模化推广，带动最大规模的单项治污投资

针对高原湖泊流域污染集中在城市区域的特征，构建城市重污染排水区综合控源及集成削减技术，主要关键技术包括：智能化控制 SBBR 污水生物处理技术，截污溢清智能控制技术，合流污水高效截流净化成套技术，固相反硝化高效脱氮技术，河流

原位、旁路及河口沿程层层减污集成技术，分区分段入河面源立体控制技术。

（1）构建了湖泊上游城市合流制排水区污染控制技术体系。针对雨季合流污水溢流直接入湖的问题，以减少入湖污染负荷为目的，构建湖泊上游城市污染控源技术体系，重点突破了中水再生处理系统的智能化控制与水质安全保障技术、城市面源污染控制及雨水资源化集成技术、雨季合流污水高效截流处理技术（图 1-3）。集成基于城市面源污染控制及雨水资源化利用的 3I 技术体系，选择弥勒寺公园开展工程示范，实现雨水减排 56.41%，年增加雨水利用 20 839 m^3，节约自来水和污水处理费共计 13.1 万元，彻底解决了示范区雨季淹水问题，具有突出的环境效益和社会经济效益。

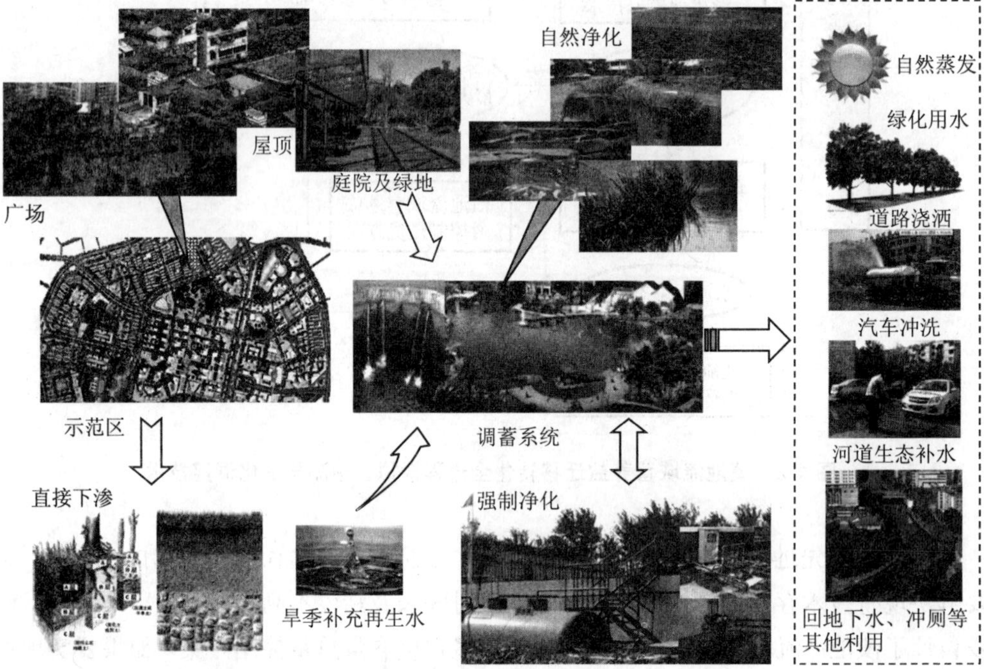

图 1-3　合流制污水收集系统毛细管雨水分离及雨水资源化技术体系

集成了合流污水截污溢清—高浓度合流污水调蓄净化—污水处理厂最大削污动态运行的成套技术。研究优化污水处理厂雨季运行参数，开发了合流制污水处理厂最大削污动态运行及管理调控技术，提升污水处理厂的雨期处理能力，最大限度地减少合流污水的溢流污染。选择昆明市第一污水处理厂开展工程示范，在污水处理厂雨季提升动态运行中，合流污水截流率达到 61.11%，合流污水污染物削减率 COD 59.6%、TN 55.2%、TP 47.2%、SS 56.7%，雨季溢流污染负荷排放量削减率 COD 34.7%、TN 20.4%、TP 38.0%、SS 52.5%。滇池北岸昆明主城目前的入湖污染负荷占污染产生量的 38%，湖泊上游城市合流制排水区污染控制技术体系的推广及应用可进一步削减其中 32%的负荷。

基于水专项的示范效应，昆明市政府计划在“十二五”期间投资 65.6 亿元，实施主城区排水管网完善及雨水处理和资源化工程，建设 26 座合流污水/雨水调蓄池和 79 个公园雨水收集利用设施，总规模可达到 36 万 t/d。

（2）构建了城市型入湖河流岸带立体控污、沿程梯级减污技术体系。河流沿程减污技术突破了现有技术的难点，在不影响泄洪的条件下，实现非雨季进出水断面透明度提高 40 cm 以上，COD、TN 和 TP 去除率分别达 30%、30%和 20%以上的显著效果。尤其是自主开发的固相反硝化碳源，实现低污染水（或低碳/氮比）的高效脱氮，并克服传统液体碳源投加存在过量风险的问题，示范工程运行效果 TN、TP 去除率分别达 80%和 60%以上，脱氮效率显著。

该集成技术由河流原位减污技术、旁路减污技术和河口减污技术三部分组成（图 1-4），在新运粮河长约 5 km 的中下段开展工程示范，共建设示范工程 6 大项 13 小项。通过依托工程、示范工程和配套工程的建设、运行，新运粮河水质明显改善，主河道由黑臭河流正逐渐向清水河流转变，示范区河流水体消除黑臭，透明度由平均 20 cm 升至 1 m，污染负荷平均削减 30%以上，入湖口主要水质指标（氨氮、COD、TP）在旱季基本达到地表水环境质量标准Ⅴ类水质标准。集成技术单位投资 840～1 040 元/m^3，单位运行费用 0.20 元/m^3，技术经济指标较优，运行费用较低。该集成技术已申请专利 12 项（其中：发明专利 6 项、实用新型 6 项），已授权实用新型 5 项；并在云南省抚仙湖梁王河、杞麓湖主要入湖河道、牛栏江流域、晋宁县等地的河流治理中得到推广应用，水质改善效果显著。

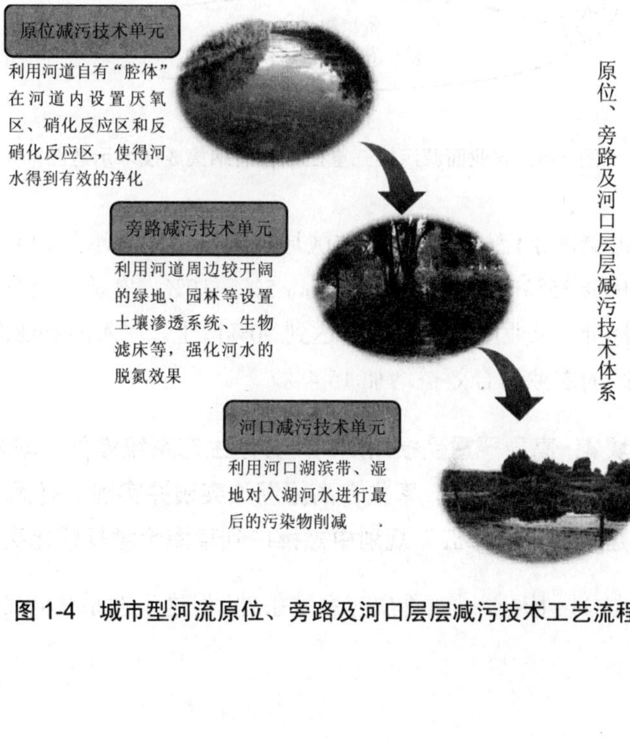

图 1-4　城市型河流原位、旁路及河口层层减污技术工艺流程

1.2.1.3　技术板块 3：湖滨区设施农业集水区内面源污染防控技术，在不影响农业综合效益的前提下显著减少氮、磷排放

高原湖泊流域农业面源污染问题突出，针对湖滨大棚区生产投入高、水肥施用量大、污染严重的特点，首次研发了湖滨区设施农业集水区内面源污染防控技术。整合集成滴灌技术、喷灌技术、缓释肥技术、精准施肥技术、植物篱技术、田间径流收集回用技术、固废处理技术等，形成的湖滨区设施农业集水区内面源污染防控成套技术，交叉形成减少氮、磷用量，增加氮、磷吸收，防止氮、磷流失，循环利用氮、磷四种手段，实现对农业污染物的源头减量控制、过程阻断拦截、终点吸收固定三重拦截和消纳（图 1-5）。

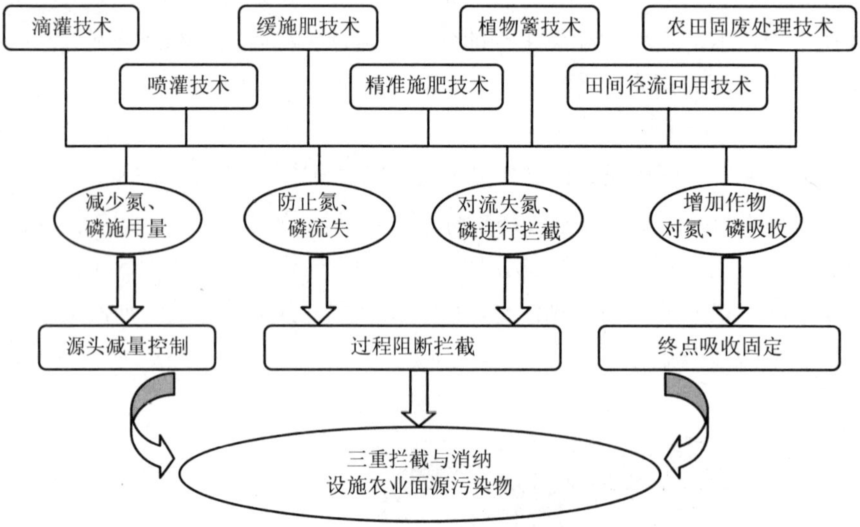

图 1-5　农业面源污染三重拦截和消纳集成技术示意图

该技术在滇池柴河小流域 6.07 km^2 的区域开展了规模化示范。核心示范区设施农田氮、磷肥施用减少 35%～50%，利用率提高 5%～10%；农药使用量减少 40%以上，残留量符合国家标准；农业废弃物利用率达到 90%以上。在入湖农业面源负荷大幅下降的同时，示范区的农业综合效益增加 15.4%。

1.2.1.4　技术板块 4：高原严重受损湖泊的“分区生态系统修复－湖滨带建设－湖滨区基底修复”集成技术，率先在高原湖泊突破并实现了高氮、磷浓度下的清水态构建，在“十二五”规划中被推广到草海全湖规模化实施

针对滇池生态分区特征，以改善生态系统条件、促进生态系统向良性转变为目标，

研发湖泊的“分区生态系统修复－湖滨带建设－湖滨区基底修复”技术，主要的关键技术包括：高原严重受损湖泊水生植物恢复的种子库技术、受损湖泊草型清水稳态转换的关键技术、受损湖滨岸带基底修复及湿生乔木湿地构建技术等（图 1-6）。

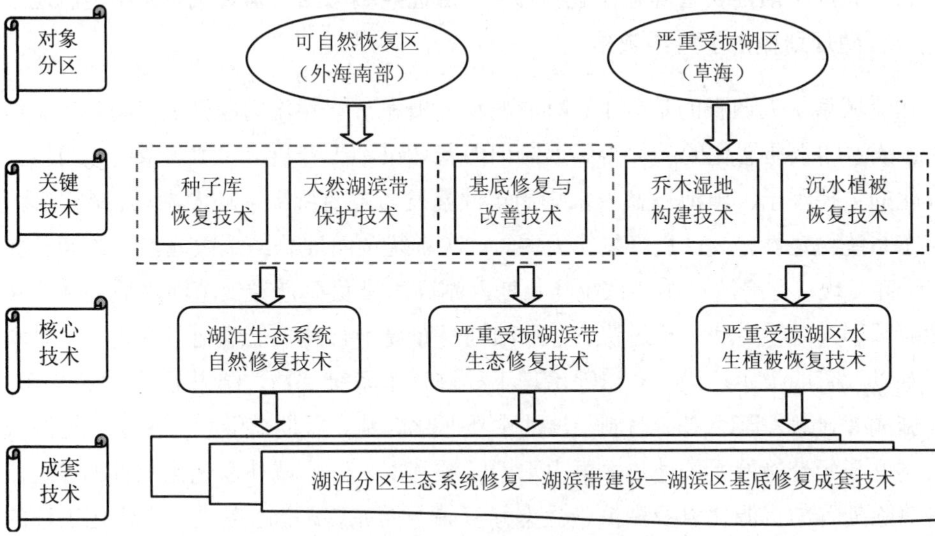

图 1-6　“分区生态系统修复－湖滨带建设－基底修复”技术框架图

该成套技术在高原湖泊率先实现了在高氮、磷浓度下的水生态恢复，并据此提出了“五区三步、南北并进、重点突破、治理与修复相结合”的滇池生态系统分区分步修复的新思路和“南部优先恢复、北部控藻治污、西部自然保护、东部外围突破”的生态修复总体方案。重点选择滇池外海可自然修复区域、草海重污染区域及受损的湖滨带作为综合示范区进行技术系统设计及工程示范。实现了在高营养负荷下草型清水稳态的转换（已稳定运行两年）；示范区内 TN、TP 显著下降，浊度下降 70%、叶绿素 a 下降 65%，沉水植被盖度达 80%，透明度达 1.5 m，水质改善效果明显。示范工程在水质改善上取得了良好的环境效益，每年可削减 COD 24.47 t、NH_3-N 3.14 t、TN 9.11 t、TP 1.43 t，新增湿地面积 105.7 万 m^2。该技术成果已列入滇池“十二五”规划，并进行大规模推广与应用。

1.2.2　制定了滇池流域水污染综合防治与富营养化控制的中长期规划、路线图及综合管理支撑平台，调整、充实与支撑了“十二五”滇池治理

完成了迄今为止滇池覆盖最广、分辨率最高、持续时间最长的全流域、多尺度的系统调查监测，构建了 160 个、可观测从分钟到月等不同时间分辨率的网络，获取了 60 多万个基础数据。在此基础上，首次系统全面总结了滇池治理的经验和教训；构建了“结构减排→工程减排→生态减排→管理减排”的集成减排体系，形成了滇池流域

水污染综合防治中长期规划；确定了 3 个阶段、不同重点、逐步推进的滇池富营养化控制时间表与路线图。

1.2.2.1 完成了滇池富营养化问题再诊断、治理经验总结与再评估，为制定滇池中长期规划提供了科学依据

在流域系统大调查的基础上，对滇池水污染和富营养化问题开展了再诊断，结果显示：滇池的水质恶化的趋势得到遏制但改善效果不十分显著，氮、磷已成为滇池富营养化的主控因子；滇池以蓝藻水华周年性暴发为主要特征，环湖湖滨带严重退化，水生态系统稳定性差、自我修复能力弱。首次系统全面地总结了滇池治理的经验和教训，研究发现：无清洁水循环系统与长期入湖高污染负荷是导致滇池水质持续恶化的主要原因，人口与经济增长过快、产业结构与布局不合理、土地利用方式不当是滇池水质难以改善的根本原因。对滇池治理工程进行了系统评估，结果显示："六大工程"的实施成效显著，已经基本遏制了滇池水质恶化趋势，后期需继续在多层次控源截污联合调度与配套管网系统建设、再生水的区域利用、外流域补水优化配置调度、蓝藻水华清除处置与资源化以及湖滨带生态修复等方面完善提高，以进一步优化工程的水质改善效果。

1.2.2.2 提出了 3 个尺度、8 个分区及 4 个规划重点的滇池富营养化控制中长期方案，为制订滇池"十二五"规划奠定了科学基础

对滇池流域污染特征与富营养化的系统调查、诊断与评估表明，单纯的流域污染负荷与水质改善在降低周年性蓝藻暴发时面临困境，滇池治理的战略目标必须发生转换，即应坚持水质目标和生态目标并重，且生态系统健康应是滇池恢复的重要目标。在此战略目标的指引下，滇池水污染防治与富营养化控制规划方案的总体思路为：以实现滇池水质持续性改善和生态系统草型清水稳态为中长期规划的总体目标，以流域水环境承载力与容量总量控制为约束，通过构建 3 个尺度、8 个分区及 4 个规划重点的流域污染减排（抑增减负）与湖体生态修复集成方案体系及情景方案，为滇池水质恢复及分步、分区生态修复提供流域控源、湖滨生境及外部条件（图 1-7）。

规划方案涵盖了流域经济社会发展、产业结构调整、环境约束、资源配置、重污染排水区控源、农业面源治理、湖体分步分区生态修复等关键问题。推动了"十二五"期间金属冶炼及压延加工业、非金属矿制品业等 4 个类型的产业向流域外转移与升级，将减少 45.5%的流域工业废水排放、34.9%的工业 COD 排放和 73.2%的工业氨氮排放，减少生活污水排放 126.7 万 t，有效减轻滇池北部的污染压力。

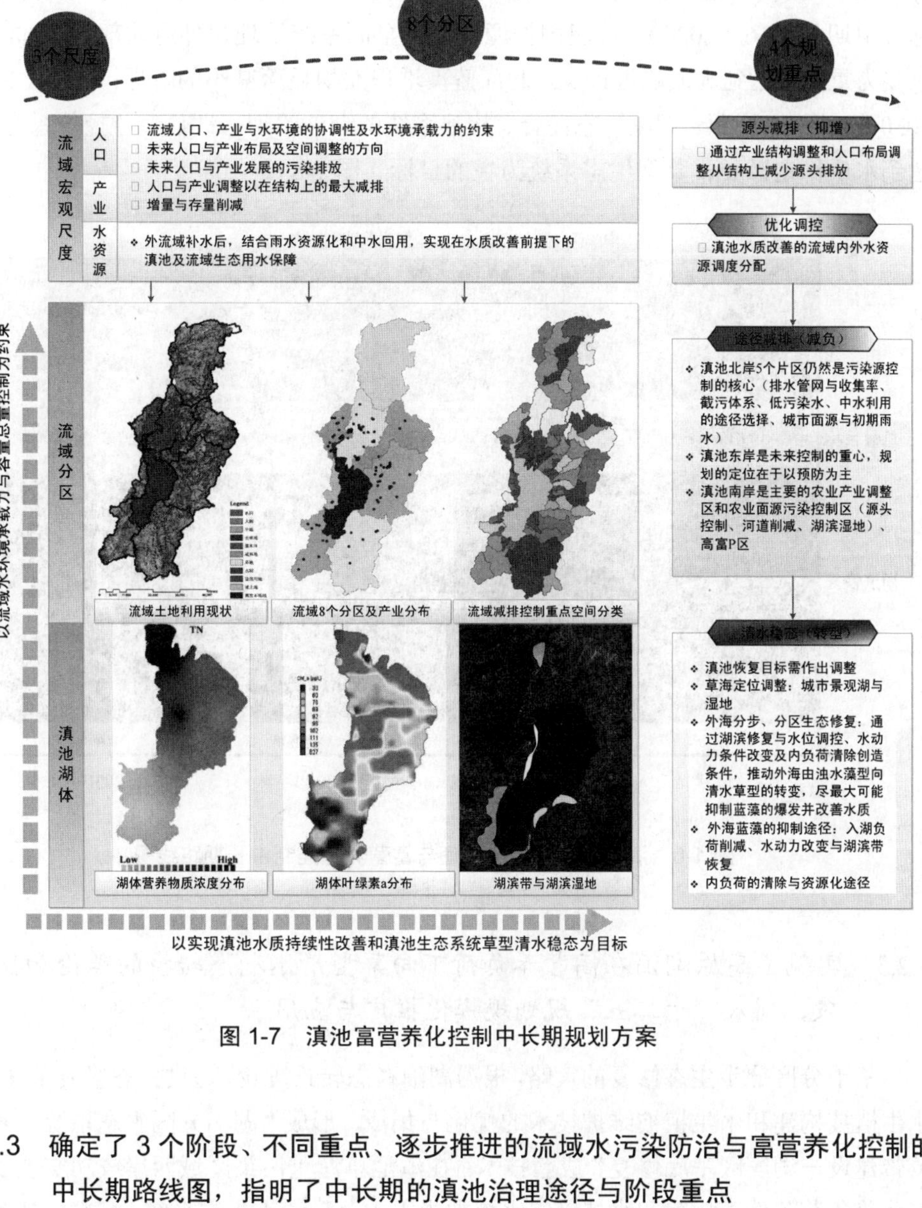

图 1-7　滇池富营养化控制中长期规划方案

1.2.2.3　确定了 3 个阶段、不同重点、逐步推进的流域水污染防治与富营养化控制的中长期路线图，指明了中长期的滇池治理途径与阶段重点

在战略目标与战略方案的基础上，确定了滇池水污染治理与富营养化控制的中长期路线图。在滇池的治理中，需同时考虑控源减排与生态修复，从主要依靠流域污染负荷削减转向以污染源治理与有条件的湖泊生态修复并重，实现水质改善基础上的生态恢复，坚持长期持续达到水质目标。通过有效控制，恢复滇池水生态系统，改善水体透明度，促进滇池外海从目前的“浊水藻型”向“清水草型”的方向演替，有效地控制蓝藻水华的暴发。近期（2011—2015）：以重点控源、优先恢复外海南部湖滨、

外海北部湖滨示范区恢复为重点，达到水质稳定Ⅴ类、藻类暴发频次与强度降低的目标；中期（2016—2020）：以巩固控源、河道全面系统治理、外海北部与东部湖滨区恢复为重点，达到水质趋近Ⅳ类、北部蓝藻堆积面积显著减小的目标；远期（2021—2030）：以稳定控源、湖滨生态闭合、构建系统的湖泊治理—评估—监控体系为重点，达到水质稳定Ⅳ类、草型生态系统为主的目标（图 1-8）。

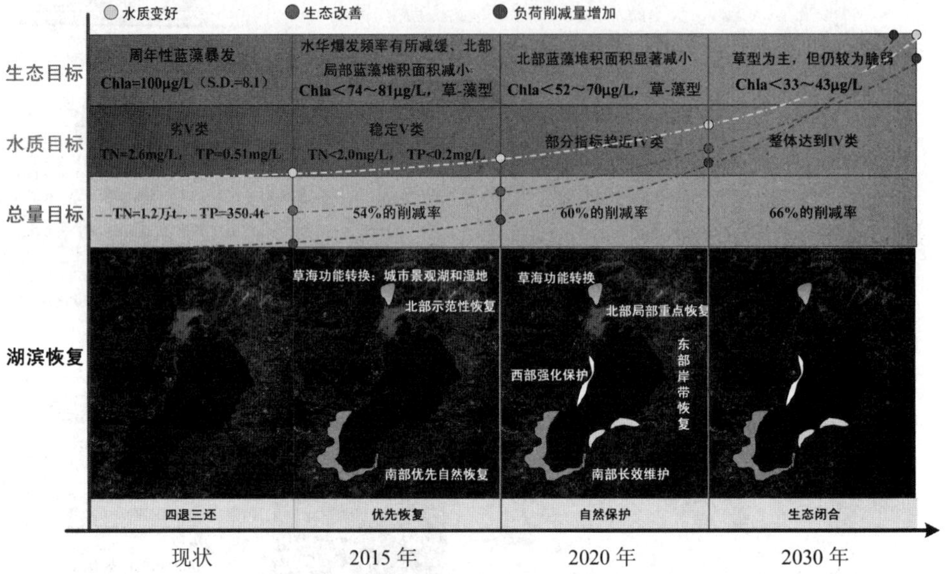

图 1-8 滇池流域水污染治理与富营养化控制中长期路线图

1.2.3 实现了高原湖泊在高营养负荷下向草型清水稳态转换的理论和技术突破，列入“十二五”规划规模化推广与应用

基于分区分步生态修复的策略，根据湖泊稳态转换理论，通过生态修复条件创建、水生植被构建和水生植被维护技术的优化与集成，形成“湖泊分区生态系统修复－湖滨带建设－湖滨区基底修复”成套技术。在滇池草海重污染区域西岸成功实现了在较高营养负荷条件下构建和维持以沉水植被为主的草型清水生态系统，沉水植被盖度达 40%以上，最高达到 80%，在沉水植被生长期，水清澈见底，水质改善效果明显（已连续运行两年以上）。示范区内 TN、TP、浊度和叶绿素 a 分别下降了 60%、54%、70% 和 65%。

图 1-9　滇池草海重污染区域西岸在高营养负荷条件下草型清水稳态的实现

示范工程的成功实现和连续运行证明：经典的长江下游浅水湖泊稳态转换的营养阈值范围不适用于高原湖泊。湖泊生态修复可在较高营养负荷条件下进行，这使得生态修复的界限在传统意义上得以拓宽，不必在营养盐降低至低水平时才能实施，从而可以大幅降低湖泊治理的成本。此外，通过分析滇池过去 50 年的沉水植物和水环境数据，确定沉水植物消失的时间顺序表，提出滇池外海沉水植被恢复路线，实现高原湖泊稳态转换的多种模式。

综上所述，“十一五”水专项形成的研究成果在滇池流域水污染防治“十二五”规划及治滇决策中发挥了重要的科技支撑和引领作用。研究成果尽可能多地渗透和应用到滇池流域水污染防治“十二五”规划的规划目标中的思路、控制单元确定、方案设计和重点工程设计等环节，在数据、结论、模型、关键技术、思路、方案以及规划建议等方面发挥了全面的科技支撑作用。形成的 4 大板块技术已经在“十二五”滇池治理中得到规模化推广，并在杞麓湖等其他云南高原湖泊中得到应用，得到了云南省昆明市相关部门的一致认可。2012 年 5 月，环境保护部吴晓青副部长在昆明对“十一五”水专项滇池项目进行调研时指出：“十一五”水专项滇池项目成效显著，攻克了一批关键技术，培养了一批环保科技人才，为滇池治污提供了强有力的科技支撑，“十一五”所取得的技术成果已全面应用于治滇“六大工程”及滇池“十二五”规划的编制与实施中。

第2章 滇池流域系统调查与问题诊断

2.1 滇池流域概况

2.1.1 自然环境概况

滇池流域地处我国西南高原边陲之地云南省，地理坐标东经 102°29′～103°01′，北纬 24°29′～25°28′，是长江、红河与珠江三大水系分水岭；整个流域面积 2 920 km^2，全部位于云南省会城市昆明。滇池是受第三纪喜马拉雅山地壳运动的影响而构成的石灰岩断层落陷湖，距今已有数百万年历史，是我国第六大内陆淡水湖。湖泊北面有一道天然湖堤将其分割成南北两部分水域，北部俗称草海，南部称外海，是滇池的主体部分。草海和外海的湖面面积分别为 10.8 km^2 和 298.2 km^2（1 887.4 m 高程时）。滇池整个湖岸线长 163 km，最大水深 11.3 m，平均水深约 5.3 m，湖体容积 9.92 亿 m^3。湖泊多年平均水资源量 9.7 亿 m^3，其中草海 0.9 亿 m^3，外海 8.8 亿 m^3，扣除多年平均蒸发量 4.4 亿 m^3，实际水资源量 5.3 亿 m^3。草海和外海各有一人工出口，分别为西北端的西园隧道和西南端的海口中滩闸。地貌上，滇池流域主要为南北长、东西窄的湖盆地；地形上可分为山地丘陵、淤积平原和湖体水域三大组成部分。其中山地丘陵占优，约占 69.5%；平原约占 20.2%；湖体水域约占 10.3%。流域概况如图 2-1 所示。

滇池流域地处云贵高原西部的亚热带气候带，属亚热带湿润季风气候。冬春两季主要被西部干暖气团控制，湿度小，日照多；夏秋两季主要受来自印度洋的西南暖湿气流及北部湾的东南暖湿气流控制，水汽含量丰沛，气温不高，故形成冬无严寒、夏无酷暑、一年四季如春的宜人气候特征。全流域多年平均气温 14.7℃，年内变化幅度小，仅 12℃；全年日照时长多达 2 481.2 h，多年平均无霜期达 349.8 d/a。流域范围内降水主要集中在夏秋两季，历时较长，多年平均降水量为 1 035 mm，约有 80% 的降水集中在 5—10 月，年相对湿度达到 73%～75%。这种宜人的气候条件，使得

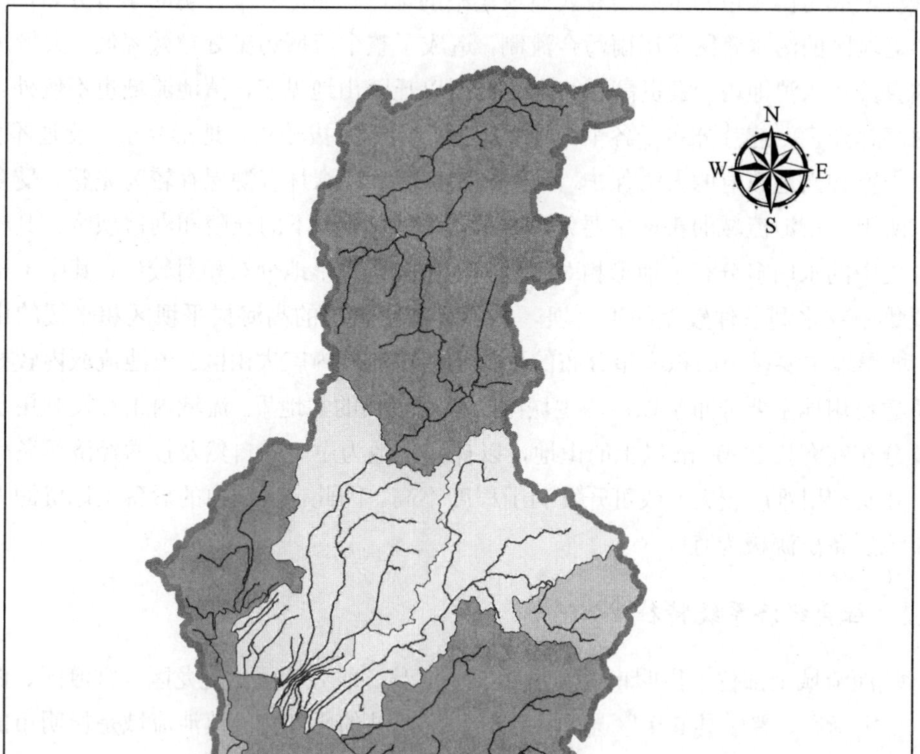
N
W
E
S
图例
河流水系
流域边界
双龙水库
城西草海汇水区
外海东南岸农业面源控制区
外海东岸新城控制区
外海北岸重污染排水区
外海西南岸高富磷区
外海西岸湖滨散流区
大河水库
宝象河子流域
宝象河水库
松华坝水源保护区
柴河水库
滇池水体

图 2-1　滇池流域概况图

滇池流域成为昆明市乃至云南省人口最集中的地区；加上干湿分明的季节分布，以及上游老城区的污水管网采用雨污合流制，造成了整个流域污染处理效率低，大量污染物被直接排入滇池内。云贵高原的土地类型以丘陵山地见多，滇池流域也不例外。流域内森林众多，连片分布于各个山地丘陵区，由于海拔较高、地形复杂、交通不便，加上国家和当地政府的大力保护，开发利用比较少，森林资源保存较为完整。受多山条件所限，滇池流域的耕地主要分布在海拔 2 300 m 以下的丘陵和湖盆坝区。其中，连片集中的水田多分布于地形相对平缓的滇池盆地。旱地分布相对较广，其中干旱地主要集中在水利条件较差的干旱坝区、不宜种植水稻的高海拔平坝区和平缓的山坡上；坡旱地主要以小面积零星分布的形式坐落在流域内广大山区。滇池流域内较好的城镇建设用地主要分布于以昆明主城区为核心较大的盆地里。流域内未开发利用土地主要分布在海拔 2 300 m 以上的山地，以裸露土地为主，受自然及技术经济等条件限制，开发利用难度较大，或可开发利用程度不高。因此，流域内的后备土地资源尤其是耕地后备资源极为有限。

2.1.2 社会经济系统特征

滇池流域全部位于昆明市内，包括 5 区 2 县，即五华区、盘龙区、官渡区、西山区、呈贡新区、晋宁县 6 个区县的大部分和嵩明县的小部分。滇池流域是昆明市的核心区域，对昆明经济社会的发展起着决定性作用，素有“滇池兴，昆明兴；滇池亡，昆明亡”之说。虽然流域面积仅占昆明市总面积的 13.6%，但却承载了昆明市绝大部分的人口和国民生产总值，是昆明市乃至云南省人口密度最高、经济活动强度最大的地区。在云南省公布的《水环境功能区划》中，滇池被划为昆明市的城市饮用水水源地之一，兼具工业、农业、调蓄、防洪、旅游、航运、水产养殖等功能。宜人的气候，外加周边自然景色十分秀丽，山水相映，且名胜古迹荟萃，使昆明成为全国最受欢迎的旅游热点城市之一。因此，探索和推进滇池流域的可持续发展，对昆明市乃至整个云南省都有十分重要的意义。

根据昆明市及下辖各区县多年社会经济统计年鉴，对滇池流域的社会经济系统特征简单归纳如下：①流域内经济保持强劲增长，各产业发展迅速，流域经济地位在昆明市和云南省均居于举足轻重的地位，社会经济发展阶段则正处于从工业化中期向工业化后期转变的进程当中。②流域内第三产业总体比例较高，但发展水平和层次较低，以与居民普通生活相关的批发和零售业、住宿和餐饮业、交通运输仓储邮政业等为主，金融业、房地产业等发展较弱，且与民生紧密相关的社会公共服务业如教育、卫生、文化、社会福利保障等都相对薄弱。③流域经济产业发展不平衡，尤其对烟草制造行业依赖程度高，2008 年比例高达 29.02%，并保持继续增长趋势。④流域内产业分布不均匀，五华区、官渡区、盘龙区和西山区是昆明市建成区的核心区，也是最重要的产业集聚区，整个昆明市第二产业和第三产业主要集中在这 4 个区。⑤流域常住人口和城镇人口迅速增长，但增速逐渐放缓，高速增长的城镇人口所带来的生活污染排放给滇池水环境带来巨大的压力。

2.1.3 水环境系统特征

滇池流域入湖河流总数近 100 条，而主要流出滇河流仅有螳螂川 1 条。由于没有河流之外的大额水源补给，因而入滇河流水质情况将在极大程度上影响着滇池水生态安全和水质状况。众多入滇河流中，比较大的有 29 条（图 2-2），包括进入草海的 7 条河流，自北向南依次为：乌龙河、大观河、新河、运粮河、王家堆渠、船房河和西坝河；进入外海 22 条河流，自北向南依次为：采莲河、金家河、盘龙江、大青河、海河、六甲宝象河、小清河、五甲宝象河、虾坝河、老宝象河、新宝象河、马料河、洛龙河、胜利河、南冲河、淤泥河、柴河、大河（白鱼河）、茨巷河（原柴河）、古城河、东大河、城河（中河）。这些河流由于属于不同的行政区域，流经不同的地表景观，受到的主要污染类型不同，水体质量也存在差异。

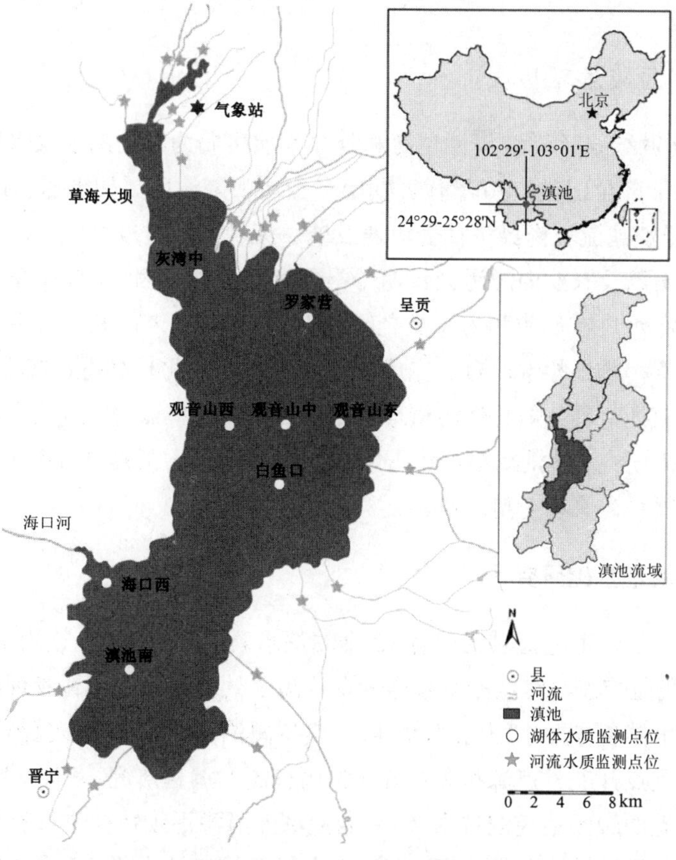

图 2-2　滇池流域主要入湖河流及监测点位分布

各条河流水质指标统计方面，平均温度为 18.0℃，除王家堆渠温度高达 26.4℃外，绝大多数河流的温度分布在 16～20℃。化学性指标中，各河流 pH 值均为 7.59，多数分布在 7.0～8.0，但老宝象河水质稍偏碱性，pH 值高达 8.93。29 条主要入滇河流的 TN 质量浓度大都在 1.1～36.4 mg/L，均高于地表水环境质量Ⅲ类水标准；TP 质量浓度在 0.1～3.5 mg/L，绝大多数高于Ⅲ类标准；NH_3-N 质量浓度在 0.3～26.2 mg/L，多数高于Ⅲ类标准；COD_{Mn} 质量浓度主要在 2.8～29.7 mg/L，多数也高于Ⅲ类标准；COD 质量浓度分布为 9.2～311.1 mg/L，多数高于Ⅲ类标准。总体而言，污染物质量浓度最高值出现在海河、乌龙河和大清河，较高值也多出现在位于北部流经昆明市区的河流，如新运粮河、西坝河、船房河、小清河等；质量浓度最低值出现在位于流域南部和东南部流经农村区域的东大河、捞鱼河。洛龙河为一个例外，虽然流经呈贡县城，但由于近年来伴随新城建设所进行的污染控制工作，使得各种污染物含量大幅降低，因此水质较好。位于流域南部的其他河流如大河、古城河、南冲河水质也较好。

2.2 滇池水污染治理历程与评估

2.2.1 滇池水污染治理历程

追溯至 20 世纪 60 年代，滇池草海和外海水质可归为目前的地表水环境质量标准Ⅱ类，70 年代下降至Ⅲ类，70 年代后期至今水质下降速度更加迅速。1988—2008 年的 20 年间，受滇池流域内经济社会快速发展、流域土地过度开发、流域内水资源供需矛盾日益突出以及农业面源污染长期得不到有效治理等因素影响，草海水质总体降至劣Ⅴ类，外海水质在Ⅴ类和劣Ⅴ类之间波动。90 年代末以来，一系列污染治理研究、规划以及工程措施相继出台和完成，滇池水质的恶化趋势得到初步遏制，COD、NH_3-N 等指标有所好转，但总体污染形势依然严峻。简单而言，滇池水污染治理历程可以从治污基础研究、滇池污染防治五年计划和省市重大工程项目 3 个方面展开。三者之间既相互联系，又各有侧重点。

2.2.1.1 污染治理基础研究

基础数据方面，滇池流域共建有 12 个湖泊水质监测点，7 个饮用水水源监测点，188 家企业在线监控点，对监控流域排污企业污水处理设施的监督管理起到了积极有效的作用。技术储备方面，“七五”期间，“典型湖泊氮磷容量及富营养化综合防治技术”以滇池为重点开展了点源和非点源（暴雨径流）调查研究，“八五”期间，“滇池城市饮用水源地面源污染控制技术”对滇池流域非点源污染特征进行调查研究，而“十五”期间，重大环保科技专项“滇池流域面源污染控制技术研究”和“滇池蓝藻水华污染控制技术研究”也在农业非点源和湖泊水生态方面取得了一系列基础数据积累。2001 年，云南省计委开展了“云南滇池流域水环境系统仿真及系统软件开发”项目；2002 年 12 月启动的国家重点基础研究发展规划“973”项目“湖泊富营养化和蓝藻水华暴发机理研究”，其中“湖泊流域复合生态系统管理原理和模型研究”子课题以云南省为主，为滇池污染控制与生态系统管理提供了科学依据。2005 年，开展了云南省环境保护局项目“滇池流域捞鱼河非点源污染模型与模拟研究”，开发了一系列滇池流域的系统模拟技术；2007 年，启动了国家环境保护总局重大项目“滇池流域生态安全评估与综合治理方案”，形成了滇池流域生态安全评估方法。上述研究，均为滇池的污染治理和综合规划奠定了技术基础，积累了不少基础资料和数据。

2.2.1.2　水污染防治五年计划及相关规划

“九五”期间，滇池被列为中国湖泊环境治理的重点。1998 年 9 月经国务院批准，云南省政府组织实施了《滇池流域水污染防治“九五”计划及 2010 年远景规划》。此后，又分别组织实施了《滇池流域水污染防治“十五”计划》和《滇池流域水污染防治规划（2006—2010 年）》，《滇池流域水污染防治“十二五”规划》也正在紧锣密鼓地实施当中。除了上述 4 个国家级的水污染防治规划外，云南省、昆明市以及下属区县、环保、水利、农业等部门先后组织实施了一系列的污染治理规划。如从 2005 年起组织实施的《洛龙河流域水污染综合防治规划》《松华坝水源区（嵩明县）水污染综合防治规划》《滇池湖滨生态湿地建设详细规划》《滇池北岸水环境综合治理工程水土保持方案报告》《滇池北岸水环境综合治理工程环境影响报告书》等；以及《滇池流域生态农业规划》《滇池湖滨带调查及建设规划》《环滇池生态保护规划》和《滇池外海湖滨生态湿地详细规划》等一批与水污染防治密切相关的规划。滇池流域水污染防治及相关规划汇总于表 2-1。

表 2-1　滇池流域水污染防治相关规划列表

水污染防治规划	与水污染防治规划有关的规划
	国民经济和社会发展“九五”计划
滇池流域水污染防治“九五”计划及 2010 年远景规划	国家环境保护“九五”计划
	国民经济和社会发展“十五”计划
滇池流域水污染防治“十五”计划	国家环境保护“十五”计划
洛龙河流域水污染综合防治规划	国民经济和社会发展“十一五”规划纲要
松华坝水源区水污染综合防治规划	国家环境保护“十一五”规划
滇池北岸水环境综合治理工程水土保持方案报告	国民经济和社会发展“十二五”计划
	国家环境保护“十二五”规划
滇池流域水污染防治“十一五”计划	滇池流域生态农业规划
滇池流域水污染防治“十二五”计划	滇池湖滨带调查及建设规划
	环滇池生态保护规划

以上各项规划，尤其是国务院批复实施的五年计划，为遏制滇池流域水环境质量恶化作出了积极的贡献，但是规划的实施效果并不明显，规划目标未能达到。如《“九五”计划及2010年远景规划》的水质控制目标是：1999年5月2日前，滇池外海水质达到地面水环境质量Ⅳ类标准，草海水体旅游景观有明显改善；到2000年年底前，滇池外海水质达到或接近地面水环境质量Ⅲ类标准，草海水质达到地面水Ⅴ类标准；到2010年，滇池外海水质达到地面水环境质量Ⅲ类标准，草海水质达到地面水环境质量Ⅳ类标准，恢复滇池生态环境的良性循环；但按照目前的状况预估，即使到“十二五”末期，上述规划目标也无法达到。此外，对于各项规划中提出的主要污染物COD_{Mn}、TN和TP的总量控制目标，也未能达标（郁亚娟等，2012）。

2.2.1.3 重大工程项目的实施

滇池流域地处昆明市内，属于高度城市化区域，因此工程治理措施成为该流域水污染控制不可替代的首要途径。重大污染治理工程项目可以分为两个部分，一部分是“九五”“十五”和“十一五”3个五年计划中设计的工程项目，另一部分是“十一五”期间，地方政府为了加大治污力度，综合提出的六大工程措施。

《“九五”计划及2010年远景规划》设计84个治理项目，总投资31.03亿元。截至2000年年底，完成60项（含49项工业污染治理项目），还完成了除《“九五”计划及2010年远景规划》以外的项目5项，开始实施的17项，尚未动工的7项。共完成投资25.3亿元，其中已竣工项目投资21.2亿元，在建项目完成投资4.1亿元。“十五”计划设计项目按污染控制、生态修复、监督管理、资源调配与科技示范五类安排，共26项，投资总额77.99亿元。到2005年年底，新建项目26项完成14项，占53.8%；在建项目6项，占23.1%；未开工项目6项，占23.1%。“九五”续建项目12项已全部完成。“十五”期间滇池治理共完成投资22.32亿元。其中新建项目完成投资12.94亿元，占计划投资的16.6%；“九五”续建项目完成投资9.38亿元，占实际投资的90.2%。“十一五”计划设计项目分为城镇污水处理设施建设和流域综合整治两类，主要包括滇池北岸水环境综合治理工程、饮用水水源地污染控制、生态修复、垃圾及粪便污染治理项目、入滇池河道水环境综合整治工程、监督管理及研究示范共65个项目，规划投资估算92.27亿元。截至2010年1月22日，滇池“十一五”规划项目已完成19项，占规划项目的29.23%；调试11项，占规划项目的16.92%；在建34项，占规划项目的52.31%；正在开展前期工作1项，占规划项目的1.54%。累计完成投资约66.2亿元。

为全面推进实施滇池“十一五”规划，加快滇池流域水环境质量改善进度，在昆明市主要领导的大力推进下，滇池流域着力实施了以下六大工程：环湖截污和交通工程、外流域引水及节水工程、入湖河道整治工程、农业农村面源治理工程、生态修复与建设工程（“四退三还一护”，即退塘、退田、退房、退人，还湖、还湿地、还林地，护好滇池水）和生态清淤工程。经过努力，滇池综合治理效果开始显现。2007 年综合营养状态指数为 67.58；2008 年下降为 66.41；2009 年，在特大干旱的情况下，滇池外海仍然有半年时间水质达到Ⅴ类，主要污染物 TN 比 2008 年下降了 12.7%，滇池 29 条主要入湖河道中有 8 条达到水功能目标要求；2010 年上半年，草海综合营养状态指数较 2009 年同期下降 7.95%，外海下降 0.55%。目前，滇池治理正处于污染治理向生态修复逐步转变的阶段，是实现水质根本好转的关键时期和全力推进滇池治理的攻坚阶段。

2.2.2　滇池治理工程评估

2.2.2.1　滇池治理工程执行情况评估

（1）滇池水质目标实现评估。从“七五”末期着手治理滇池，至“九五”末期共投资 25.3 亿元，实施了《滇池流域水污染防治“九五”计划》，滇池流域工业污染源基本实现达标排放；建成的四个污水处理厂，日处理污水能力达到 36.5 万 t；开凿了西园隧洞，加速了滇池草海水体的流动；完成滇池北岸截污、盘龙江中段、大观河等河道截污疏浚工程，削减了入湖污染负荷；完成草海底泥疏浚一期工程，减少了内源污染；实施了造林绿化等生态建设工程，滇池流域森林覆盖率达到 48.95%。制定和贯彻实施了《滇池保护条例》；建立了滇池综合治理目标责任制，取缔网箱养鱼及机动捕鱼船及滇池面山采石点，在滇池流域禁止经销和限制使用含磷洗涤用品；征收城市排水设施有偿使用费，开展和促进节约用水。由于领导重视，目标明确，措施得当，在经济不断发展、人口不断增加、污染负荷不断加重的情况下，初步遏制住滇池水质的恶化势头，水污染防治工作取得阶段性成果。草海、外海 COD_{Mn} 分别下降 22%和 28%；草海透明度由 0.34 m 提高到 0.47 m，砷和重金属污染已得到有效控制，草海水体黑臭状况得到明显改善。

关于“九五”末滇池水质状况的数据主要来自《滇池流域水污染防治“十五“计划》。根据已有的数据，2000 年在 14 条纳入监测的入湖河流中，用主要污染指标进行评价，劣于Ⅴ类水标准的有 10 条，占 71.4%；达到Ⅳ类水标准的有 2 条，占 14.3%；达到Ⅲ类水标准的有 1 条，占 7.1%；达到Ⅱ类水标准的有 1 条；占 7.1%。入湖河流以 TP、NH_3-N、BOD_5 为主要污染物。主要污染河流是：枧槽河、明通河、采莲河、盘龙江、乌龙河、船房河、新运粮河、老运粮河、西坝河等。

“十五”计划的水质控制目标是：2005 年草海消除黑臭，外海基本控制水质恶化趋势。在平水年景条件下，草海消除黑臭，COD_{Mn}、TN、TP 浓度低于 2000 年水平；外海 COD_{Mn}、TN、TP 浓度低于 2000 年水平。“十五”末滇池水质状况的数据主要来自《滇池流域水污染防治“十一五”计划》。根据已有的数据，2005 年，滇池流域 18 个国控断面中，劣Ⅴ类水质断面占 55.6%，Ⅴ类水质断面占 38.9%，Ⅳ类水质断面占 5.5%。滇池流域 29 条入湖河流中，纳入监测的 13 条主要入湖河流中，进入草海的 4 条河流水质均为劣Ⅴ类。进入外海的 9 条河流中，除大河、东大河水质为Ⅴ类外，其余均为劣Ⅴ类。主要超标指标为 COD、BOD、TN、TP、NH_3-N。2005 年，滇池流域 7 个主要地表饮用水水源中，松华坝水库、宝象河水库、柴河水库、自卫村水库水质达Ⅳ类地表水标准，大河水库、双龙水库及洛武河水库水质达Ⅲ类地表水标准。主要污染指标是 TN、TP。滇池草海处于重度富营养状态，水质为劣Ⅴ类，主要超标指标为 BOD、NH_3-N、TN、TP；外海处于中度富营养状态，水质为Ⅴ类，主要超标指标为 COD_{Mn}、TN、TP。

“十一五”计划的水质控制目标是：滇池流域水环境质量整体保持稳定。滇池外海水质稳定达到Ⅴ类地表水标准，力争接近Ⅳ类地表水标准；滇池草海水质明显改善，力争接近Ⅴ类地表水标准。松华坝水库、宝象河水库、柴河水库、自卫村水库、大河水库、双龙水库及洛武河水库 7 个地表饮用水水源水质基本达到Ⅲ类地表水标准。主要入湖河道水质有所改善。“十一五”期间滇池水质状况的数据来自《滇池流域水污染防治“十二五”规划编制大纲》（以下简称《“十二五”规划大纲》）。根据《“十二五”规划大纲》，2009 年滇池草海 2 个断面 COD_{Mn} 均达标，TN、TP 均不达标，综合达标率分别为：79.15%、0%、0%；外海 8 个断面 COD_{Mn}、TN、TP 均不达标，综合达标率分别为：29.18%、18.76%、17.71%。

2009 年，部分入湖河流水质明显改善，乌龙河、茨巷河、大青河部分水质指标浓度下降 90%以上。在考核的 13 条河流中，盘龙江、海河、洛龙河、马料河、乌龙河、船房河、玉带河（及篆塘河）、捞渔河和西坝河等 9 条河流 COD 指标达到考核目标，新运粮河、老运粮河、护城河（中河）和金汁河等 4 条河流 COD 指标未达到考核目标，考核达标率 69%。根据《滇池流域水污染防治规划（2006—2010 年）执行情况中期评估报告》，与 2007 年比较，滇池流域 32 条河道中（2007 年有监测数据），有 15 条水质污染程度显著减轻，占总数的 46.9%；有 3 条河道水质污染程度有所减轻，占总数的 9.4%；有 5 条河道水质污染程度不变，占总数的 15.6%，；有 1 条河道水质污染程度有所加重，占总数的 3.1%，有 8 条河道水质污染程度显著加重，占总数的 25.0%。

将 3 个五年计划时期纳入考核的主要入湖河流的水质情况列于同一个表格中，如表 2-2 所示。由表 2-2 可以看出，从 20 世纪 90 年代以来，滇池入湖河流的水质情况恶化明显。

表 2-2 三个五年规划期滇池流域水质状况

	Ⅱ类	Ⅲ类	Ⅳ类	Ⅴ类	劣Ⅴ类
“九五”期末	7.1%	7.1%	14.3%	0%	71.4%
“十五”期末	0%	0%	5.5%	38.9%	55.6%
“十一五”期间	0%	0%	0%	0%	100%

（2）滇池总量控制目标实现评估。《“九五”计划及 2010 年规划》规定了 COD_{Mn} 允许负荷量、TN 允许负荷量、TP 允许负荷量为总量控制目标。通过“九五”期间的综合治理，“九五”与“八五”比较，草海、外海 COD_{Mn} 分别下降 22%、28%；草海透明度由 0.34 m 提高到 0.47 m；草海的砷和其他重金属污染已得到有效控制，砷的浓度由劣Ⅴ类水质标准变为优于Ⅲ类水质标准。滇池流域工业污染源排放的主要污染物基本实现达标排放，主城区旱季污水处理率超过 60%，草海水体黑臭状况得到明显改善。“九五”期间，通过实施《“九五”计划及 2010 年远景规划》，滇池流域工业污染源基本实现达标排放；建成 4 座城市污水处理厂，城市污水设计处理能力达到 36.5 万 t/d，完成滇池北岸截污工程，设计截污能力 30 万 t/d；完成盘龙江中段、大观河等河道截污疏浚工程；完成草海底泥疏浚一期工程；采取滇池蓝藻清除应急措施；部分区域实施了工程造林、退耕还林、封山育林，滇池面山森林覆盖率达到 32.9%。2000 年进入滇池的污水总量为 2.4 亿 m^3，其中城镇生活污水 1.8 亿 m^3，约占污水总量的 75%。2000 年产生的污染物中，生活源所含的 COD、TN、TP 分别为 32 494 t、9 835 t、796 t，面源所含的 COD、TN、TP 分别为 23 011 t、3 786 t、662 t，工业源所含的 COD、TN、TP 分别为 6 944 t、534 t、28 t。2000 年污染物入湖总量为：COD 43 960 t、TN 10 940 t、TP 1 320 t（表 2-3）。

表 2-3 “九五”末滇池流域污染物总量控制完成情况 单位：t/a

污染源	生活源	面源	工业源	入湖污染物
COD	32 494	23 011	6 944	43 960
TP	9 835	3 786	534	10 940
TN	796	662	28	1 320

注：滇池流域“九五”末总量控制目标均未能达标。

评估“十五”计划完成情况的数据来自《滇池流域水污染防治“十一五”计划》。根据已有数据，“十五”期间，滇池流域水污染物排放量有下降趋势。2005 年，全流域排放的 COD、TN、TP 分别为 41 986 t、9 810 t、927 t。工业源和城镇生活源共排放污水 2.61 亿 m^3，COD、TN 和 TP 排放量分别为 20 000 t、6 750 t 和 445 t，与 2000 年相比，COD、TN、TP 的排放量分别削减了 4.5%、10.3%和 29.8%，除 TP 外，未实现“十五”计划目标。2005 年，流域内非点源污染产生的 COD、TN、TP 占流域污染物总量的 29%、21%、32%，农村面源污染加剧，导致流域水环境特别是饮用水水源污染加重（表 2-4）。

表 2-4 “十五”末滇池流域污染物总量控制完成情况 单位：t/a

污染源	全流域	工业源和生活源
COD	41 986	20 000
TP	9 810	6 750
TN	927	445

注：滇池流域“十五”末 TP 排放量达标，但 COD、TN 排放量未能达标。

“十一五”计划总量控制目标是：到 2010 年，滇池流域 COD、TN、TP 的排放总量控制在 37 787 t、8 827 t、834 t 以内，其中工业源和城镇生活源经治理后排放的 COD、TN、TP 分别控制在 18 000 t、6 075 t、400 t 以内。评估“十一五”计划执行情况的数据来自《滇池流域水污染防治“十二五”规划编制大纲》（以下简称《“十二五”规划大纲》）。根据《“十二五”规划大纲》，2009 年滇池流域 COD、TN 和 TP 的排放量分别为 22 657 t、11 645 t 和 771 t。工业源和城镇生活源经处理后的 COD、TN 和 TP 的排放量分别为 15 660 t、7 099 t 和 224 t，非点源 COD、TN 和 TP 的排放量分别为 6 997 t、4 546 t 和 548 t。COD 和 TP 两项污染削减指标完成了“十一五”的目标，考虑到 2010 年的新增处理能力，TN 有望完成点源削减目标。分项完成情况见表 2-5。

表 2-5 “十一五”规划总量目标完成进度情况 单位：t

项目	COD	TN	TP
2010 年排放总量目标	37 787	8 827	834
点源	18 000	6 975	400
非点源	19 787	2 752	434
2009 年排放总量统计	22 657	11 645	771
点源	15 660	7 099	224
非点源	6 997	4 546	547

将 3 个五年计划时期滇池流域工业源和生活源污染物排放情况列于同一个表格中，如表 2-6 所示。由表 2-6 可以看出，随着城镇污水处理厂改扩建、新建及片区污水管网项目完成，工业源和生活源 COD、TN、TP 的排放量逐年降低。

表 2-6　滇池流域工业源和生活源污染物排放情况　　单位：t/a

	COD	TP	TN
“九五”期末	39 438	10 369	824
“十五”期末	20 000	6 750	445
“十一五”期末	15 660	7 099	224

（3）治理项目实施情况。《“九五”计划及 2010 年远景规划》包括 84 个治理项目，总投资 31.03 亿元。评价“九五”期间治理项目实施情况数据来自《滇池流域水污染防治“十五”计划》。根据已有数据，截至 2000 年年底，滇池《“九五”计划及 2010 年远景规划》提出的 84 个项目，完成 60 项（含 49 项工业污染治理项目），还完成了《“九五”计划及 2010 年远景规划》外的项目 5 项，开始实施的 17 项，尚未动工的 7 项。共完成投资 25.3 亿元，其中已竣工项目投资 21.2 亿元，在建项目完成投资 4.1 亿元（表 2-7）。

表 2-7　滇池流域“九五”治理项目实施情况

	已完成项目	在建项目	未动工项目	总计
项目个数	60	17	7	84
所占比例/%	71.43	20.24	8.33	100
投资/亿元	21.2	4.1	0	25.3

注：滇池流域“九五”治理项目以已完成项目居多，占 71.43%，在建项目和未动工项目分别占 20.24%和 8.33%。

“十五”计划项目按污染控制、生态修复、监督管理、资源调配与科技示范五类安排，共 26 项，投资总额 77.99 亿元。评价“十五”期间治理项目实施情况数据来自《滇池流域水污染防治“十一五”计划》。根据已有数据，“十五”期间共安排新建项目 26 个大项，计划投资 77.99 亿元；“九五”续建项目 12 项，实际投资 10.41 亿元。到 2005 年年底，新建项目 26 项完成 14 项，占 53.8%；在建项目 6 项，占 23.1%；未开工项目 6 项，占 23.1%。“九五”续建项目 12 项已全部完成。“十五”期间滇池治理共完成投资 22.32 亿元。其中新建项目完成投资 12.94 亿元，占计划投资的 16.6%；“九五”续建项目完成投资 9.38 亿元，占实际投资的 90.2%。

按照“污染控制、生态修复、资源调配、监督管理、科技示范”的 20 字方针，“十五”计划项目分为污染控制类项目、生态修复类项目、资源调配类项目、监督管理类项目、科技示范类项目。“十五”计划新建 26 个项目，含 45 个子项目，经国家批准剔除 4 项不再实施，至 2005 年年底完成了 31 项，在建 7 项，尚未动工 2 项（高浓度有机废水处理中心和危险废弃物处理处置中心合并为危险废弃物处理处置中心）。

剔除终止实施项目后，“十五”计划项目有 22 个大项，40 个子项，其中污染控制类项目含城市污染控制、面源污染控制、工业污染控制、内源污染控制 4 个方面的内容，共有 8 个大项，15 个子项，到目前为止完成了 10 项，在建 3 项，未动工 2 项；生态修复类项目含 6 个子项，完成 3 项，在建 3 项；资源调配项目有 2 个子项，完成 2 项；监督管理类项目含 7 个子项，完成 6 项，在建 1 项；科技示范类项目含 10 个子项，10 项全部完成。拟剔除的 4 个项目为：①污水处理厂脱磷除氮示范工程；②昆明市第二污水处理厂改扩建工程；③草海生态区建设；④板桥河—清水海引水济昆工程。未动工的两项工程拟调整至“十一五”实施。至 2005 年年底，《滇池流域水污染防治“十五”计划》项目完成率为 77.50%，项目开工率为 95%。具体参见表 2-8。

表 2-8 滇池流域“十五”末期新建项目完成情况

项目类别	污染控制	生态修复	资源调配	监督管理	科技示范	项目数合计	所占比例/%
子项目数	15	6	2	7	10	40	100.00
完成项目数	10	3	2	6	10	31	77.50
在建项目数	3	3	0	1	0	7	17.50
未动工项目数	2	0	0	0	0	2	5.00

“十一五”规划项目分为城镇污水处理设施建设和流域综合整治两类，主要包括滇池北岸水环境综合治理工程、饮用水水源地污染控制、生态修复、垃圾及粪便污染治理项目、入滇池河道水环境综合整治工程、监督管理及研究示范共 65 个项目，规划投资估算 92.27 亿元。截至 2010 年 1 月 22 日，滇池“十一五”规划项目已完成 19 项，占规划项目的 29.23%；调试 11 项，占规划项目的 16.92%；在建 34 项，占规划项目的 52.31%；正在开展前期工作 1 项，占规划项目的 1.54%。累计完成投资约 66.2 亿元（表 2-9）。

表 2-9 滇池流域“十一五”治理项目实施情况

	已完成项目	调试项目	在建项目	开展前期工作	未动工项目	总计
项目个数	19	11	34	1	0	65
比例/%	29.23	16.92	52.31	1.54	0	100

注：滇池流域“十一五”治理项目以在建项目居多，占 52.31%，其次是已完成项目，占 29.23%，调试项目、开展前期工作项目分别占 16.92%和 1.54%。

将 3 个五年计划时期滇池流域治理项目实施情况列于同一个表格中，如表 2-10 所示。由表 2-11 可以看出，运用于滇池流域的治理投资逐期提高。滇池流域水污染防治自 1990 年代初至 2009 年资金投入情况如表 2-11 所示。

表 2-10　滇池流域 3 个五年规划阶段治理项目实施情况

	已完成项目	在建项目	未动工项目	计划投资/亿元	完成投资/亿元
“九五”期末	60	17	7	31.03	25.3
“十五”期末	31	7	2	77.99	22.32
“十一五”期间	19	46	0	92.27	66.2

表 2-11　滇池治理资金投入情况　单位：亿元

	中央资金	省级资金	市级资金	其他资金	累计资金
“九五”“十五”	10.7	6.65	25.29	4.98（世行贷款）	47.62
2006—2008 年	8.1	3.1	19.7	2.9（日本协力银行贷款）	33.8
2009 年 1—7 月	2.2	0	2.6	2.2（日本协力银行贷款） 8（滇池治理企业债券）	14.9
累计资金	21	9.75	47.59	18.08	96.42

（4）监督管理执行情况。《“九五”计划及 2010 年远景规划》中对计划实施的监督管理做了 3 个方面规定：①建立完善各项有利于滇池水污染防治的法律、法规；②建立正常有序的管理运行机制：滇池水污染防治工作实施行政领导负责制；③加大环保执法力度，强化管理：严格把关，坚决控制新污染源。评价“九五”期间监督管理执行情况主要依据“十五”计划。由于目标明确、措施得当，在昆明市经济增长、人口增加、污染负荷加重的情况下，实施国务院批准的《“九五”计划及 2010 年远景规划》，滇池污染迅速恶化的趋势初步得到遏制，水污染防治工作取得阶段性成果。

评价“十五”期间监督管理执行情况主要依据“十一五”规划。根据已有材料表明，“十五”期间，环境监管能力不足。滇池流域环境监测、预警、应急处置和环境执法能力薄弱，不能满足环境管理工作的要求，有法不依、执法不严现象较为突出，环境违法处罚力度不够。监管手段薄弱，企业偷排、超标排污、超总量排污的现象不能得到有效遏制。另外，公众环境意识的提高与滇池水质短期内难以根本改善的矛盾将日益突出。滇池流域的地表水体受到污染，水质状况短期内难以达到功能要求，直接影响到人民群众的生活质量和身心健康。随着公众环境意识的提高，水环境问题将更加突出。

评价“十一五”规划监督管理执行情况主要依据《滇池流域水污染防治规划（2006—2010 年）执行情况中期评估报告》（以下简称《中期评估报告》）。根据《中期评估报告》，强化管理是滇池流域水污染防治取得阶段性成绩的重要手段。

（1）贯彻实施目标责任制。为保证滇池“十一五”规划顺利实施，分省—市（含省属部门）、市—县（含市属部门）、县—乡（含县属部门）3 个层次层层签订了《滇池流域水污染防治的年度实施计划目标责任书》，省政府向昆明市政府和省级有关部门下发了规划实施责任分工和任务分解方案，并明确了任务及检查考核办法。昆明市人民政府与滇池流域县（区）政府及市属有关部门共 27 家责任单位签订了年度《滇池综合治理目标责任书》，于每年年底由市政府组织，市级相关部门参加，邀请市人大城环委、市政协城环委有关领导共同组成检查考核小组，对目标责任书执行情况进行全面检查考核和评分，将考核结果进行通报，并将考核得分纳入市政府对县区及市级各部门的年度综合考核。

（2）实施严格的问责制。昆明市委、市政府印发了《昆明市重要工作推进责任追究实施办法》，滇池“十一五”规划执行情况纳入重要工作问责。规划项目明确了责任主体和完成时限，纳入目标管理，由市委目督办、市政府目督办跟踪督办，对在工作推进中不能完成任务的责任领导和责任人实行层层问责。

（3）实行河（段）长负责制。从 2008 年起，昆明市政府推行《滇池流域主要河道综合环境控制目标及河（段）长责任制管理办法（试行）》，制定了滇池流域 36 条出入湖河道河（段）长责任制，建立了河长制的考核体系。由五套班子主要领导分别担任各条河道的河长，所属县区领导担任河段长，责任明确，目标任务明确，入滇池河道治理取得了明显的成效，与 2007 年相比，2008 年入滇 36 条河道中有 15 条水质污染程度显著减轻，占总数的 46.9%；有 3 条河道水质污染程度有所减轻，占总数的 9.4%。

2.2.2.2 滇池综合治理工程评估结论

本研究首次系统全面总结了滇池治理的经验和教训，研究发现：无清洁水循环系统与长期的入湖高污染负荷是导致滇池水质持续恶化的主要原因，人口与经济增长过快、产业结构与布局不合理、土地利用方式不当是滇池水质难以改善的根本原因。对滇池治理工程进行了系统评估，结果显示：“六大工程”的实施成效显著，已经基本遏制了滇池水质恶化趋势，后期需继续在多层次控源截污联合调度与配套管网系统建设、再生水的区域利用、外流域补水优化配置调度、蓝藻水华清除处置与资源化、湖滨带生态修复的长效管理等方面完善提高，以进一步优化工程的水质改善效果。

（1）长期以来流域的入湖负荷长期远高于滇池水环境容量。环湖截污工程、入湖河道整治工程和农业农村面源治理工程在“十一五”末发挥的 TN 削减能力为 6 003 t，TP 削减能力为 617 t，离 TN、TP 容量总量控制目标还存在 10 875 t 和 609 t 的缺口。尽管“十一五”规划的截污治污工程全面实施并在 2009 年年末和 2010 年逐步完成，但至少可以肯定的是，在“十二五”期间，上述工程削减能力离容量总量控制目标还有很大距离，单纯的氮、磷削减工程难以确保滇池在“十二五”期间水质达标，也不能从根本上改变滇池蓝藻水华周年性暴发的态势。

（2）环湖截污工程仍需继续完善多层次控源截污联合调度体系和配套管网系统建

设。环湖截污工程显著提高了截污治污能力，但缺乏多层次控源截污联合调度体系和配套管网系统，难以实现工程设计目标。比如，城镇污水处理厂规模达到 110 万 m^3/d，但污水收集率在 50%左右（规划设计为 90%），城市面源在非优化工况下实际处理率仅有 4.42%（工程设计为 50%），农村面源径流污水无法接入环湖干管（渠）截污系统，难以实现工程设计的 30%处理率。

此外，由于缺乏深层次研究，片区截污缺乏系统性优化设计，环境效益无法充分发挥。一方面，排水体制的选定必须与排水系统终端的雨水和污水处理方式和环境质量要求相结合，需针对目前各区域排水系统现状，进行优化改造；另一方面，由于城市扩张和人口增长在时间和空间上分布的不同步和不均衡，直接导致污水处理设施建设的滞后和不协调。截至 2015 年，仍有部分区域污水处理能力不能满足需求，同时，部分区域污水处理能力过剩，特别在管网分流制改造实施后，污水处理厂必将面临“缺水”的问题。

（3）外流域补水及节水工程尚未提出补水优化配置方案，需有效解决 4 亿 m^3 再生水的利用途径、方向和规模问题。目前的外流域补水工程并未提出补水优化配置方案。随着污水处理能力的提高，形成的 4 亿 m^3 再生水也将是滇池入湖负荷的重要来源。根据滇池流域水文与非点源机理模拟模型的研究成果，达到一级 A 标准的 4 亿 m^3 再生水就足以使得滇池在近期为Ⅳ至Ⅴ类水质，TN 平均质量浓度保持在 1.5～1.8 mg/L，TP 平均质量浓度保持在 0.1～0.16 mg/L。然而，当前 2.1 亿 m^3 再生水利用途径和方向局限于河道生态补水和市政用水（8.88 万 t/d），对滇池水质造成一定程度的影响。因此，有必要跳出滇池流域尺度，在昆明市域乃至更高区域尺度上，使 4 亿 m^3 再生水在滇池流域内外实现综合利用和优化调度，进一步削减用水规模和再生水入湖负荷。

（4）农业农村面源工程应从滇池流域农业结构与空间布局层面上实现排放强度及总量的大规模削减。“十一五”期间，农业农村面源工程完成 1.8 万户规模畜禽禁养，TN、TP 产生量分别削减 381 t 和 74 t，但仅占滇池流域点源产生量的 3%和 6%；另外，还开展了 1.12 万亩[①]禁花减菜和 19 万亩测土配方工作，TN、TP 施用量分别削减 450 t 和 360 t，但也仅占农业面源的 1.5%和 2.7%，按照容量总量控制优化分配要求，还差之甚远。因此，有必要调整农业在滇池流域的定位，在满足昆明市农业产品供给水平下，有必要大手笔从滇池流域农业结构与空间布局实现单位面积化肥使用量及总量的大规模削减。

（5）外海蓝藻水华清除处置与底泥疏浚工程对内源负荷削减具有显著效果，针对宝贵的 33 km^2 湖滨带生态恢复需完善有效的实施和长效维护机制。外海蓝藻水华清

① 1 亩=1/15 hm^2。

除处置与底泥疏浚能有效地削减滇池的内源负荷。例如，滇池草海底泥疏浚工程（一期），清除了草海中的污染物 TP 7 900 t、TN 39 600 t，砷及各种重金属 5 000 多 t，草海容积增大了 400 万 m^3，具有显著的环境效益和社会效益。“十一五”期间，实施的滇池污染底泥疏浚二期工程，疏浚污染底泥 340 多万 m^3，滇池综合治理效果开始显现。

在湖滨带生态恢复方面，“十一五”期间完成“退田还林、退塘还湿、退房还岸、退人护水”，至 2009 年年底，建设与恢复湖滨生态湿地 8 600 亩，湖滨林带 7 500 亩，从而为恢复滇池原有湖滨生境奠定了良好基础。但就滇池外海湖体而言，仍未真正实现环湖生态闭合，其效应的发挥受到较大限制。

2.3 滇池流域污染源及其入湖特征

2.3.1 滇池流域系统调查与观测

滇池流域社会经济与水文水环境系统数据库是滇池富营养化系统诊断的基础，是滇池流域污染源迁移转化与水质响应模拟的前提条件（高伟等，2013）。然而，滇池流域社会经济、水土资源、水文水环境等数据不够系统和完整，数据来源复杂且散乱，数据的时间空间尺度不统一，甚至存在一定量的缺失，这些因素都在一定程度上给滇池治理和研究工作带来了困难。为此，本研究从 4 个方面对滇池流域开展了全方位的调查与观测：流域水文气象调查与观测；水体及底泥、水生态系统调查与观测；流域污染源系统调查与观测；流域社会经济与水土资源系统调查。调查与观测点位如图 2-3 所示，资料清单如表 2-12 所示。

2.3.1.1 水文气象调查与观测

本研究收集了滇池流域昆明（大观楼）站、太华山站、晋宁站、呈贡站 4 个常规气象站的主要气象要素 30 年（1971—2000 年）统计资料和 2009 年全年 12 个月的定时观测资料，以及南坝（盘龙江）站、宝象河水库（宝象河）站、东白沙河站、果林水库（马料河）站、松茂水库（捞渔河）站、横冲水库（梁王河）站、梁王山（梁王河）站、双龙湾（晋宁大河）站、大河水库（晋宁大河）站、柴河水库（柴河）站、双龙水库（东大河）站、海口（海口河）站、海埂（滇池）站、三家村（花红涧河）站 14 个水文站的 10 年（1999—2008 年）逐日降水量观测资料，盘龙江、宝象河流量观测资料和 2009 年全年 12 月的逐日降雨观测资料，滇池逐日运行水位观测资料，海口河逐日外泄水量观测资料。另外，还调查收集了双龙、柴河、大河、横冲、松茂、果林、宝象、松华坝 8 个大中型水库和滇池西园隧洞的 11 年（1999—2009 年）逐日下泄水量观测资料。自 2009 年起，针对滇池的 16 条主要入湖河流建立了水位观测站，开展水位流量的连续观测和暴雨径流过程的频次加密观测。为了弥补常规气象站有些时段观测资料的不足，并配合入湖河流的降雨—径流观测和湖泊水质观测，先后沿滇池周边架设了江尾、新街、兴旺和富善等 4 个气象观测站，在海口和海埂又增设了气象观测项目，对风向、风速、气压、气温、湿度、太阳辐射、光照、降雨等气象要素进行 24 h 连续观测。

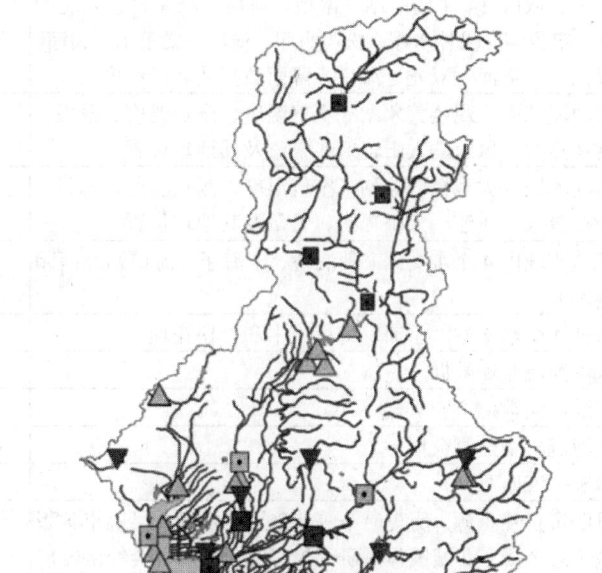

图 2-3　调查与监测点位图

表 2-12 调查与观测资料清单

资料类型/来源	编号	资料详单	时间尺度
GIS 数据	1	滇池流域数字高程模型（DEM）、水系及子流域划分	最新
	2	滇池流域 RS 数据	20 世纪 80 年代、90 年代、2000—2008 年
	3	滇池流域土壤类型空间分布图	1978 年、1988 年
	4	滇池流域行政边界图（乡镇）	
水文、气象数据	5	滇池流域内 14 个雨量站（南坝、海埂、三家村、东北沙河、宝象河、果林水库、松茂水库、横冲、梁王山、大河、双龙湾、柴河、双龙、海口）降雨数据及其经纬度	1999—2010 年
	6	滇池流域内大观楼气象站（空气温度、露点温度、蒸发、潜在蒸散、风速、太阳辐射、云量及其地理位置）	1999—2010 年
	7 8	滇池流域内大观楼气象站（空气温度、露点温度、蒸发、潜在蒸散、风速、太阳辐射、云量及其地理位置）	1956—2010 年
	9	滇池流域内 4 个水文站（敷润桥、干海子、海口站及西园隧洞）	1999—2010 年
	10	另外 4 个水文站（小河、甸尾、中和、松花坝）	1999—2010 年
水质数据	11	入湖河流监测数据	1999—2010 年
	12	滇池监测数据	1999—2010 年
	13	滇池沉积物监测数据	1999—2010 年
	14	暴雨径流监测	2008—2010 年
社会经济发展战略	15	昆明市自然资源，历史沿革等基础资料汇编，昆明市各版城市总体规划，城镇体系研究报告等，历届社会经济发展五年规划，昆明市及滇池流域涉及各区县历年统计年鉴，云南省及昆明市 1990 年，2000 年人口普查，2005 年 1% 人口抽样调查常住人口以及城镇人口数据，昆明市城镇体系历史资料及社会经济相关数据，昆明市交通和道路情况统计以及规划，分区县以及分乡镇土地利用变更调查数据，土地利用总体规划等资料	1990—2010 年
产业结构调整方案	16	历年昆明市及滇池流域涉及区县的生产总值、三产结构、产业层次结构及产业空间结构、昆明市产业结构研究报告、各种经济发展规划以及产业规划、产业园区发展报告、经济普查数据以及污染源普查数据	1990—2010 年

2.3.1.2 水体及底泥、水生态系统调查与观测

利用滇池流域环境监测站及增设的便携式监测设备，开展滇池水质（水体、沉积物等）监测。在滇池水体增设两个水质监测点（时间频次为周、月平均）。利用多个完整水文年连续观测及季节观测研究湖体营养盐的时间分布。湖体监测指标包括：

水文要素（水位、水深、流向、流速、流量）、物理要素（水温、电导率、透明度、悬浮物）、化学要素（pH 值、DO、TP 及各形态磷、TN 及各形态氮、COD_{Mn}、BOD_5）、Chl a。利用 GIS 空间分析技术研究湖体营养盐（各种形态磷、各种形态氮、COD_{Mn}、BOD_5、TOC）的三维空间分布（表 2-12）。

2.3.1.3　流域污染源系统调查与观测

污染源系统调查包括流域点源、面源和湖泊内源，其中点源包括工业源和城镇生活源，面源包括城市面源和农村面源。时间为 2007—2009 年，空间尺度为县、区行政单元和子流域尺度。调查范围为滇池全流域，流域边界以 1∶5 万 DEM 为基础，采用 Arcgis 空间分析模块中的流域划分工具，生成滇池流域汇水区分水岭，在分水岭两侧具有明显人工水利设施干扰的区域，如滇池的出流口，对分水岭界限进行适当的人工修正而形成。

2.3.1.4　流域社会经济与水土资源系统调查

根据以往从事社会经济发展战略与产业结构调整方案制定的经验（盛虎等，2012；李中杰等，2012），结合对滇池水环境治理的考虑，拟定了调研清单进行初次调研。在此基础上，根据项目完成情况，以及项目的特殊要求，进行补充调研。调研采用实地勘察、座谈与访谈、部门走访等方式。在空间尺度上，有全国尺度的省会城市的社会经济指标，省级尺度的云南省地级城市社会经济指标，时间为 1998—2008 年。昆明市级尺度上较为详细和连续的数据资料的时间为 1990—2008 年，具体到区县和乡镇级别的连续数据的时间为 1999—2008 年。滇池流域内五华、盘龙、官渡、西山及其包含的乡镇，以 5 年为期统计的市级和区县级经济和人口数据则是从 1978 年改革开放开始的，另外前人的文史资料中涉及的零星数据则可以追溯到古代。社会经济发展战略：昆明市自然资源，历史沿革等基础资料汇编，昆明市各版城市总体规划，城镇体系研究报告等，历次社会经济发展五年规划，昆明市及滇池流域涉及各区县历年统计年鉴，云南省及昆明市 1990 年、2000 年人口普查，2005 年 1%人口抽样调查常住人口以及城镇人口数据，昆明市城镇体系历史资料及社会经济相关数据，昆明市交通和道路情况统计以及规划，分区县以及分乡镇土地利用变更调查数据，土地利用总体规划等资料。产业结构调整方案：历年昆明市及滇池流域涉及区县的生产总值、三产结构、产业层次结构及产业空间结构、昆明市产业结构研究报告、各种经济发展规划以及产业规划、产业园区发展报告、经济普查数据以及污染源普查数据等。

通过 2008—2010 年开展的覆盖最广、分辨率最高、持续时间最长的流域多尺度的系统调查与监测，共获取超过 50 万的基础数据：①形成了 9 类大调查体系（点源、城市面源、内源、湖泊和河流水质、生态、GIS、水文气象、暴雨径流、社会经济、水土资源、规划)；②新增（加密）5 类基础监测，构建了 160 个监测点位的观测网络，可观测 10 min、1 h、1 d、15 d、1 个月等不同时间分辨率的数据。

此外，在 2009—2010 年还进行了加密补测：①城市面源：主城区 4 类下垫面、初期暴雨观测；②滇池内源：35 个采样点、3 层柱状样观测；③大气干湿沉降：8 个采样点、3 类介质、7 个指标周观测；④暴雨径流：11 条河流、15 个断面、6 次暴雨径流小时观测；⑤湖泊和河流水质：29 条河流、10 个湖面 10 个指标，15 d、1 个月观测；⑥水文：20 条河流（含 4 个现有采样点）10 min 流量观测；⑦气象：5 个气象站（含 1 个现有采样站）8 个指标 1 h 观测。

2.3.2 滇池流域污染负荷分析

滇池流域污染负荷调查是滇池流域系统调查与观测的重点内容，主要包括企业点源、城镇生活点源、面源和大气干湿沉降 4 个方面。关于这 4 个方面内容的调查与观测分析结果如下：

2.3.2.1 企业点源

通过调查发现，2009 年滇池流域企业总数为 11 362 家，其污水排放总量为 4 332 万 t，污染物 COD、TN、TP 排放量分别为 15 065 t、838.5 t、126.4 t（郑一新等，2010；2012）。

对滇池流域工业、第三产业、规模化畜禽养殖业污染源情况进行分析，其污染排放量顺序为第三产业＞工业＞规模化畜禽养殖业，以第三产业污染排放量最大，其污水、COD、TN、TP 排放量分别为 2 478.23 万 t、8 985.52 t、395.48 t 和 52.83 t，分别占滇池流域排放总量的 57%、60%、47%和 42%（表 2-13）。

表 2-13 滇池流域 2009 年企业污染排放比例情况

类别	污水		COD		TN		TP	
	排放量/（万 t/a）	比例/%	排放量/（t/a）	比例/%	排放量/（t/a）	比例/%	排放量/（t/a）	比例/%
第三产业	2 478	57	8 986	60	395	47	53	42
工业	1 673	39	3 356	22	140	17	15	12
规模化畜禽养殖业	181	4	2 722	18	303	36	58	46
合计	4 332	100	15 064	100	838	100	126	100

利用等标污染负荷对滇池流域工业污染排放进行分析，其中以官渡区污染排放量最高，其污水排放量、污染物 COD、TN、TP 排放量分别占滇池流域排放总量的 37%、26%、32%和 29%；其次为五华区，两个区域的累计等标污染负荷占到滇池流域总量

的 50%左右，为滇池流域主要的企业污染排放区域。而晋宁县污染排放量最低，其污水排放量、污染物 COD、TN、TP 排放量分别占滇池流域排放总量的 4%、4.6%、10%和 13.4%。

2.3.2.2　城镇生活点源

通过调查发现，2009 年滇池流域主城建成区内集聚了流域内 76.89%的人口，其数量达到 231.10 万人。2009 年滇池流域各县区城镇居民分类情况如图 2-4 所示。

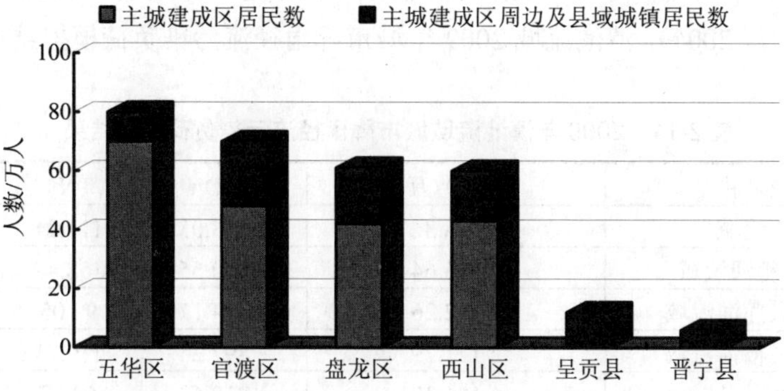

图 2-4　2009 年滇池流域各县区城镇居民分类情况

根据通用的污染负荷核算方法及相关的系数（李跃勋等，2010），核算滇池流域 2009 年城镇生活源共排放污水 21 981.26 万 t，其中 COD_{Cr}、TN 和 TP 分别为 58 978.97 t、12 127.02 t 和 1 032.85 t，具体情况参见图 2-5。

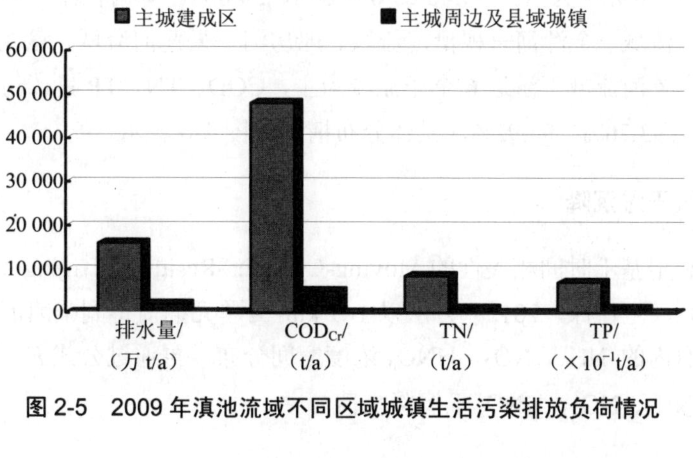

图 2-5　2009 年滇池流域不同区域城镇生活污染排放负荷情况

2009 年滇池流域主城建成区城镇居民仍然为最重要的生活污染源，污染负荷排放量占流域内城镇生活源排放负荷总量的 80%以上，其居民生活污水、COD_{Cr}、TN、TP 排放量分别占总量的 84.42%、87.10%、85.28%和 83.30%。

在滇池流域各县区中，95%以上的城镇生活污染负荷排放集中于五华、盘龙、官渡和西山 4 个城区，其中五华区所占比例最大，其居民生活污水、COD_{Cr}、TN、TP 排放量分别占总量的 28.95%、29.37%、29.08%和 28.77%。

2.3.2.3 面源

根据 2009 年全年小时气象数据进行模拟（段永蕙、张乃明，2003；陆轶峰等，2003；邢可霞等，2004），滇池流域 2009 年城市降雨径流污染负荷模拟结果见表 2-14。

表 2-14 2009 年滇池流域城市降雨径流污染负荷模拟结果

子流域名称	径流量/万 t	COD/t	TN/t	TP/t
盘龙江流域	2 098.32	2 618.03	114.24	9.33
新河—运粮河流域	2 755.64	3 870.55	158.49	13.15
船房河—采莲河流域	1 792.26	2 434.17	99.05	8.43
金汁河—枧槽河流域	2 121.79	2 897.25	119.71	9.93
东白沙河流域	1 106.37	1 210.63	58.18	4.56
宝象河流域下游	1 295.89	1 782.11	73.09	6.13
马料河流域	220.47	262.14	12.03	0.95
洛龙河流域	252.97	349.93	14.78	1.19
捞鱼河流域	268.12	334.59	15.06	1.19
合计	11 911.84	15 759.40	664.64	54.86

滇池流域 2009 年全年产生的降雨径流总量为 11 911.84 万 t，污染物 COD、TN、TP 的负荷产生量分别为 15 759.40 t、664.64 t、54.86 t。降雨径流量和污染负荷仍以新河—运粮河流域、金汁河—枧槽河流域、船房河—采莲河流域、盘龙江流域、东白沙河流域及宝象河流域下游这 6 个子流域为主，COD、TN、TP 累计污染负荷比例分别为 93.99%、93.70%、93.92%，具体分布情况如图 2-6 所示。

2.3.2.4 大气干湿沉降

本研究利用基于时间相关性的 Moving-Cylinder Residual Kriging（HAAS T C，1995；李清光、王仕禄，2012）方法以 1×1 km^2 为单元插值得到柴河流域、宝象河流域和滇池湖面内的 NH_3、NO_2、HNO_3 浓度空间分布，再通过公式 $F=V_d(z)c(z)$ 计算得到每个月 NH_3、NO_2、HNO_3 干沉降负荷。

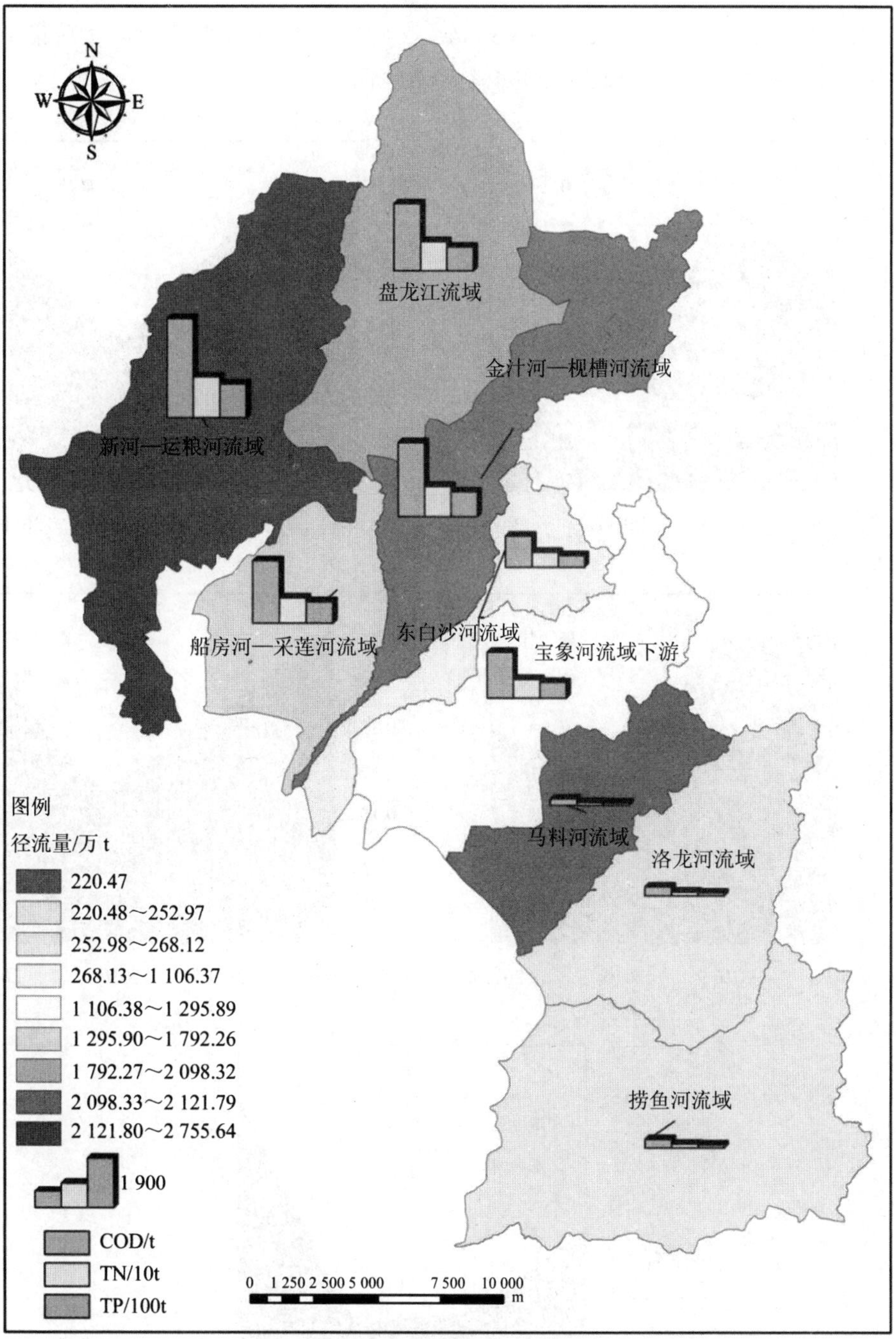

图 2-6　2009 年滇池流域城市降雨径流污染负荷空间分布图

计算结果表明，滇池 TP、TN、NO_3-N、NH_3-N、ON 干沉降负荷分别 2～2.78 t/a、23.9～32.7 t/a、19～25.6 t/a、2.44～3.36 t/a、2.47～3.71 t/a。TP 干沉降负荷集中在夏秋两季，而 TN 则较为均匀地分布在 4 个季节（图 2-7）。

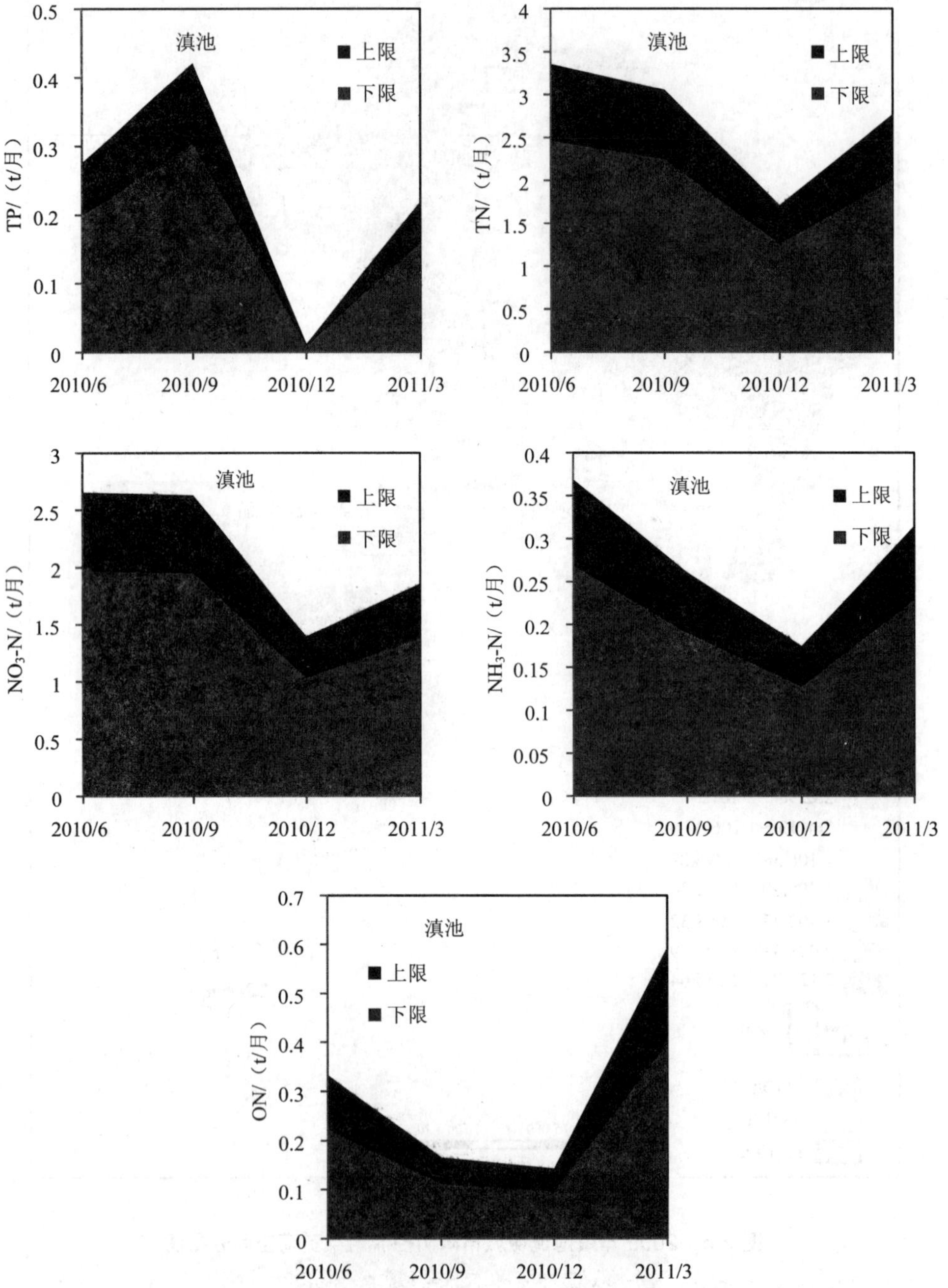

图 2-7　滇池湖面 TP、TN、NO_3-N、NH_3-N、ON 干沉降负荷

对于流域尺度下的大气氮、磷干湿沉降，干、湿沉降皆不容忽视，干沉降负荷也并非常规认识的其大体等价于湿沉降负荷（表 2-15）。对于 TN 而言，柴河流域 TN 干湿沉降总负荷为 370～422 t/a，其中干沉降为 132～184 t/a（36%～44%），湿沉降为 238 t/a（56%～64%）；宝象河流域 TN 干湿沉降总负荷为 713～824 t/a，其中干沉降为 315～426 t/a（44%～52%），湿沉降为 397 t/a（48%～56%）；滇池湖面 TN 干湿沉降总负荷为 894～1 035 t/a，其中干沉降为 416～558 t/a（47%～54%），湿沉降为 477 t/a（46%～53%）；对于 TP 而言，柴河流域 TP 干湿沉降总负荷为 8.9～9.4 t/a，其中干沉降为 1.2～1.6 t/a（14%～17%），湿沉降为 7.7 t/a（83%～86%）；宝象河流域 TP 干湿沉降总负荷为 12.5～13.2 t/a，其中干沉降为 1.2～1.6 t/a（14%～18%），湿沉降为 10.8 t/a（82%～86%）；滇池湖面 TP 干湿沉降总负荷为 17.5～18.2 t/a，其中干沉降为 2.0～2.8 t/a（11%～15%），湿沉降为 477 t/a（85%～89%）。

对于滇池流域而言，大气氮干沉降负荷以气体形态为主，颗粒物干沉降贡献比例仅有 5%～10%。今后，在滇池流域可以适当地减少对颗粒物中氮的干沉降观测，但加强对气体干沉降观测。从氮素的形态来看，大气氮干湿沉降中有机氮不容忽视，今后，需要针对有机氮直接观测。

表 2-15　滇池流域大气氮、磷干湿沉降负荷分析　单位：t/a

对象	污染物	湿沉降		干沉降（气体）		干沉降（颗粒物）		总负荷	
		上限	下限	上限	下限	上限	下限	上限	下限
宝象河流域	TP	10.8	10.8	—	—	2.4	1.7	13.2	12.5
	TN	397.4	397.4	400.3	298.6	25.9	16.6	824.0	713.0
	IN	297.3	297.3	400.3	298.6	22.5	14.4	720.0	610.0
	ON	100.1	100.1	—	—	3.4	2.2	103.5	102.3
柴河流域	TP	7.7	7.7	—	—	1.6	1.2	9.4	8.9
	TN	238.3	238.3	166.1	122.9	18.0	9.2	422.0	370.0
	IN	193.4	193.4	166.1	122.9	14.8	7.1	374.0	323.0
	ON	44.9	44.9	—	—	3.1	2.1	48.0	47.0
滇池	TP	15.5	15.5	—	—	2.8	2.0	18.2	17.5
	TN	477.3	477.3	525.1	392.5	32.7	23.9	1 035.0	894.0
	IN	356.3	356.3	525.1	392.5	29.0	21.4	910.0	770.0
	ON	121.0	121.0	—	—	3.7	2.5	124.7	123.5

2.4 滇池水质、水生态特征

滇池水质、水生态特征主要表现为：水质恶化趋势得到控制但改善趋势并不十分显著；环湖湖滨带严重退化；蓝藻水华周年性暴发（World Bank，2001；Yang et al.，2009；Liu et al.，2009）；滇池生态格局呈现空间异质性。

2.4.1 水质污染类型发生明显转变

从滇池水环境问题来看，虽然水质依旧是劣Ⅴ类，但水环境污染类型在近 10 年间发生了转变，滇池草海和外海的 BOD_5、COD 呈逐年下降之势，TN、TP 却逐年上升（图 2-8）。由此表明，草海正由以前单纯的有机污染型向有机和植物营养物兼性污染转变；外海则由有机和植物营养物兼性污染型向纯植物营养物污染型转变。有机污染型的特征是水体黑臭、耗氧，特征污染物为 BOD_5、COD；有机和植物营养物污染型的特征污染物为 BOD_5、COD、TN、TP；植物营养物污染型则以蓝藻水华灾害为特征，这种现象也可称为 TN、TP 营养物引起的二次污染，其危害是导致水体透明度降低，溶解氧消耗殆尽。

2.4.2 环湖湖滨带严重退化

由于历史的原因，滇池环湖有 84%的湖岸为直立堤坝（图 2-9），严重割离了湖滨带和水体血脉相连的关系，人为破坏了至关重要的水陆交错带水生态系统的生境条件，滇池自净能力锐减。滇池高等植物的初级生产力功能下降，水生态系统的基本组成部分向耐污型转变，滇池水生态系统已经从清水态向浊水态快速转变。而这些转变意味着以污水处理厂削减 COD、提高排放标准为典型的治污手段，已经不适应当前滇池富营养化的治理思路，而应该以降低氮、磷入湖负荷和恢复水生态系统的生境状况为主要选择。

2.4.3 蓝藻水华周年性暴发

针对滇池外海 2004—2008 年 4—10 月遥感影像解译数据以及 2004—2008 年所有的气象数据（21 个变量，其中有少量数据也存在缺失），采用 EMB 算法进行多重插补，并对插补后的数据集和取均值后的数据集分别计算出 2004—2008 逐月的暴发频率，得到 2004—2008 年逐月蓝藻水华暴发频率变化图（图 2-10）。

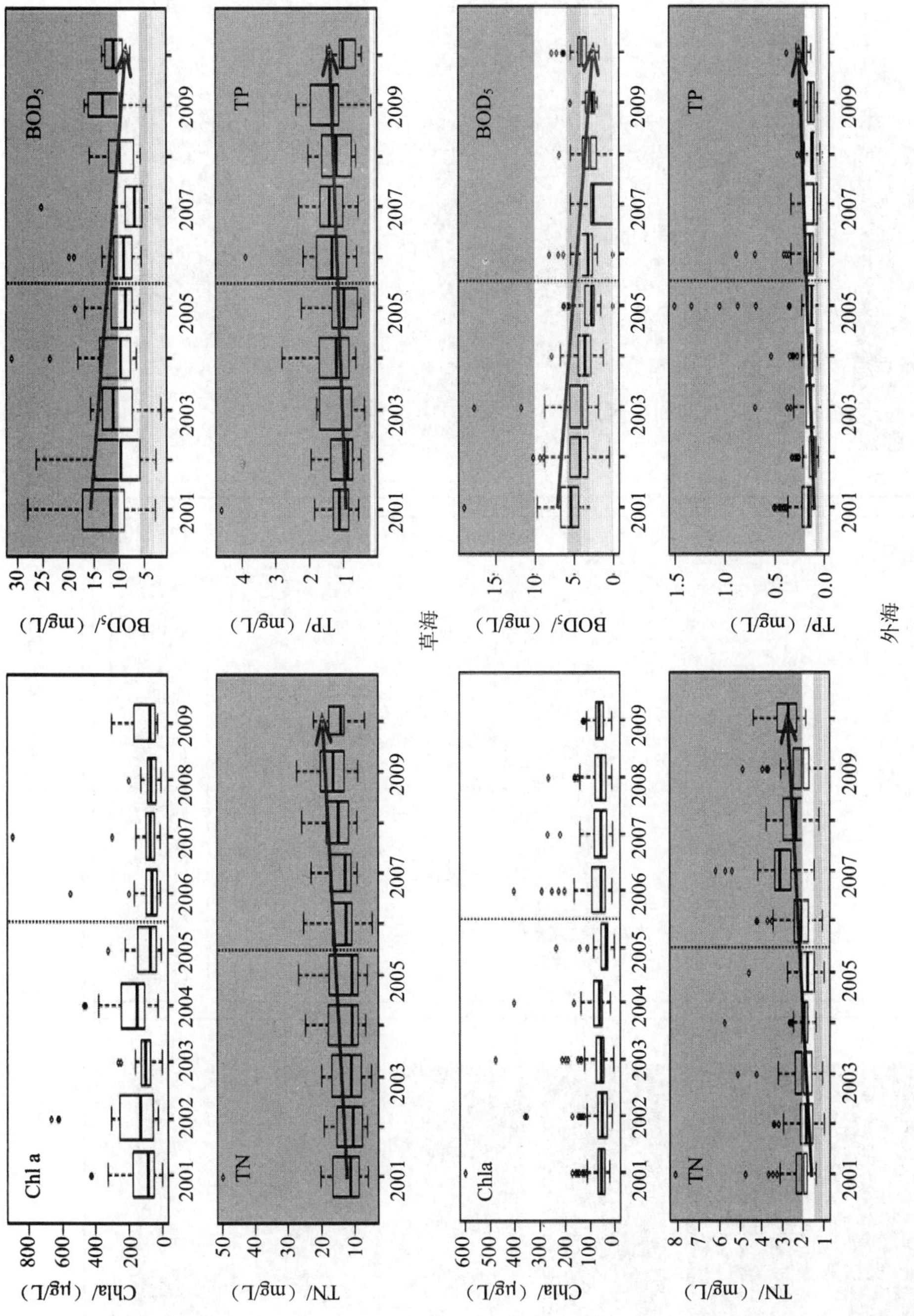

图 2-8　滇池水质变化趋势图

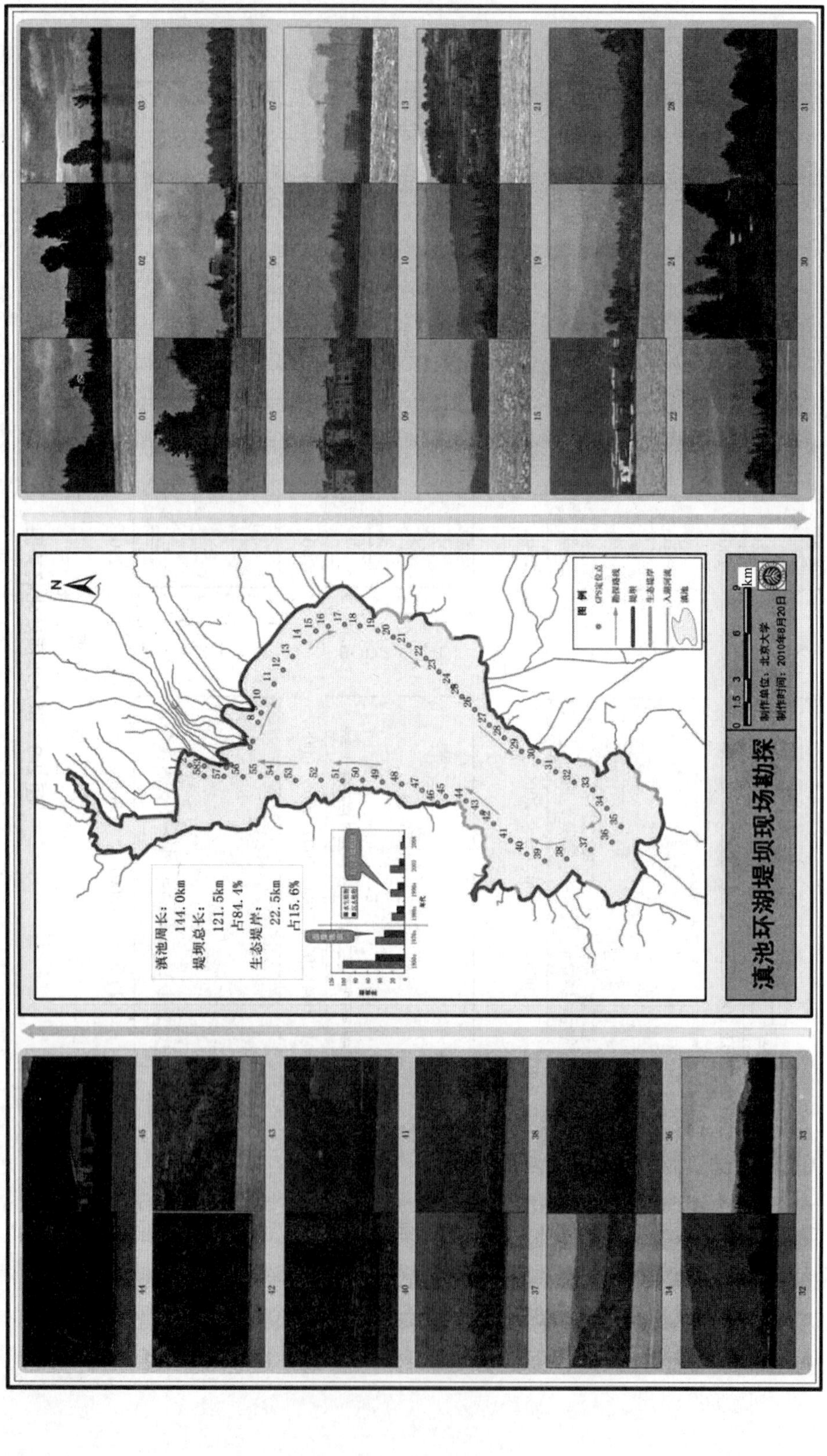
滇池环湖堤坝现场勘探
滇池周长：
144.0km
堤坝总长：
121.5km
占84.4%
生态堤岸：
22.5km
占15.6%
制作单位：北京大学
制作时间：2010年8月20日

图 2-9 滇池湖滨湿地图

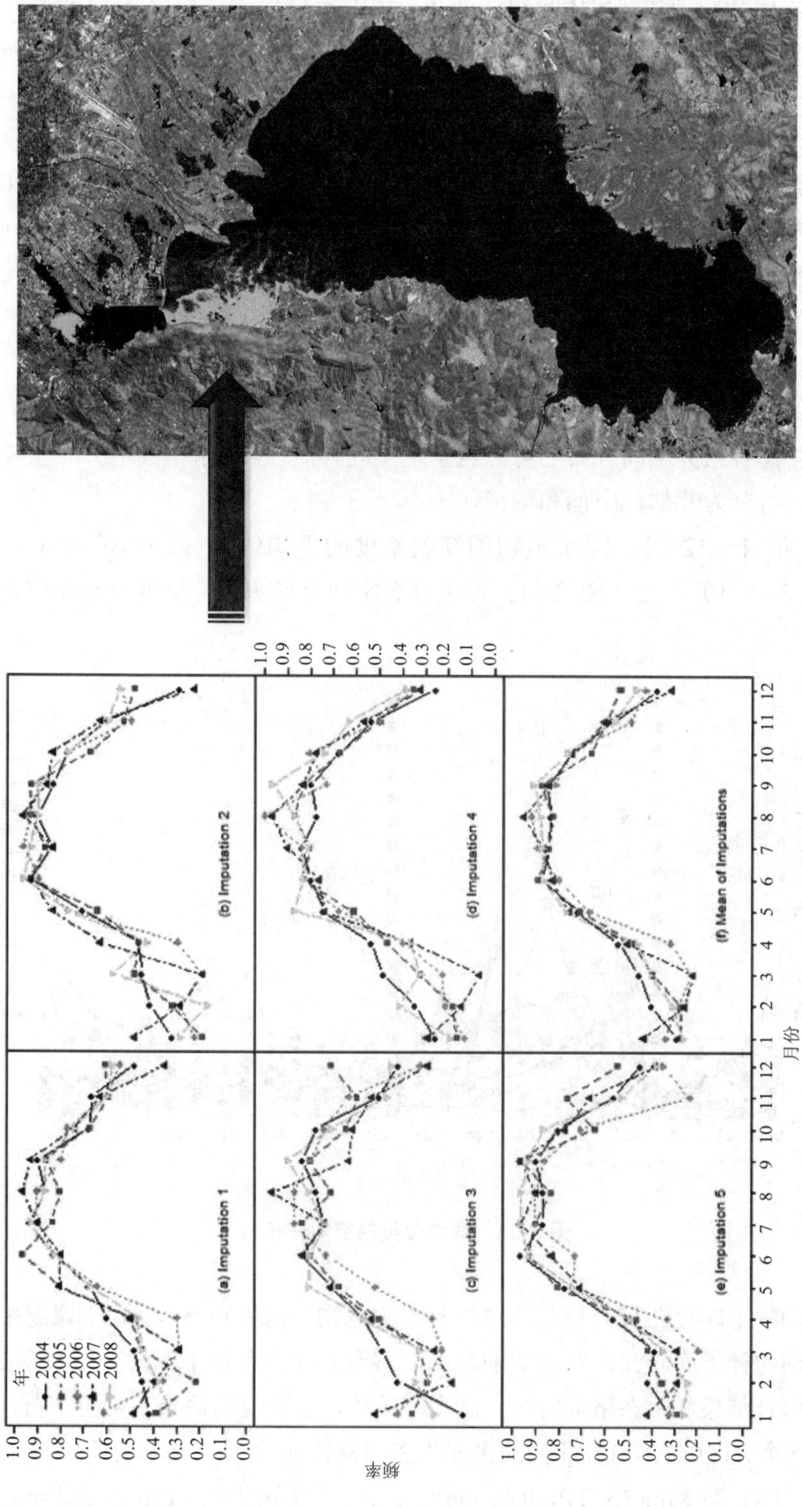

图 2-10　滇池蓝藻水华暴发趋势图

从图 2-10 可以看出（SHENG H，et al.，2012；盛虎等，2012）：①对蓝藻水华暴发数据的插补结果的稳健性比较好，从图 2-10（a）～（e）五次插补的 2004—2008 年 1—12 月数据的变化趋势和绝对数值上看，波动性都相对较小；②蓝藻水华暴发频率在 2004—2008 年变化比较小，这一点可以从图 2-10（f）平均化后的暴发频率变化图中可以看出，而这一特点在 4—10 月的表现尤为突出；③从逐月变化趋势上看，蓝藻水华暴发频率整体上呈现出 2—8 月逐月上升，然后从 9 月到翌年 1 月下降的特点。

进一步研究表明，滇池蓝藻暴发已经不是当前治污力度和治污思路可以改变的事实，只要气象等外界因素适宜就会形成蓝藻周年性暴发。

2.4.4 滇池生态系统格局呈现空间异质性

滇池生态各组分空间分布的特点也呈现空间异质性。浮游植物的分布呈现北高南低的态势，可分为北部、中部和南部。

2009 年 1—12 月，浮游植物的细胞密度的平均值为 1.77×10^8 个/L，变幅在 0.83×10^8～3.95×10^8 个/L（图 2-11）藻类分布空间分异明显，呈现自北向南降低的趋势。

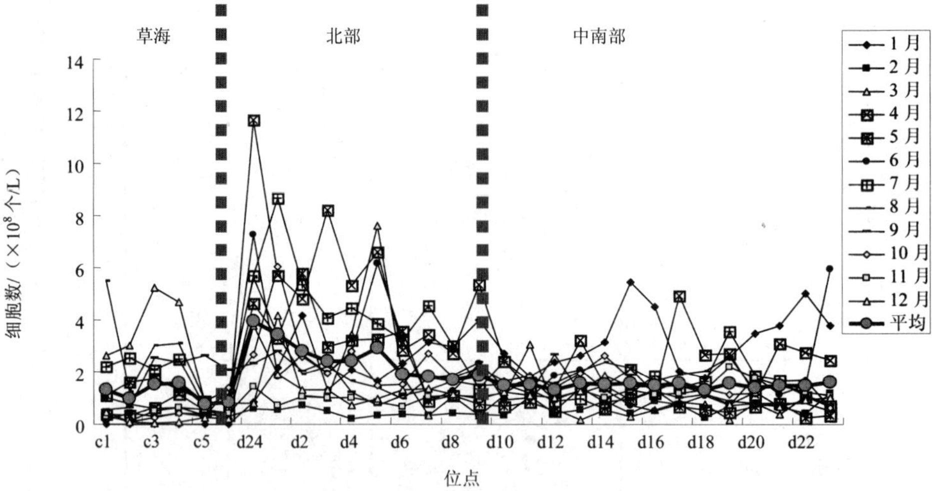

图 2-11 浮游藻类的空间分布

滇池的种子库存在与分布是滇池恢复水生植物的前提和有利条件，课题率先进行大中型湖泊的种子库研究。发现滇池南部，甚至北部皆有种子库的分布（图 2-12）。

基于调查结果和生态格局特征，湖岸带结构，通过现场调查，聚类分析，初步将滇池划分 5 个大区（图 2-13）。各区的主要生态指标特征如下：Ⅰ. 草海重污染区（Chl a，122 mg/L；TN，7.63 mg/L；TP，0.60 mg/L），Ⅱ. 藻类聚集区（Chl a，205 mg/L；TN，

3.84 mg/L；TP，0.31 mg/L），Ⅲ. 水生生物保护区（Chl a，90 mg/L；TN，2.26 mg/L；TP，0.18 mg/L；水生植被种类数多、盖度高；岸带陡），Ⅳ. 近岸带受损区（Chl a，103 mg/L；TN，2.23 mg/L；TP，0.18 mg/L；岸带复杂，塘系统多），Ⅴ. 生态系统修复区（Chl a，78 mg/L；TN，2.40 mg/L；TP，0.16 mg/L；种子库保存较好；水生植被分布面积和现存量高）。

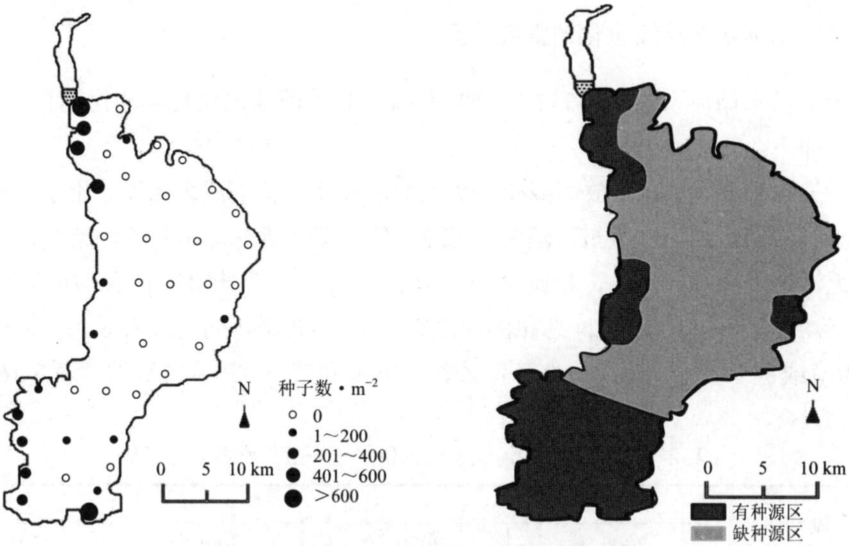

图 2-12　滇池表层种子库中沉水植物种子数分布及具有自我恢复潜力的区域

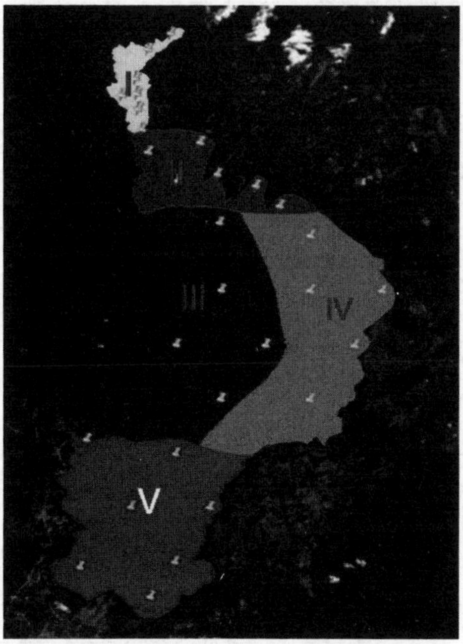

图 2-13　滇池生态分区图

2.5 滇池主要水环境问题及其成因

2.5.1 滇池主要水环境问题诊断

2.5.1.1 滇池水质持续恶化的直接原因

无清洁水循环系统与长期的入湖高负荷是导致滇池水质持续恶化的直接原因，具体分析如下。

（1）水源不清洁，排放不减少。从滇池水环境特征的成因来看，由于工业、生活等用水的急剧增加而严重挤占滇池流域 35 条入湖河流的生态基流，整个滇池流域几乎已无清洁水循环。比如，相比“十五”末，“十一五”末 TN 改善的河流有 9 条，TP 改善的河流有 10 条；TN 恶化的河流有 7 条，TP 恶化的河流有 6 条；但全部河流 TN 为Ⅴ或劣Ⅴ类，滇池北岸 9 条河流、古城河和柴河 TP 为劣Ⅴ类（表 2-16）。

表 2-16 滇池入湖河流监测点位“十一五”水质变化趋势 单位：mg/L

入湖河流	TP				TN			
	2005 年		2010 年		2005 年		2010 年	
白鱼河	0.106	Ⅲ	0.222	Ⅳ	1.856	Ⅴ	9.302	劣
采莲河	0.880	劣	2.493	劣	11.420	劣	34.317	劣
柴河	—	—	0.097	Ⅱ	—	—	2.038	劣
船房河	1.878	劣	0.200	Ⅳ	20.163	劣	12.255	劣
茨巷河	1.308	劣	0.434	劣	34.473	劣	16.080	劣
大河（淤泥河）	—	—	0.064	Ⅱ	—	—	4.488	劣
大青河	2.380	劣	0.791	劣	35.879	劣	11.507	劣
东大河	0.117	Ⅲ	0.053	Ⅱ	1.769	Ⅴ	1.527	Ⅴ
古城河	0.561	劣	0.522	劣	0.885	Ⅲ	2.290	劣
海河	—	—	0.998	劣	—	—	17.247	劣
金家河	—	—	1.151	劣	—	—	18.917	劣
捞鱼河（胜利河）	0.089	Ⅱ	0.078	Ⅱ	5.030	劣	7.123	劣
老宝象河	—	—	0.143	Ⅲ	—	—	1.967	Ⅴ
老运粮河	1.158	劣	1.161	劣	22.372	劣	19.120	劣
六甲宝象河	—	—	0.189	Ⅲ	—	—	4.832	劣
洛龙河	0.078	Ⅱ	0.078	Ⅱ	4.558	劣	2.920	劣
马料河	—	—	0.224	Ⅳ	—	—	3.130	劣
南冲河	—	—	0.071	Ⅱ	—	—	13.304	劣
盘龙江	0.626	劣	0.289	Ⅳ	10.333	劣	11.390	劣
乌龙河	2.110	劣	0.203	Ⅳ	27.940	劣	4.273	劣

入湖河流	TP				TN			
	2005 年		2010 年		2005 年		2010 年	
五甲宝象河	—	—	0.334	V	—	—	14.860	劣
西坝河	1.491	劣	0.549	劣	16.767	劣	8.800	劣
虾坝河	—	—	0.285	Ⅳ	—	—	8.782	劣
小清河（入滇河）	—	—	0.968	劣	—	—	20.148	劣
新宝象河	0.418	劣	0.541	劣	5.317	劣	9.548	劣
新河（新运粮河）	2.197	劣	2.843	劣	30.136	劣	40.483	劣
姚安河	—	—	0.338	V	—	—	8.895	劣
中河（城河）	0.610	劣	0.185	Ⅲ	12.980	劣	11.783	劣

从 1980 年代到 2008 年，TN 产生量与削减量都稳步上升，排放量仍然保持上升的趋势；TP 产生量和削减量都较快的增长，但排放量的增势趋缓。可见，TN 减排量赶不上增量，TP 减排量与增量持平（图 2-14）。

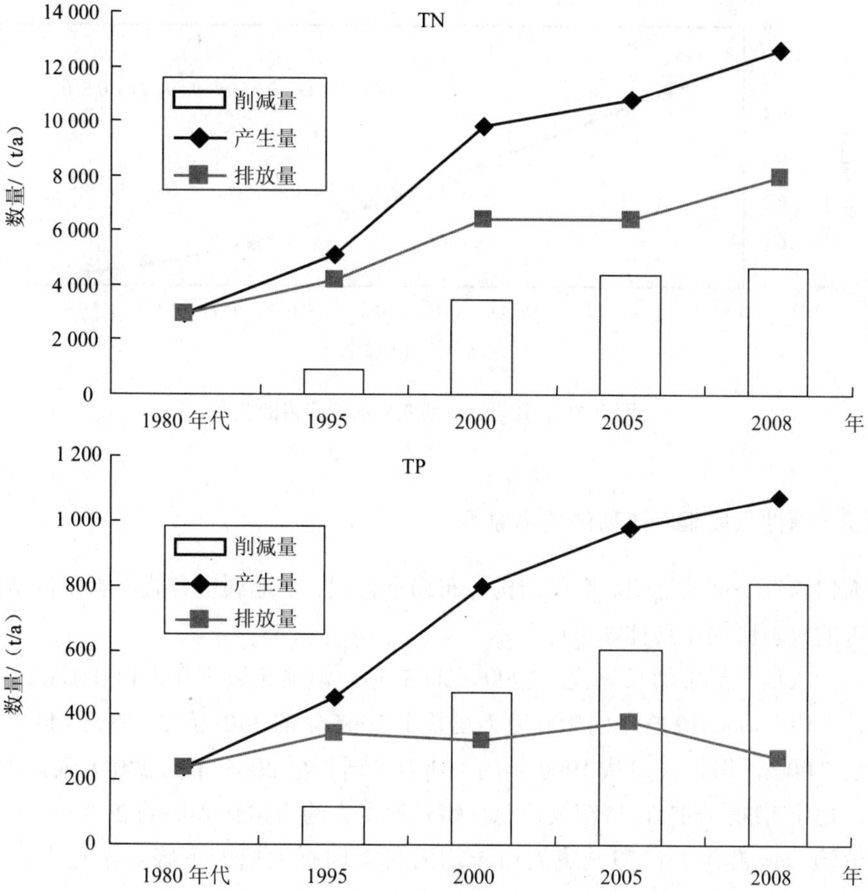

图 2-14　滇池氮、磷负荷变化图

（2）入湖负荷高，削减难度大。流域入湖氮磷负荷长期远高于滇池水环境容量，2009 年入湖负荷是水环境容量的 5 倍左右，且负荷减量赶不上负荷增量，而现有“六大工程”还存在近 1 万 t TN 和 600 t TP 入湖负荷的削减能力缺口（图 2-15）。

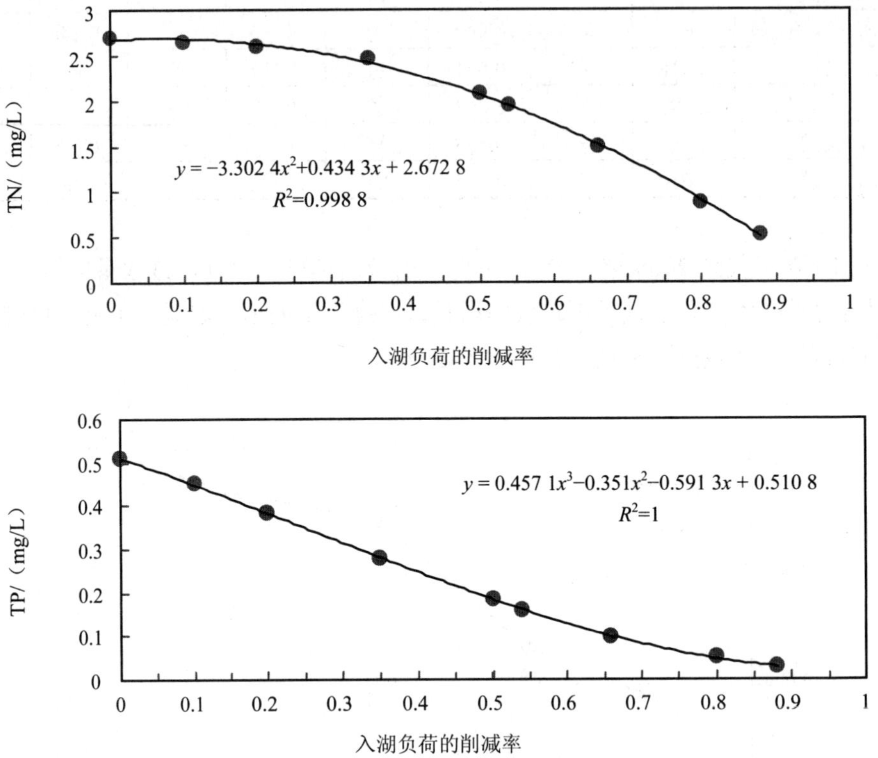

图 2-15 滇池负荷削减与水质改善的关系

2.5.1.2 滇池水质难以改善的根本原因

人口与经济增长过快、产业结构与布局不合理、土地利用方式不当是滇池水质难以改善的根本原因，具体如下：

（1）人口与经济增长过快。1990—2005 年，滇池流域常住人口和城镇人口迅速增长，常住人口从 1990 年的 196 万人增长至 2005 年的 340 万人，增长 144 万人，15 年增长 74.0%，城镇人口从 1990 年的 114 万人增长至 2005 年的 290 万人，增长 176 万人，15 年增长 154%，城镇人口总体增长速度大约为常住人口的 2 倍。

滇池流域常住人口和城镇人口年均增长率均有大幅度下降，常住人口年均增长率 1990—2005 年为 2.89%，2000—2005 年大幅下降为 1.03%，城镇人口年均增长率 1990—2000 年为 10.2%，2000—2005 年大幅下降为 2.11%，但是城镇人口年均增长率仍然高于常住人口，约为常住人口的 1.36 倍（图 2-16）。

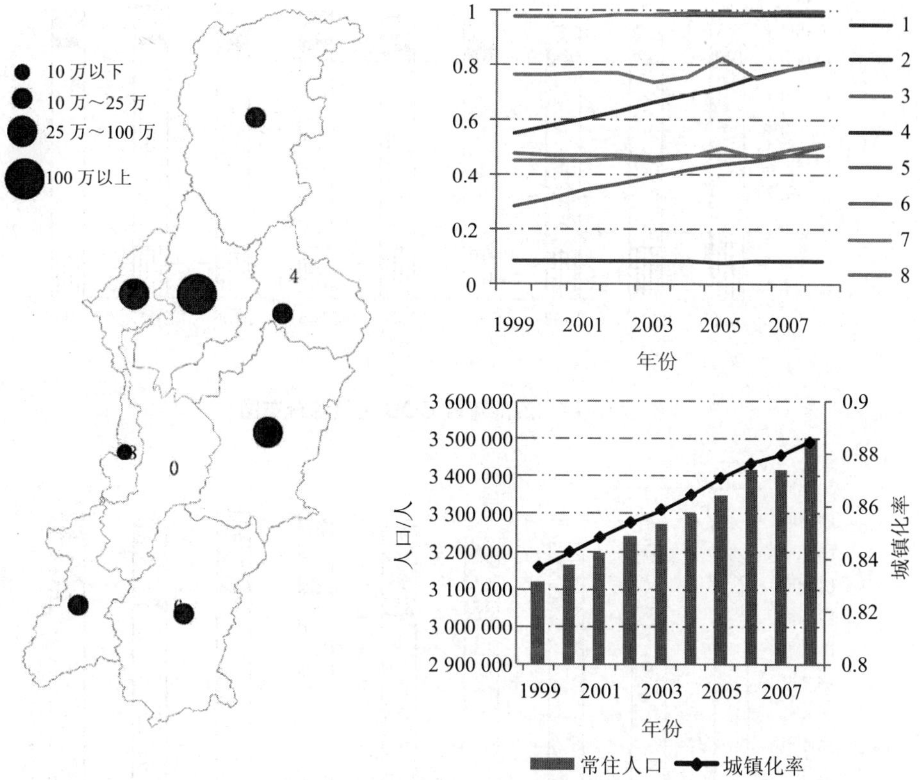

图 2-16　滇池流域人口时空分布

在这样的发展条件下，滇池流域的污染排放特征为：①城镇生活污染排放是流域主要污染源：2008 年，流域 COD 排放量达 84 697 t，其中城镇居民生活排放比例高达 72.8%，远高于其他污染源，其次是三产和畜禽养殖，两者共占总量的近 20%；TN 和 TP 排放量分别为 18 398 t 和 2 056 t，城镇居民生活污染排放仍然是 TN 和 TP 的主要来源，比例分别达 67.8%和 51.5%，其次则是农业施肥造成的农业面源流失，比例分别为 15.5%和 30.6%。而随着城镇化的加速，建设用地不断扩张，城市面源产生的入湖污染负荷成为TN的第三大污染来源，在TP污染负荷的比例中也达到了4.33%。②流域污染负荷主要集中在北部主城区：滇池流域的人口及经济活动主要集中在主城区，即滇池北岸（李跃勋等，2010；北京大学等，2011）。3 个子流域外海北岸重污染排水区、城西草海汇水区、宝象河子流域与昆明市主城区西山区、官渡区、五华区和盘龙区范围基本吻合，其生产总值占流域 GDP 约 92.7%，同时 COD、TN 和 TP 排放量比例也分别达 87.2%、76.6%和 63.6%（图 2-17、图 2-18、图 2-19）。

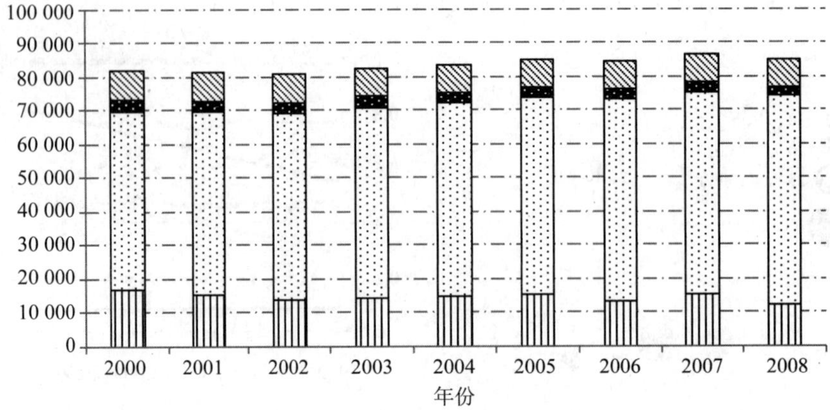

图 2-17　滇池流域 COD 污染源分布图

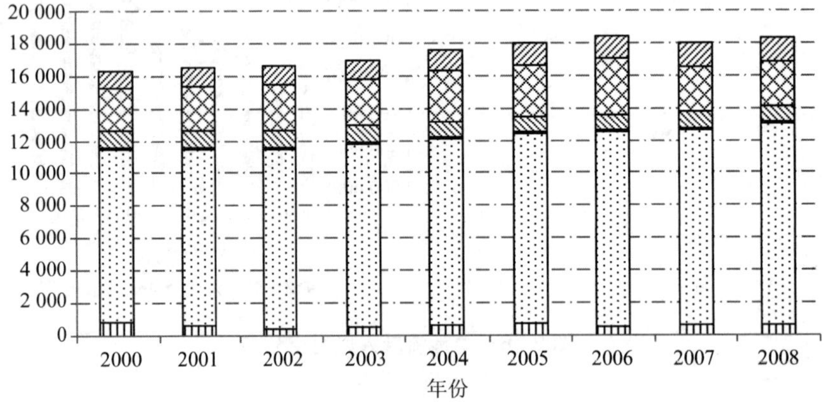

图 2-18　滇池流域 TN 污染源分布图

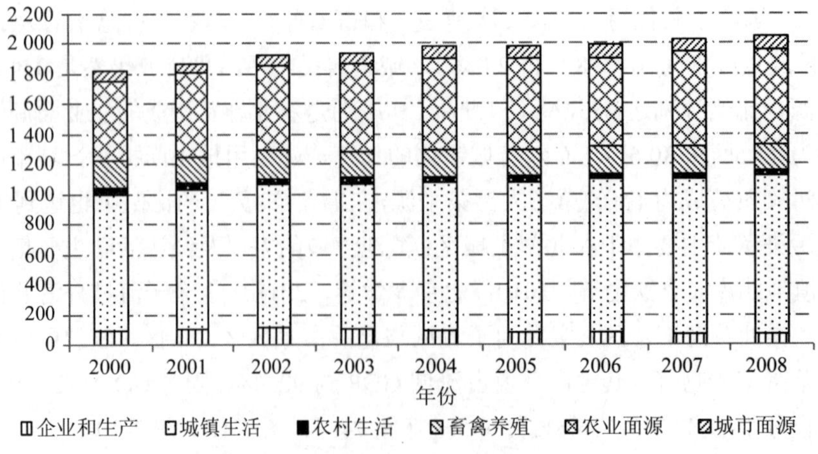

图 2-19　滇池流域 TP 污染源分布图

（2）产业结构与布局不合理。滇池流域产业结构与布局呈现以下特征：①滇池流域经济保持强劲增长，三产发展迅速：1990—2008 年，滇池流域 GDP 增长迅速，基本呈稳定的指数增长模式。按 2005 年价计算，滇池流域 GDP 从 1990 年的 115.87 亿元，到 2008 年的 1 152.58 亿元，18 年约增长 9 倍，年均增长率约 13.5%。②流域经济对烟草行业依赖程度高，三产水平较低：2008 年滇池流域工业总产值为 1 019 亿元（2005 年价），其中烟草制品业为第一大产业，比例达 29.02%，且表现出继续增长的趋势。滇池流域第三产业虽然发展迅速，但是水平较低，以与居民普通生活相关的批发和零售业、住宿和餐饮业、交通运输仓储邮政业等为主，金融业、房地产业等发展较弱，且与民生紧密相关的社会公共服务业如教育、卫生、文化、社会福利保障等都相对薄弱。③产业空间分布特征显著：五华区、官渡区、盘龙区和西山区是昆明市的核心区，是最重要的产业集聚区，这 4 个区也都在（部分在）滇池流域范围内。整个昆明市第二产业和第三产业主要集中在这 4 个区（图 2-20、图 2-21）。

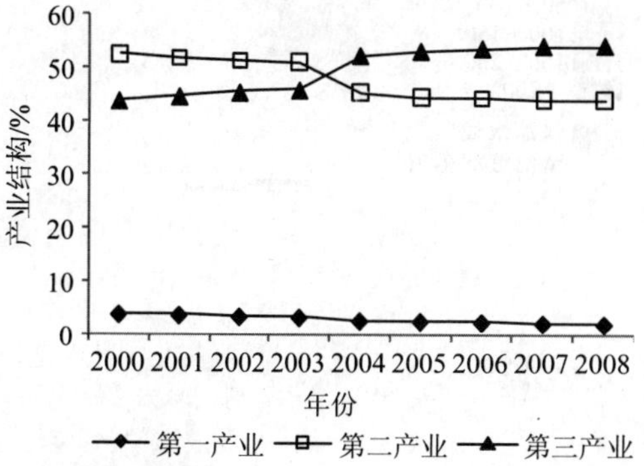

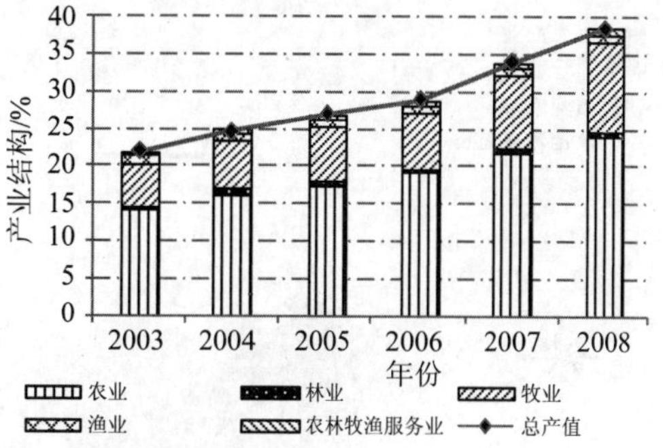

图 2-20　滇池流域产业结构

在区县尺度上，工业总产值最高、污水排放量最大、用水量较多的区为五华区和官渡区；另外，西山区是用水量最多的区，也是污水排放量较大的区。而嵩明县相比较于其他区县，它在工业总产值、产业用水、产业排污方面对滇池流域的影响比较弱（表 2-17）。

表 2-17　滇池流域分区县污染排放情况

区县	工业总产值/万元	用水量/万 t	污水产生量/万 t	污水排放量/万 t	COD 产生量/t	COD 排放量/t
呈贡县	302 587	281	164	97	1 724	823
官渡区	1 594 935	1 959	790	347	7 044	1 155
晋宁县	293 547	4 059	2 064	71	746	195
盘龙区	763 424	1 068	127	79	1 896	200
嵩明县	4 261	1	0.17	0.17	3	2

区县	工业总产值/万元	用水量/万 t	污水产生量/万 t	污水排放量/万 t	COD 产生量/t	COD 排放量/t
五华区	7 167 844	9 942	2 370	475	2 092	502
西山区	764 825	14 426	485	148	1 171	469
总计	10 891 423	31 737	6 000	1 217	14 675	3 346

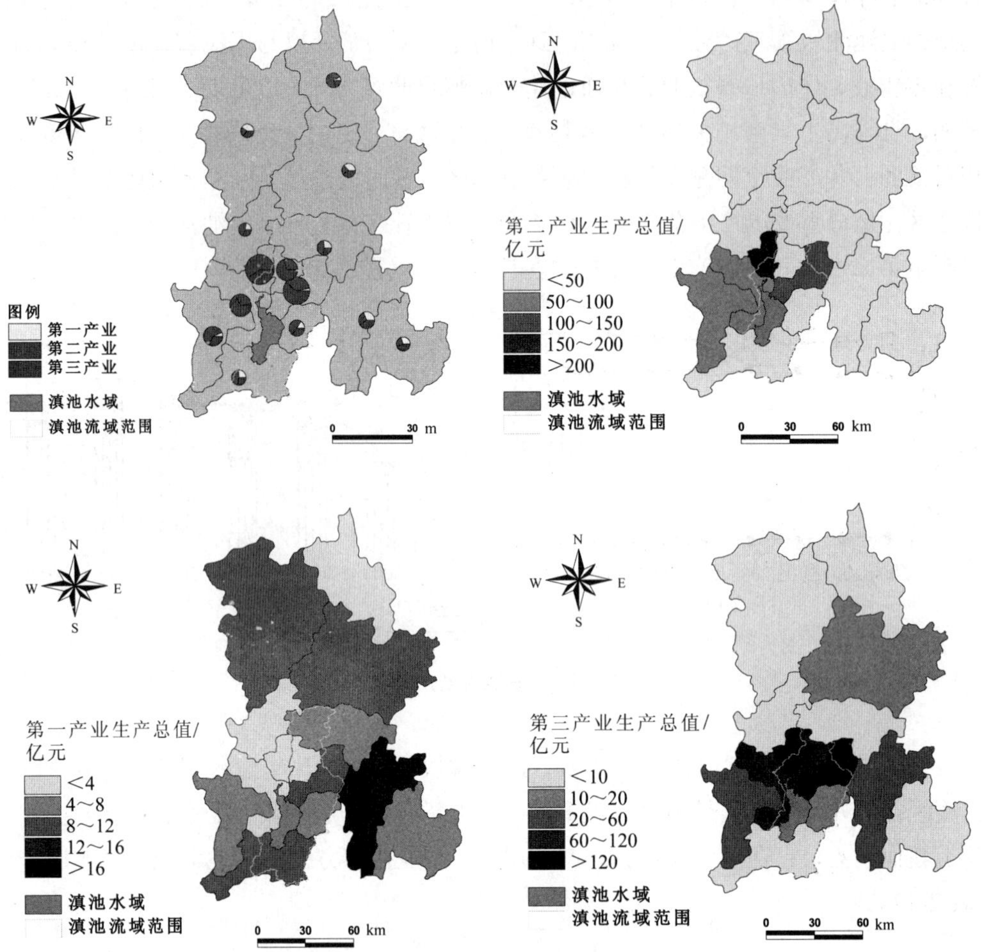

图 2-21　滇池流域产业布局

以上分析表明，滇池流域内的 26 个工业门类中，耗水量大以及排污多的主要包括造纸及纸制品业、化学原料及化学制品制造业、医药制造业、非金属矿物制品业、黑色金属冶炼及压延加工业和有色金属冶炼及压延加工业。

此外在农业方面，远高于世界平均水平的化肥施用当量和局部小规模工程措施，产生了大规模的农业氮磷面源径流负荷。

（3）土地利用方式不当。综观年际变化，耕地面积持续减少，1988—2008 年共减少 209.27 km^2，1994 年以后减少面积增大；林地和草地面积波动不大，近 20 年林地增加 57.12 km^2，草地减少 33.57 km^2；水域面积变化不大；城乡居民用地面积不断增加，共增加 286.93 km^2；未利用地面积不断减少，共减少 108.90 km^2（图 2-22）。

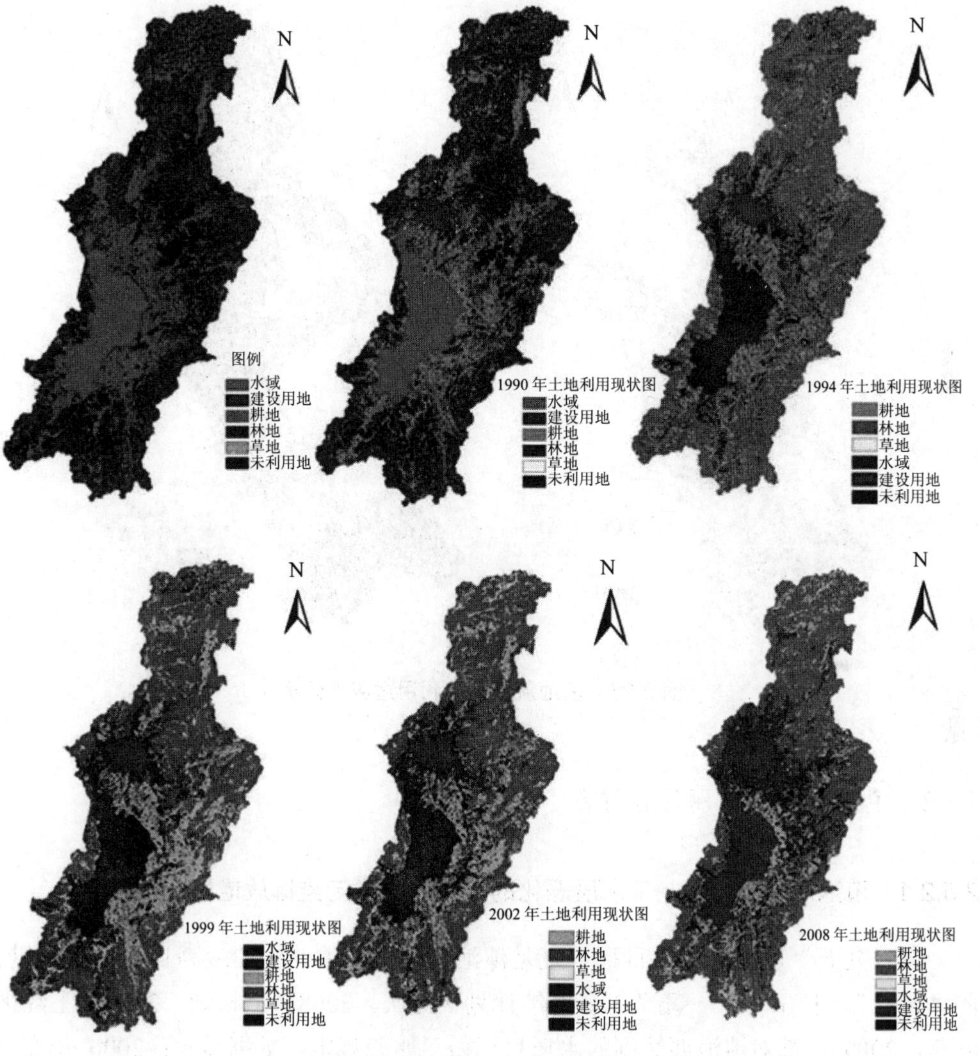

图 2-22　滇池流域土地利用变化（1988—2008 年）

滇池流域现有建设用地总面积约 478 km^2，主要分布在滇池北部，集中于官渡区、五华区、西山区和盘龙区。一级建设用地面积为 26.49 km^2，占总面积的 5.54%；二级建设用面积为 267.38 km^2，占总面积的 55.91%；三级建设用地面积为 184.36 km^2，占总面积的 38.55%。滇池流域现有农业用地总面积约 578 km^2，一级农业用地面积为

194.48 km^2，占总面积的 33.63%,；二级农业用地面积为 226.75 km^2，占总面积的 39.21%,；三级农业用地面积为 157.02 km^2，占总面积的 27.15%（图 2-23）。从以上数据可知，在滇池流域建设用地和农业用地现状中，三级用地所占比例较高，说明流域建设用地和农业用地布局不尽合理。

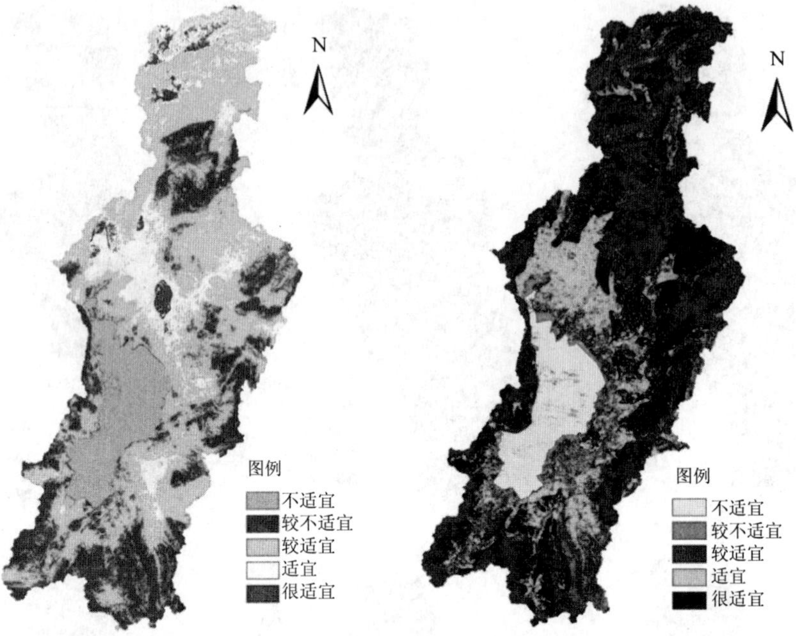

图 2-23 滇池流域土地利用适应性分析

2.5.2 滇池治理与问题综合诊断

2.5.2.1 滇池治理有效遏制了水质恶化的趋势，削减污染排放增量

自“九五”以来，水质目标一直是滇池水污染防治计划的最高目标。已经过去的“九五”“十五”“十一五”3 个五年计划（舒庆，2008；金相灿，2008；王红梅、陈燕，2009），都对滇池要达到的水质目标做了明确规定。数据显示：2000 年在 14 条纳入监测的入湖河流中，用主要污染指标进行评价，劣于Ⅴ类水标准的有 10 条，占 71.4%；2005 年进入外海的 9 条河流中，除大河、东大河水质为Ⅴ类外，其余均为劣Ⅴ类；2008 年，纳入考核的 13 条主要入湖河流水质均为劣Ⅴ类，其中 7 条河流水质较 2005 年明显改善。

总量控制方面，自“九五”计划以来，COD、TP 及 TN 的排放量已经有所下降，但就完成情况来看，还是与既定目标有一定差距。2005 年同 2000 年相比，滇池全流域 COD、TN、TP 的排放量分别削减了 4.49%、10.33%、29.77%，氮和磷负荷有了明显的下降，但是有机物排放量依旧很大，总体来说除 TP 外，其他两项重要指标均未实现“十五”计划目标。

根据已有数据，“十一五”滇池入湖污染物总量削减任务完成较好，COD、TN、TP 削减率高于“十一五”规划中削减 10%的规划目标（邓义祥等，2011）。综上所述，虽然滇池环境问题依然严重，各个监测指标变化不显著，但综合考虑 GDP 的增长情况，滇池的单位 GDP 的 COD、BOD 和 NH_3-N 等均呈下降趋势，滇池的污染情况并没有随着经济的增长而恶化，说明近 20 年来对滇池的治理已经有效遏制了滇池水质的恶化，但要使水质恢复到Ⅳ类以上标准，依旧需要投入更大的努力。

2.5.2.2　规划编制的基础性和支撑性工作薄弱

在“九五”计划的制定过程中，规划编制人员没有意识到滇池治理的复杂性和长期性，规划到 2010 年滇池外海水质达到Ⅲ类标准，草海水质达到Ⅳ类标准，恢复滇池生态环境的良性循环。事实证明这样的规划目标在实施过程中几乎是难以完成的。在“十一五”规划期间，适当降低了水质目标，使规划更具目标可达性。在规划的实施过程中，针对滇池流域水污染治理工作，国家和当地政府给予了充分的关注和大力度的投资，重视单项工程的效果判断及可行性，并取得了阶段性成果。但规划编制的基础性和支撑性工作比较薄弱。

2.5.2.3　“十一五”之前的滇池污染防治治理速度赶不上污染速度

滇池污染防治对流域社会经济快速发展和城市迅速膨胀带来的负荷高速增长估计不足，直接导致对污染治理的投入不足，污染治理的能力建设力度不够，治理速度赶不上污染速度，导致入湖污染物总量持续增长。通过治理，虽然一些指标如 COD、TP、TN 的排放量已有所下降，滇池水质恶化情况在一定程度上得到了遏制，但仍需要通过进一步的努力提高滇池的水质。

2.5.2.4　水资源不合理利用和过度开发，生态用水被挤占

近年来，昆明的城市化进程不断加快，城市及周边的工业和生活用水极大地增加，大量的水资源被开发和利用以支撑经济和社会的发展，滇池自身维持生态平衡所需的生态用水被大量挤占，成为导致滇池及其周边的生态退化的重要原因（王红梅、陈燕，2009；Yang et al.，2010；苏涛，2011）。同时又有大量的废水携带着污染物进入滇池，形成了一个恶性循环。一方面水体维持平衡的用水被挤占，另一方面有大量的污染物进入水体，成为滇池水污染严重和蓝藻水华难以遏制的根本原因。加快污水处理能力和节水能力的建设，合理分配用水，以促进滇池的生态恢复，将是滇池治理的长期任

务之一。

2.5.2.5 滇池治理全面提速，为滇池水环境好转创造了积极的有利态势

通过对滇池水质目标实现的评估和对滇池总量控制目标实现的评估，“十一五”期间滇池治理的水质目标和总量目标完成情况均好于“九五”和“十五”。“十一五”期间滇池的治理全面提速，这为后续的治理工作打下了坚实的基础，为滇池水环境的好转创造了积极有利的态势。

2.5.2.6 缺乏基于流域水环境承载力的社会经济与产业发展方案

自“九五”以来，在滇池流域开展了一系列的水污染防治规划，设计安排了多项工程和管理方案。但规划方案基本上是基于水质和污染控制两大目标而提出的（吴悦颖、肖丁，2009；邓义祥等，2011），没有从流域尺度上构建基于水环境承载力的社会经济和产业发展方案。由于滇池流域社会经济和产业发展之间存在着严重的脱节问题，导致虽然投入了大笔资金来试图控制污染、保证水环境质量，但是却难以达到资源最优化的效果。如果能够建立以流域水环境承载力和总量控制（National Research Council，2001、2001；Havens、Walker，2002；Elshorbagy et al.，2005；Whiting，2006；Zheng、Keller，2008；孟伟，2008；赵卫等，2008）为约束条件，以社会经济和产业发展水平、水质和污染物总量控制为目标的优化规划模型及其管理适用性方案，并基于该模型和方法开展社会经济发展预测，将有效地平衡社会经济发展与水环境承载力之间的耦合关系，从而使得所提出的规划方案更符合滇池流域的实际情况，并使得规划投资更加有效地发挥作用。

2.5.2.7 集中解决滇池污染的关键问题，提升工程效率

滇池流域污染治理正在集中解决污染的关键问题，但工程实施过程中存在许多问题，治理要想发挥理想的效果还需进一步解决困难，提高工程效率。

2.5.2.8 规划水质目标过高

自20世纪50年代以来，滇池水体由清水—草型演变为目前的浊水—藻型，经历了一个从量变到质变的过程，也是滇池水生态系统不断退化的逆向演替过程。而要实现由目前的浊水—藻型向清水—草型演替，要经历较长的转化过程。很显然，期望滇池马上就发生质的变化是不切实际的。在“九五”计划中，提出到2010年滇池外海水质达到Ⅲ类标准，草海水质达到Ⅳ类标准，恢复滇池生态环境的良性循环的目标。而实践的结果证明这样的规划目标是根本无法实现的。

2.5.2.9　亟须培育、完善多元投融资途径及其市场机制与制度保障

缺乏稳定的资金来源和有效的融资机制，是滇池治理面临的难题之一。目前，滇池治理投资渠道单一，资金筹集困难，多元化筹资办法不多。滇池治理资金来源包括中央补助和国债资金、云南省安排资金、昆明市安排资金和其他投资等。其中昆明市承担了大部分的投资，尽管昆明市已尽力而为，但治理资金仍捉襟见肘。多元化融资治理滇池将是必然的选择，这关系到整个滇池治理的进程，投融资途径及其市场机制与制度保障亟须培育、完善。

2.5.2.10　滇池富营养化的防治应立足于营养物控制与生态系统的修复

根据国内外众多的实践经验和滇池的实际情况，滇池富营养化防治必须走控源减排与生态修复相结合，工程措施与生态调控相结合的道路，做到营养物控制与生态系统的稳态转换并重。滇池“十一五”期间在控源减排方面取得了显著效果，而在“十二五”期间，应将湖滨水陆交错带生境状况改善与生态修复、流域城市与农业面源污染控制列为防治的重点，以促进滇池水生态系统从目前的浊水—藻型向清水—草型演替，从而逐步恢复一个健康生态系统正常的结构和功能。

第3章 滇池治理理论与方案

3.1　湖泊类型及其特征分析

云贵高原地区是我国 5 大湖区之一，淡水湖泊分布较多。其中面积 1.0 km^2 以上的湖泊 60 个，合计面积 1 199.4 km^2，约占全国湖泊总面积的 1.3%。云南省面积较大的湖泊包括滇池、洱海、抚仙湖、程海、泸沽湖、杞麓湖、异龙湖、阳宗海和星云湖等（王苏民等，1998）。

云贵高原湖泊多属于断裂陷落性湖泊，主要分布在断裂带或各大水系的分水岭地带。该区湖泊普遍具有以下特征：①湖泊水深岸陡，滩地发育不足，对入湖污染物净化能力较弱。②入湖支流水系较多，而出流水系普遍较少，属于封闭性或半封闭性湖泊。因此面源污染入湖多，且致使湖泊换水周期漫长，不利于污染物排除，污染物易在湖泊中累计（于洋等，2010）。③流域内干湿季节转换明显，降雨分布极不均匀，湖泊水位随降雨量季节变化而变化，存在季节性缺水问题。④所处地区气候温和，冬季也无结冰期，光热资源丰富（胡元林，2010）。⑤湖泊多分布于盆地和坝子中，当地人口密集，因此受流域社会经济发展影响严重。⑥湖泊生态系统较为脆弱，一旦破坏，治理和恢复非常困难（于洋等，2010）。

滇池位于云贵高原中部，昆明市主城区下游，是云南九大高原湖泊之一。湖体湖岸线长 163 km，最大水深 11.3 m，水面面积 30 613 km^2，湖容量为 15.17 亿 m^3，是昆明市人民生产生活用水的主要水源（郭怀成等，2002）。滇池多年平均水资源量 9.7 亿 m^3，多年平均蒸发量 4.4 亿 m^3，实有水资源量 5.3 亿 m^3。整个滇池流域为南北长、东西窄的湖盆地，地形可分为山地丘陵、淤积平原和滇池水域 3 个层次。山地丘陵居多，约占 69.5%；平原占 20.2%；滇池水域占 10.3%。

滇池为典型的云贵高原湖泊，主要具有以下特征：

（1）入湖河流源近流短，滇池流域污染负荷严重，且分布广泛。例如，2008 年滇池流域企业总数为 10 958 家，污水排放总量为 3 699.57 万 m^3，其中 COD_{Cr}、TN 和 TP 分别为 14 342.40 t、846.60 t、102.39 t；生活污水排放量为 22 481 万 t，其中 COD_{Cr}、TN 和 TP 分别为 61 109 t、12 010 t、1 094 t。这些污染物通过河流进入滇池，由于流域内河流流量较小且流程较短，因此河流自净能力相对不足，致使大量污染物进入湖体，严重危害湖体健康。

（2）湖体水交换周期很长。滇池为典型高原浅水湖泊，主要的水流动力为风，在主导风向（西南风）下滇池平均流速约为 2 cm/s，水流缓慢。加之水资源匮乏，用水及水量蒸发大量损失等因素影响，滇池外排水量较少，水体滞留时间较长（换水周期 1.5 年），水流交换不畅。因此，滇池入湖污染物不能排除湖外，导致污染物进出不均，大量污染物沉积湖底，成为湖水内源，加剧滇池水污染问题。

（3）流域总需水量大于水资源量。滇池水资源量不平衡，1999—2010 年滇池平均入流量为 6.5 亿 m^3，出流量 2.5 亿 m^3，降雨量 2.7 亿 m^3，蒸发量为 4.2 亿 m^3，加之农业、工业和生活用水量约为 2.5 亿 m^3，因此总需水量大于可用水资源量，流域缺水问题严重。缺水使得环境治理工作更加困难。

（4）流域是昆明市经济发展核心地区。滇池流域占昆明市 18.8%的土地面积，承载昆明市 54.6%的人口。流域是昆明主要经济发展区，承载昆明市 87.6%的 GDP，年均 GDP 增长 11.7%。因此，滇池流域与昆明市社会经济发展紧密相关，流域环境治理与经济发展需要统筹考虑。

3.2　高原重污染湖泊治理理论

3.2.1　滇池中长期治理思路

根据分析，本项目提出的滇池水污染防治与富营养化控制规划的总体思路（吴舜泽，2009；郭怀成等，2010；宋国君等，2010）为：以实现滇池水质持续性改善和滇池生态系统草型清水稳态为中长期规划的总体目标（刘永等，2006；潘珉、高路，2010；李新等，2011），以流域水环境承载力与容量总量控制为约束，通过构建 3 个尺度、8 个分区及 4 个规划重点的流域污染减排（抑增减负）与湖体生态修复集成方案体系及情景方案，为滇池水质恢复及分步、分区生态修复提供流域控源、湖滨生境及外部条件（表 3-1）。

具体而言，在 8 个规划控制分区中，由于其污染负荷、土地利用、远期规划等差异性，将推行基于空间分异性特征的分区污染减排规划：

（1）草海片区的主要问题是要考虑草海的定位、管网完善、雨污分流、雨水资源化以及中水在城区和流域外利用的可行性，在中水外调方面，安宁目前提出的需求是

2020 年工业中水的需求约为 41 万 m^3/d，农业和城市杂用大概是 33 万 m^3/d。

表 3-1 滇池流域水污染防治中长期思路的 3 个尺度

尺度	对象	规划出发点	规划思路	规划重点
流域宏观尺度	人口与产业	❖ 流域人口、产业与水环境的协调性问题 ❖ 未来人口与产业布局及空间调整的方向 ❖ 未来人口与产业发展的污染排放 ❖ 人口与产业调整在结构上的最大减排量 ❖ 削减增量与存量	源头减排（抑增）	通过产业结构调整和人口布局调整，从结构上减少源头排放
	水资源	❖ 外流域补水后，结合雨水资源化和中水回用，实现在水质改善前提下的滇池及流域生态用水保障	优化调控	滇池水质改善的流域内外水资源调度分配
流域分区	流域减排重点及潜力	❖ 滇池北岸 5 个片区仍然是污染源控制的核心（排水管网与收集率、截污体系、低污染水、中水利用的途径选择、城市面源与初期雨水） ❖ 滇池东岸是未来控制的重心，目前规划的定位在于以预防为主 ❖ 滇池南岸是主要的农业产业调整区和农业面源污染控制区（源头控制、河道的削减、湖滨湿地）、高富 P 区	途径减排（减负）	对北岸两个分区的市政基础设施完善，尽可能地增大流域内外的中水回用量，尽可能减少污染负荷入滇；东岸片区预防为先，要尽可能考虑低污染水在本区内的回用和污染负荷截留；南岸和西岸片区要考虑将污染负荷就地绝大多数截留下来、不进入滇池，从而减轻整个外海的污染负荷压力；松华坝水源保护区的核心在于污染防治、陆地生态修复和生态补偿机制
滇池湖体	湖滨及湖体	❖ 草海的定位 ❖ 外海分步、分区的生态修复（分区修复的优先顺序、需要外源控制的支撑？） ❖ 外海蓝藻的抑制途径：入湖负荷削减、水动力改变与湖滨带恢复 ❖ 内负荷的清除与资源化途径	清水稳态（转型）	在湖体通过湖滨修复与水位调控、分区生态修复、水动力条件改变及内负荷清除与资源化，创造条件推动外海由浊水—藻型向清水—草型的转变，尽最大可能抑制蓝藻的暴发并改善水质

（2）外海北岸重污染排水区是规划的重点，主要任务是管网完善、雨污分流、雨水资源化以及污水处理厂尾水的排放和利用问题，涉及几个方面的规划：城市排水规划、二环内雨污分流的规划、主城区节水规划、主城区再生水利用规划。在城市市政基础设施完善的基础上，尽可能地将污染负荷削减下来以满足滇池水环境容量的要求。

（3）宝象河子流域的空间子分区特点差异明显，土地利用和污染类型多样化，本研究在宝象河做了大量工作，把它单独作为一个典型流域，进行规划方案的设计。

（4）外海东岸新城控制区的规划方案要侧重两个方面，一是市政设施建设角度的预防性，二是要考虑在中长期规划的时期内，新城的用水、排水、污水处理厂尾水、雨水等，依靠中水回用和控源截污、环湖截污手段，截留下来的负荷量和循环利用的水量。

（5）外海南岸和西岸控制区的基本思路是，尽可能通过控源减排、河道修复和河口修复的方式，将这两个分区的绝大多数污染负荷就地截留下来，减轻外海的污染负荷压力。

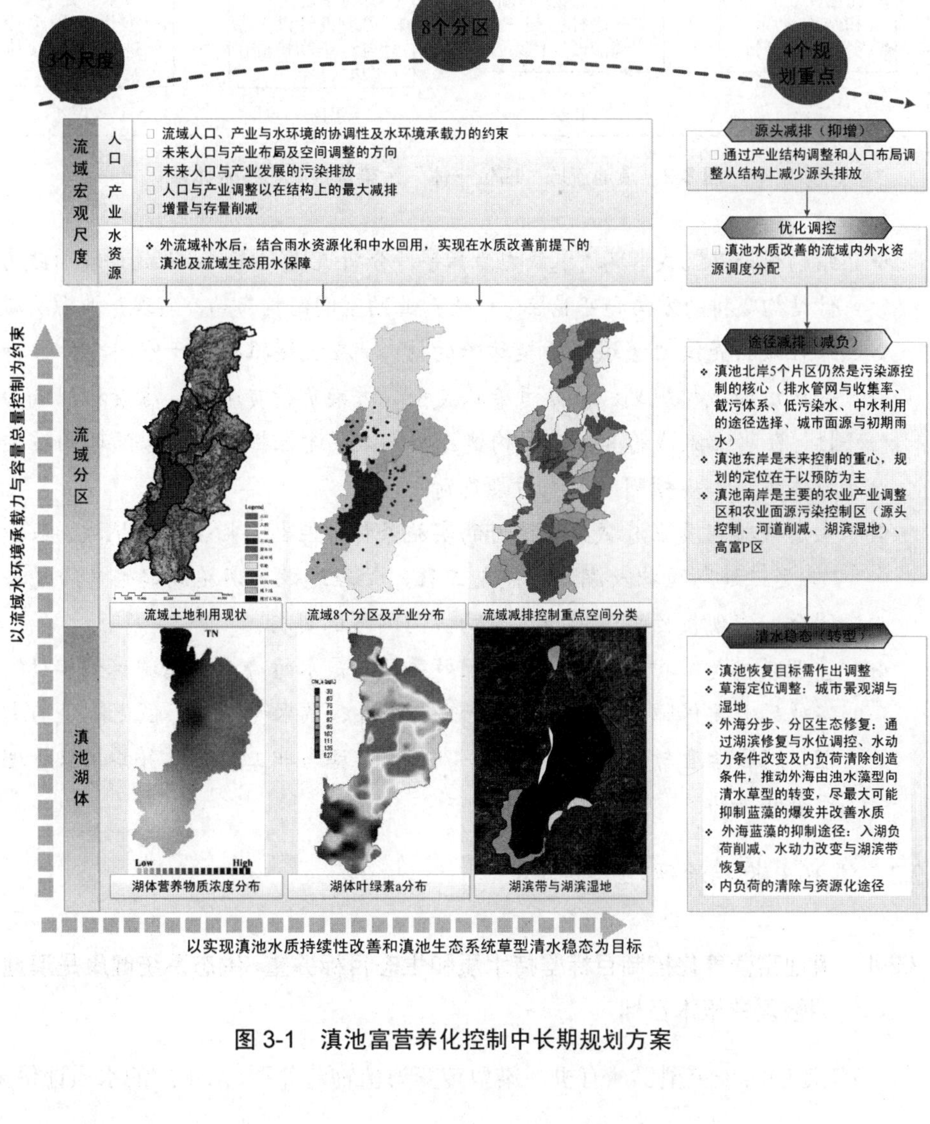

图 3-1　滇池富营养化控制中长期规划方案

在流域尺度上，构建“结构减排→工程减排→管理减排→生态减排”的集成减排体系；各种减排方式的侧重点不同（图 3-2）。

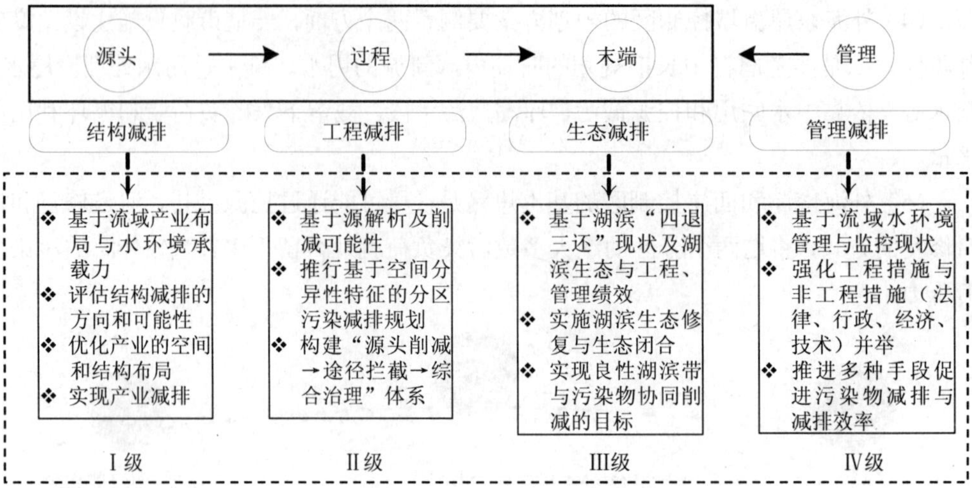

图 3-2 滇池流域“四位一体”污染集成减排技术体系

- ❖ 结构减排以流域水环境承载力为指导，分析流域人口、产业的合理承载力，评估结构减排的方向和可能性；优化产业的空间结构布局，实现产业源头减排。
- ❖ 工程减排是滇池流域水污染防治的核心，在流域推行基于空间分异性特征的分区污染减排规划；根据污染源类型、污染负荷贡献率、污染物削减的可能性，在滇池流域的 8 个分区构建源头削减、途径拦截与综合治理的污染物削减体系，大规模削减入湖污染负荷。
- ❖ 生态减排在滇池流域具有很好的实施条件，但也面临较大的挑战，基于湖滨“四退三还”现状及湖滨生态与工程、管理绩效，实施湖滨生态修复与生态闭合，实现良性湖滨带与污染物协同削减的目标。
- ❖ 管理减排是维护良好水环境的长效手段，是水污染治理措施落到实处、起到实效的重要保障，采取法律、行政、经济、技术等手段，强化流域与湖体管理，流域治理与湖泊改善相结合，工程措施与非工程措施并举，以管理促进污染物减排。

3.2.2 滇池中长期治理理念创新

3.2.2.1 滇池富营养化控制目标坚持水质和生态目标并重，生态系统健康是滇池中长期恢复的根本目标

（1）滇池的污染类型已从有机污染型转变为植物营养型。从单纯的水质评价来看，

滇池外海在Ⅴ类和劣Ⅴ类之间波动，但从单项水质指标来看，表征有机污染的指标如 BOD_5、COD 等，其基本维持在Ⅲ类水质标准以下，而主要的超标因子是 TN、TP，尤以 TN 最为突出。再从时间尺度上看，滇池的入湖河流和湖体水质及其特征污染物在近 10 年间发生了重大变化，特别是滇池外海水体的污染类型已从有机污染型转变为植物营养型，因此对应的控制策略也需要作出适应性的调整与转变。

（2）滇池治理最大的问题是人口压力的持续增大，且短期看不到降低的趋势。滇池污染治理的重点和难点在于北岸城区的生活污染负荷，随着滇池东部新区的开发和城市化进程的加速，短期内看不到人口降低的趋势（北京大学等，2011）。尽管滇池水专项的研究提出了以水环境承载力为基础的滇池流域产业和人口转移以及区域城镇化发展策略，但这一转换进程相当的困难，持续时间较长。

北岸城区主要的人口来自第三产业，第三产业单位人口排放的污染负荷有限，但第三产业从业人口数量大从而导致生活污染排放量也非常大。同时，由于滇池流域的旅游业发达，且省、市、区（县）政府机关和附属事业单位集中，所以昆明市的第三产业多为劳动密集型的餐饮和住宿等，以技术密集型的现代信息化和金融等为核心的第三产业类型所占比重很小，造成了在流域内调控人口来降低污染负荷的成效很小。

所以，一方面滇池的治理要处理和削减由于城市人口的集中所带来的生活污染负荷；另一方面，却不得不面对更为迅速的流域城市化进程带来的新的污染负荷增加的压力。

（3）现有污水处理设施无法满足对 N、P 负荷的去除需求。现有污水处理管网收集率较低（不到 60%的收集率），仍需大幅提高，现有的污水处理设施可有效降低有机污染负荷，但对 N、P 污染负荷的削减却面临瓶颈；而根据前文的分析，当前迫切需要做的是实现对 N、P 负荷的有效削减。

（4）滇池富营养化及周年性蓝藻水华暴发的特征，决定了在规划中应坚持水质目标和生态目标并重，生态系统健康应是滇池恢复的目标。从地质及沉积物等资料来看滇池已属于老年型湖泊，其典型特征为湖泊浅、营养负荷高；加之 20 世纪 80 年代以来较强的人为干扰，加剧了滇池水质恶化和富营养化程度。目前草海水质为劣Ⅴ类、综合营养状态指数为 72.5，呈重度富营养化状态；外海水质为劣Ⅴ类、综合营养状态指数为 69.9，呈中度富营养状态。鉴于此，期望滇池的水质和水生态短期内完全恢复到 80 年代之前的状态已经不具可行性，对滇池的水质和水生态恢复目标要有切实和科学的认识。

滇池生态系统在近 40 年发生了严重退化，形成了蓝藻水华灾害，呈周年性暴发、全湖性、高生物量、高内负荷堆积的特征，严重影响了滇池的生态系统服务功能。尽管近 10 年来滇池水生态系统退化速度有所减缓，但蓝藻水华周年性暴发的条件仍然存在。滇池的水环境问题是周年性的蓝藻暴发所引起的生态系统严重退化，因此对滇池而言，最终目标应该是恢复其健康的生态系统。规划目标除了水质目标外，更应考虑生态目标，尤其是与蓝藻水华暴发相关的指标，如透明度（SD）、溶解氧（DO）、叶绿素 a（Chl a）以及营养状态指数等。

（5）水陆交错带与湖滨湿地缺乏制约了滇池生态恢复。滇池在“十一五”至“十二五”期间，引水济昆、环湖截污等工程相继完成，城市污水处理能力提高近 1 倍。同时滇池外海的环湖生态实行闭合，面积为 8 600 亩的湖滨生态湿地和 7 500 亩的湖滨林带相继建成完工，这些条件为“十二五”期间滇池生态系统的恢复奠定了良好基础。但是，湖泊富营养化具有内外源叠加、湖内过程复杂的特点，其恢复过程也必然要经历较长的时间，如在外源污染控制条件下，内源污染负荷的迟滞效应和生态系统的弹性会大大延缓外源控制效果的展现。“十一五”的研究表明，滇池生态系统结构与退化状态具有明显的空间异质特征，需要有针对性地对不同湖区实施生态恢复。应清醒地认识到，环湖生态闭合目前还只是形式上的闭合，离真正意义的生态闭合还有较大差距。

此外，早期修建的外海大堤虽然经过“四退三还”，但大部分仍未拆除，滇池湖体受人为干扰的程度仍然十分严重，“四退三还”的土地由于有大堤的阻隔，无法成为有效湖滨湿地的一部分。

综上所述，滇池的污染类型已经发生了变化，而传统的城市污水处理设施无法满足这种新的变换对 N、P 污染负荷的去除；滇池流域目前面临的主要问题是持续的人口扩张和预期更多的 N、P 污染负荷输入。

3.2.2.2 滇池治理思路应从主要依靠流域污染负荷削减转向以污染源治理与有条件的湖泊生态修复并重

（1）单纯污染负荷削减降低蓝藻暴发的困境与治滇思路转换的必要性。目前我国的湖泊水环境质量标准与污染控制措施，仍主要针对 N、P 等营养物质，根据滇池的水生态安全评估结论可知，导致滇池湖泊功能丧失、生态破坏的主要原因是富营养化（Smith et al.，1999；Conley et al.，2009），尤其是周年性的蓝藻暴发。

滇池三维水质—水动力模型的模拟结果及其不确定性分析表明：在低不确定性水平下，随着流域污染负荷的削减，当水质达到Ⅳ类时，年均 Chl a 的质量浓度仍可达到 57～66 μg/L；在高不确定性水平下，当水质达到Ⅳ类时，Chl a 的质量浓度可达到 52～70 μg/L。在低不确定性水平下，即便当水质达到III类时，Chl a 的质量浓度仍可达到 33～43 μg/L，在其他物理条件不变的情况下，滇池仍会有蓝藻水华暴发风险；在高不确定性水平下，当水质达到III类时，Chl a 质量浓度仍可达到 27～47 μg/L，滇池蓝藻水华暴发的风险依然很高。上述结果说明，一味地追求将滇池外海 TN、TP 质量浓度控制在更高的水质标准（Ⅲ类、Ⅳ类），并不一定能有效地控制蓝藻水华的暴发。因此，单纯的流域污染负荷与水质改善对降低周年性蓝藻暴发时面临困境（Carvalho et al.，1995；常锋毅，2009）。

上述分析结果说明，即使在高污染负荷削减和巨额投资的前提下，由于滇池特殊的水文、气象、湖流、浅层湖泊特征以及底泥等因素，仍然无法有效降低周年性的蓝藻暴发。需要对滇池治理的思路进行思考：究竟是以实现水质目标为主，还是以抑制蓝藻水华和恢复滇池的生态系统为主，滇池流域水污染防治与富营养化控制的目标必须作出转变，从过去只考虑水质指标，向同时注重水生态转变；其治理恢复目标不仅包括水质，更重要的是要构建滇池良好的生态系统，将其恢复成为清水－草型湖泊。

这个思路不排斥污染源的治理，但是需考虑在可行的目标前提下，入湖污染负荷削减与有条件的湖泊生态修复并重；污染负荷削减是长期的过程，期望一步达到水质目标不可行。首先，控制滇池外海 TN 和 TP 达到Ⅴ类水水质标准是必要的，这样能显著地减少蓝藻水华暴发的概率；其次，进一步控制 TN 和 TP 达到Ⅴ类水水质标准并不一定能确保蓝藻水华暴发概率的降低，因为在这个范围内可能并不存在蓝藻水华暴发的 TN、TP 阈值；最后，如果滇池外海存在一个不暴发蓝藻水华的“窗口”（盛虎等，2011），那么只需要通过控制一定的条件（如水质、水量和水动力条件），使其在这个“窗口”范围内，就可能有效地控制蓝藻水华的暴发。因此，对滇池外海蓝藻水华暴发的控制，并非一定要将 TN 和 TP 控制到一个较高的标准上（这在短期内从经济上是难以实现的），相反即使 TN 和 TP 在Ⅴ类水质标准附近，通过控制一定的条件，恢复滇池水生态系统，改善水体水动力条件，促进滇池外海从目前的“浊水—藻型”向“清水—草型”的方向演替，即可有效地控制蓝藻水华的暴发。

（2）滇池的生态修复与健康恢复是个长期的过程。研究发现，滇池湖泊生态系统严重受损，生物多样性低，难以自我修复和良性循环。由于水华蓝藻的优势度持续居高，物种多样性下降（万能等，2008；王丑明等，2011；宋任彬等，2011），使滇池生态系统的稳定性和抗干扰能力严重削弱，沉水植物的消亡使系统自我循环的生物网崩溃，营养物质循环短路，湖泊自净能力所剩无几。受人为侵占和垦殖，滇池湖滨区生态破坏严重、湖滨区面源污染加剧，湖滨水陆交错带（也指与湖体相连的湖滨湿地）荡然无存，湖滨生境异质性下降导致物种多样性、群丛类型和群落多样性下降，水陆连接线丧失了原有的生态环境功能，因此湖滨带失去原有的净化能力。同时，内源污染物累积造成底质高污染物蓄积和强释放潜力，水华藻类残体造成高内负荷污染，进一步威胁到滇池生态系统的安全。

总之，在滇池湖泊治理中，期望一步达到水质目标在现实中不可行；即便水质达到较高的标准（Ⅲ类、Ⅳ类），并不一定能控制蓝藻水华的暴发。因此，需要考虑在生态修复的基础上长期持续达到水质目标，滇池的生态修复与生态系统健康恢复是一个长期和复杂的过程。

3.3 滇池流域总量控制方案与分析

3.3.1 滇池流域水环境承载力

环境承载力描述了“一定时期，一定技术水平下，特定区域所能承载的人类活动限值”，在数值上体现该区域所能承载的人口数量与经济规模的最大值。将此概念应用到流域，流域环境承载力，指在资源与环境约束下，流域所能承载的人口数量与经济规模限值。环境承载力一方面为社会经济与环境目标搭建了联系的桥梁；另一方面，也可以通过承载力来分析流域社会经济发展规划的合理性与匹配度，在流域污染防治与规划管理中具有较强的指导意义。

3.3.1.1 水环境承载力核算

基于多目标规划方法，计算得到 2008 年（规划基准年）滇池流域水环境系统所能承载的人口数量与经济规模限值（表 3-2）。

表 3-2 2008 年滇池流域环境承载能力

水质目标	人口总数/人	城镇人口/人	农村人口/人	经济总量/万元	第一产业/万元	第二产业/万元	第三产业/万元
III类	1 273 909	1 113 397	160 512	4 480 883	92 134	1 968 225	2 420 524
IV类	2 235 698	1 954 000	281 698	7 863 906	161 695	3 454 216	4 247 996
V类	2 937 971	2 567 787	370 184	10 334 100	212 485	4 539 247	55 822 368

在不同水质保护目标下，滇池流域三产经济规模、水资源需求以及总氮和总磷排放量如图 3-3 所示。

2008 年，滇池流域内实际人口总数 3 499 980 人，国内生产总值（GDP）11 525 800 万元。根据承载力优化模型，在III类水质约束条件下，流域所能承载的人口总数为 1 273 909 人，经济总量为 4 480 883 万元；IV类水质约束条件下，可承载人口总数为 2 235 698 人，经济总量为 7 863 906 万元；V类水质约束条件下，可承载人口总数为 2 937 971 人，经济总量为 10 334 100 万元。与流域承载现状相比较，滇池流域环境系统已处于超载状态。V类水质目标下，人口超载约 600 000 人，而经济总量属于可承载范围。

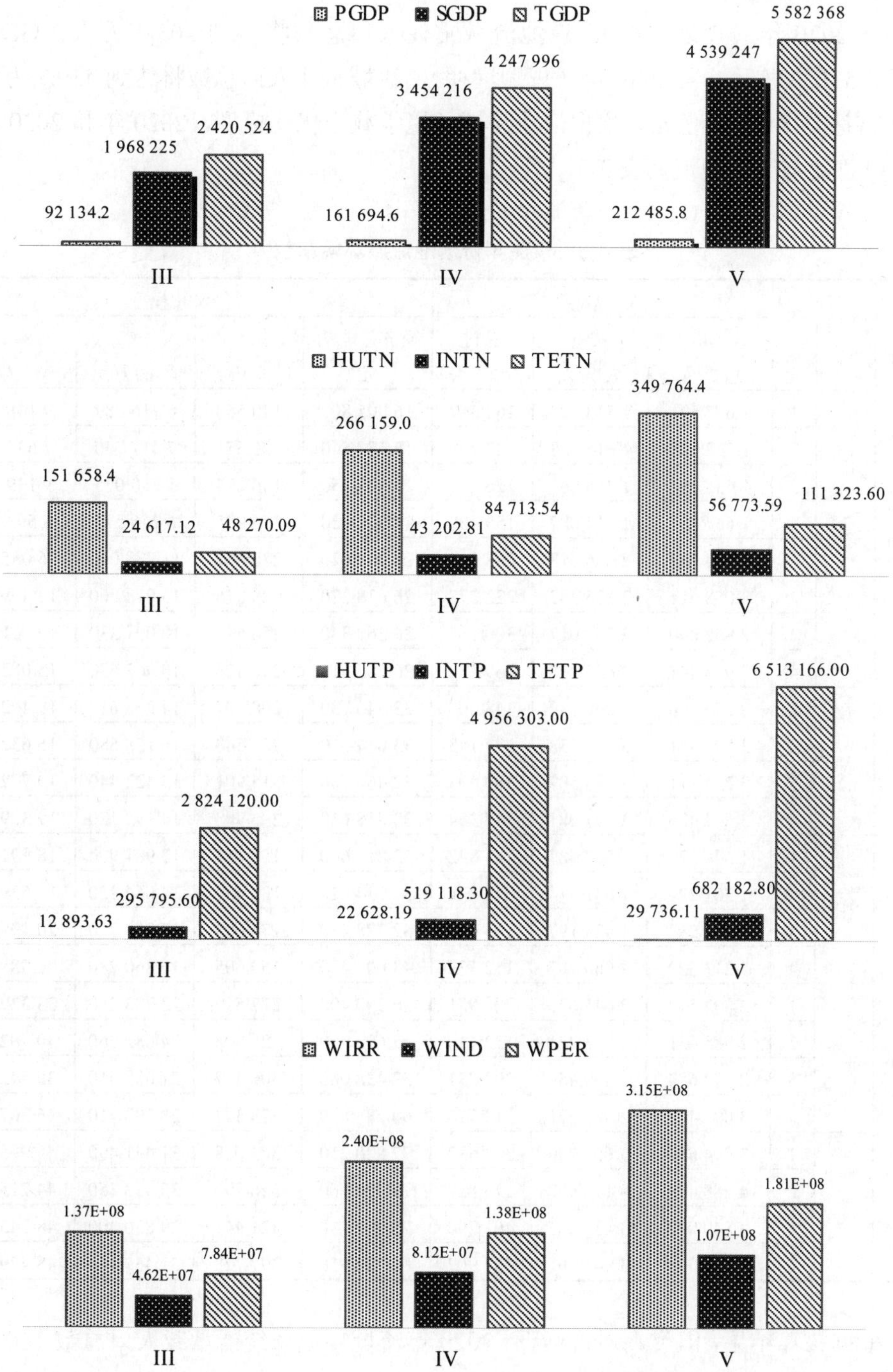

图 3-3　2008 年滇池流域环境承载力及污染排放

根据滇池流域“十一五”“十二五”规划报告及系统动力学（SD）模拟预测结果，至 2020 年（规划中期），滇池流域常住人口总数将达到 403.7 万人，GDP 将达到 3 570.2 亿元；至 2030 年（规划远期），流域常住人口总数将达到 439.7 万人，GDP 将达到 8 431.7 亿元。根据滇池流域环境承载力优化模型，2020 年和 2030 年流域人口总数与经济规模见表 3-3。

表 3-3　预测年份滇池流域环境承载力

规划年份	水质目标	情景	人口规模			经济规模			
			人口总数/人	城镇人口/人	农村人口/人	经济总量/万元	第一产业/万元	第二产业/万元	第三产业/万元
2020	Ⅲ	1	1 677 521	1 513 124	164 397	16 005 800	140 560	6 716 889	9 148 349
		2	1 742 808	1 615 583	127 225	15 178 560	125 571	7 417 740	7 635 246
		3	1 631 234	1 455 061	176 173	15 025 350	146 224	5 750 075	9 129 052
		4	1 667 497	1 514 087	153 409	14 977 520	136 995	6 246 571	8 593 959
	Ⅳ	1	2 944 033	2 655 518	288 515	28 090 020	246 681	11 788 070	16 055 260
		2	3 058 611	2 835 332	223 278	26 638 220	220 376	13 018 060	13 499 780
		3	2 862 800	2 553 617	309 182	26 369 340	256 621	10 091 330	16 021 400
		4	2 926 441	2 657 208	269 232	26 285 410	240 424	10 962 670	15 082 310
2020	Ⅴ	1	3 557 796	3 209 132	348 664	33 946 130	298 107	14 245 610	19 402 410
		2	3 796 481	3 519 338	277 143	33 064 510	273 540	16 158 580	16 632 390
		3	3 254 111	3 143 507	380 603	32 460 700	315 901	12 422 440	19 722 360
		4	3 544 436	3 197 081	347 354	33 818 660	296 988	14 192 120	19 329 550
2030	Ⅲ	1	1 649 329	1 507 487	141 842	33 818 660	158 154	12 981 990	18 991 320
		2	1 701 224	1 631 474	69 750	31 734 620	130 432	14 064 220	17 539 980
		3	1 591 282	1 424 197	167 084	32 728 430	174 603	12 358 710	20 195 120
		4	2 213 520	2 060 787	152 732	43 008 470	159 605	16 860 280	25 988 590
	Ⅳ	1	2 894 557	2 645 625	248 931	56 390 400	277 559	22 783 260	33 329 580
		2	2 985 631	2 863 221	122 410	55 693 950	228 908	24 682 560	30 782 480
		3	2 792 684	2 499 453	293 231	57 438 080	306 427	21 689 410	35 442 240
		4	3 097 487	2 883 671	213 726	60 183 860	223 344	23 593 410	36 367 110
	Ⅴ	1	3 994 563	3 651 030	343 532	77 820 210	383 038	31 441 490	45 995 680
		2	4 288 479	4 112 652	175 827	79 972 700	328 797	35 453 350	44 215 120
		3	3 840 902	3 437 607	403 294	78 997 210	421 443	29 830 400	48 745 270
		4	4 129 098	3 944 191	284 907	80 227 950	297 728	31 451 140	48 479 090

根据核算结果，Ⅲ类水质目标下，2020 年流域环境系统能承载人口总数 160 万～170 万人，其中城镇人口 140 万～160 万人，农村人口 12 万～16 万人；可承载 GDP 约 1 400 亿～1 600 亿元。其中，第一产业 12 亿～15 亿元，第二产业 570 亿～750 亿元，第三产业 760 亿～900 亿元。Ⅳ类水质目标下，可承载人口数量约 280 万～

300 万人，其中城镇人口 250 万～280 万人，农村人口 22 万～31 万人；可承载 GDP 2 600 亿～2 800 亿元。其中，第一产业 22 万～26 万元，第二产业 1 000 亿～1 300 亿元，第三产业 1 500 亿～1 600 亿元；V类水质目标下，可承载人口数量 320 万～380 万人，其中城镇人口 310 万～350 万人，农村人口 27 万～38 万人；可承载 GDP 3 200 亿～3 400 亿元。其中，第一产业 27 亿～32 亿元，第二产业 1 200 亿～1 600 亿元，第三产业 1 600 亿～1 900 亿元。

2030 年，III类水质目标下，流域环境系统能承载的人口总数 160 万～220 万人，其中城镇人口 140 万～200 万人，农村人口 7 万～16 万人；可承载 GDP 3 200 亿～4 300 亿元。其中，第一产业 13 亿～17 亿元，第二产业 1 200 亿～1 700 亿元，第三产业 1 700 亿～2 600 亿元。IV类水质目标下，可承载人口总数 280 万～300 万人，其中城镇人口 250 万～290 万人，农村人口 12 万～29 万人；可承载 GDP 5 500 亿～6 000 亿元。其中，第一产业 22 亿～30 亿元，第二产业 2 200 亿～2 500 亿元，第三产业 3 000 亿～3 600 亿元。V类水质目标下，可承载人口总数 380 万～430 万人，其中城镇人口 340 万～410 万人，农村人口 17 万～40 万人；可承载 GDP 7 700 亿～8 000 亿元。其中，第一产业 29 亿～42 亿元，第二产业 2 900 亿～3 500 亿元，第三产业 4 400 亿～4 900 亿元。

3.3.1.2　基于水环境承载力的优化调控方案

滇池流域人口总数与经济规模承载能力与规划目标相比较（图 3-4、图 3-5），可见，在III类和IV类水质目标下，无论采用何种发展模式，规划人口总数与经济规模均处于超载状态；V类水质目标下，滇池流域环境系统可承载人口数量、经济规模基本可达到规划预期。

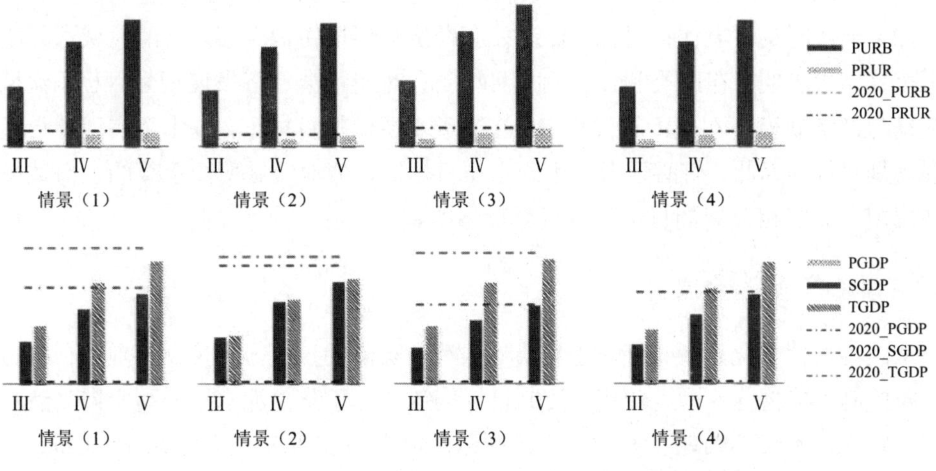

图 3-4　2020 年滇池流域环境承载力（人口与生产总值）

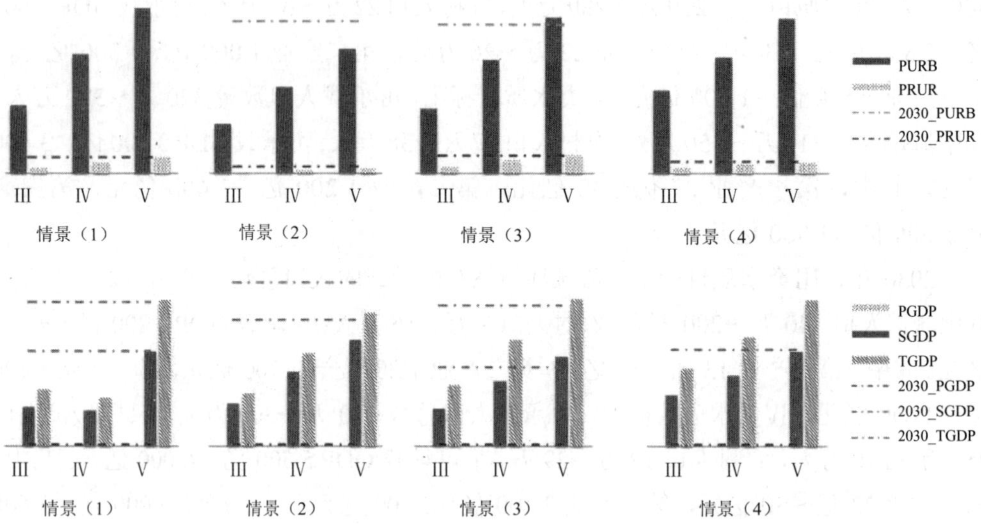

图 3-5 2030 年滇池流域环境承载力（人口与生产总值）

在对四类发展情景的优选中，情景 4 更加符合滇池流域实际情况，能更有效地促进社会、经济与环境系统的协调发展。综上，针对流域社会经济发展模式，提出建议方案如下：

（1）积极进行产业结构调整，实现流域社会经济优化发展。在该方案下，将对受限企业实行搬迁，同时，采取最严格的产业结构调整措施，让高污染、低人均产值且具有可搬迁性的产业移出滇池流域，一方面，可以直接减少流域内工业污染排放负荷；另一方面，部分就业人口随之迁出流域，将明显减轻流域内人口压力。基于此方案，2020 年滇池流域人口可达到 355 万人；经济规模可达到 3 380 亿元。

（2）合理制定环境保护目标，促进社会经济与环境协调发展。滇池流域水环境承载力核算结果表明，在Ⅲ类和Ⅳ类水质目标下，对照社会经济发展规划目标，流域人口数量与经济规模基本处于超载状态；在Ⅴ类水质保护目标下，基本可实现社会经济发展规划目标。因此，有必要考虑不同水质目标下，滇池流域所能承载的人口数量与经济规模，对照相关规划目标，进行合理调整。

3.3.2 滇池容量总量控制

从滇池富营养化系统诊断来看，滇池水污染防治的控制方向应从控制“有机污染型”向控制“植物营养型”转变，控制目标应该定位于从“浊水—藻型”向“清水—草型”转变，不仅要确保 TN、TP 水质指标实现水功能要求，而且要确保 Chl a 浓度显著性降低，实现以大型水生植物为主导的浅水湖泊生态系统。

具体来说，滇池流域营养盐容量总量控制约束性指标为 TN、TP，预期性指标为

Chl a。同时，设定 3 个控制情景（表 3-4）。

表 3-4　不同控制情景佚主要污染物浓度

指标	情景一：Ⅲ类	情景二：Ⅳ类	情景三：Ⅴ类
TN	1 mg/L	1.5 mg/L	2 mg/L
TP	0.05 mg/L	0.1 mg/L	0.2 mg/L
Chl a	40 μg/L	60 μg/L	80 μg/L

注：Chl a 在 GB 3838—2002 并没有标准值，其值是根据 EFDC 在Ⅲ、Ⅳ、Ⅴ类水平下模拟值而定。

在确定滇池流域营养盐容量总量分配方案时选择 2009 年为基准年，以此确定不同控制情景下相应的陆域外源 TN、TP 负荷削减比例。

3.3.2.1　滇池容量总量控制设计

（1）底泥响应。本研究在模拟水质响应时，一个需要考虑的重要因素是底泥营养源与外部营养负荷减少的动态响应。底质的响应时间一般比水体浓度要慢很多。因此，评估外部流域营养物质负荷减少时的水质响应，需要让模型运行足够长的时间以便把底质和内部营养源的反应考虑在内。因此本课题采用连续 20 年系统模拟实现稳态，并用稳态水质作为负荷削减评估的基础。

（2）特征水文负荷条件。在水环境容量计算时，水文条件是必要条件，河流一般采用 90%保证率、枯水期连续 7 天最小流量（建成 7Q10 流量）；湖泊一般采用近 10 年最低月平均水位相应的蓄水量和死库容的蓄水量确定设计库容。这样的设计保障了水环境容量的安全性。通过计算，滇池流域 2009 年的水文保证率为 95%，属于特枯年，以 2009 年作为滇池水环境容量计算的水文条件，安全性较高；此外，2009 年的观测数据最为完整，可靠性较高。因此，本研究以 2009 年作为水环境容量计算的特征水文负荷条件，安全性、可靠性均可保障。

（3）基准情景评估与优化建模。在“流域—子流域”“子流域—污染源”尺度容量总量分配优化建模时，通过随机采样自动运行 EFDC 模拟模型，获取 110 个子流域 TN、TP 入湖负荷与滇池 8 个监测断面 TN、TP 和 Chl a 浓度平均值，以此作为 BRRT 输入响应数值方程的样本，再利用容量总量控制不确定“模拟—优化”耦合技术，求解容量总量分配优化方案。

3.3.2.2　滇池水环境容量核算

基于校准好的滇池 EFDC 模型采用试错法计算湖泊水环境容量。具体方法步骤为：污染负荷削减情景以前述的 20 年连续模拟的基准作为起点，渐进地实施一个迭代过程，逐渐减少流域负荷水平，直至湖水质量浓度达到水质目标。

经模拟计算，不同负荷削减率下湖泊水质状况详见表 3-5。

表 3-5 不同负荷削减率下湖泊水质状况 单位：mg/L

削减率	TN	TP	Chl a
0	3.1	0.45	145
0.1	2.74	0.42	134
0.2	2.62	0.37	121
0.35	2.51	0.31	104
0.5	2.18	0.22	99.2
0.54	2.11	0.199	95.2
0.60	2.05	0.099	89.6
0.64	1.96	0.078	78.3
0.70	1.56	0.049	67.7
0.74	1.32	0.042	54.2
0.78	0.98	0.36	35.2
0.88	0.47	0.022	22.8

根据入湖负荷核算结果，滇池在Ⅲ、Ⅳ、Ⅴ类水质目标下的水环境容量详见表 3-6。

表 3-6 不同水质保护目标下滇池水环境容量

水体	污染物	基准年入湖负荷/（t/a）	水环境容量/（t/a）		
			Ⅲ类水质	Ⅳ类水质	Ⅴ类水质
滇池	TN	7 014	2 054	2 364	2 814
滇池	TP	208	80	103	117
外海	TN	5 625	1 507	1 815	2 262
外海	TP	169	61.6	83.6	97
草海	TN	1 389	547	549	552
草海	TP	39	18.4	19.4	20

对于以面源污染为主的流域，污染负荷具有很大的不确定性，真正具有工程、规划指导意义的是负荷削减率。这意味着在做工程设计时，尤其是面源污染治理工程，要以流域总体负荷削减率作为污染控制工程的设计目标，工程设计目标要充分考虑水文条件，要满足流域总体负荷削减率。

3.3.2.3 滇池容量总量控制方案

（1）滇池“流域—子流域”尺度容量总量分配优化方案。为了更清晰地表达滇池“流域—子流域”尺度容量总量分配优化方案，将 110 个子流域合并为 8 个控制单元，即松华坝水源保护区、城西草海汇水区、外海北岸重污染排水区、外海东北岸城市—城郊—农村复合污染区、外海东岸新城区、外海东南岸农业面源污染控制区、外海西南岸高富磷区、外海西岸湖滨散流区。确定滇池流域、8 个控制单元的最大允许入湖负荷量、最小负荷削减量和削减率。

❖ 水质达到Ⅲ类标准情景下的总量分配优化方案：根据不确定容量总量控制“模拟—优化”耦合技术的计算结果，为了实现约束性指标达到Ⅲ类水平，各子流域入湖负荷削减压力非常大。对于滇池外海而言，营养盐削减量最大的子流域集中在外海北岸重污染排水区、外海东岸新城控制区以及外海东南岸农业面源控制区，而该区域的营养盐容量总量控制对于实现滇池水质达标至关重要（表 3-7、图 3-6）。

表 3-7　水质达到Ⅲ类标准情景下的总量分配优化方案

控制单元	基准年入湖量 TN/（t/a）	基准年入湖量 TP/（t/a）	最大允许入湖总量 TN/（t/a）	最大允许入湖总量 TP/（t/a）	最小入湖削减量 TN/（t/a）	最小入湖削减量 TP/（t/a）	削减率 TN/%	削减率 TP/%
滇池	7 031.8	208.5	2 054.5	80.5	4 977	128.0	70.8	61.4
外海	5 642.6	169.5	1 507.3	61.6	4 135	107.9	73.3	63.7
城西草海汇水区	1 389.1	39.0	547.2	18.9	841.9	20.1	60.6	51.6
松华坝水源保护区	489.6	13.6	142.9	4.3	346.7	9.3	70.8	68.5
外海北岸重污染排水区	2 887.5	80.4	908.0	35.0	1 979.5	45.4	68.6	56.5
外海东北岸城市—城郊—农村复合污染区	498.4	18.2	113.2	6.0	385.2	12.2	77.3	67.1
外海东岸新城控制区	755.9	27.2	130.0	7.4	625.9	19.8	82.8	72.8
外海东南岸农业面源控制区	705.2	19.8	138.1	5.8	567.0	14.0	80.4	70.6
外海西南岸高富磷区	229.6	7.7	57.2	2.2	172.4	5.5	75.1	71.3
外海西岸湖滨散流区	76.5	2.6	17.8	0.9	58.8	1.7	76.8	65.5

❖ 水质达到Ⅳ类标准情景下的总量分配优化方案：同样，为了实现约束性指标达到Ⅳ类水平，滇池流域 TN、TP 入湖负荷在 2009 年基础上至少需要削减 4 861 t/a 和 120 t/a，削减率分别为 69.1%和 57.4%；其中，滇池外海的 TN、TP 最小入湖负荷削减量分别为 4 021 t/a 和 100 t/a，削减率为 71.3%和 59.1%；滇池草海的 TN、TP 最小入湖负荷削减量分别为 840 t/a 和 19.6 t/a，削减率为 60.5%和 50.3%。从子流域削减率来看，8 个控制单元 TN 和 TP 的削减率分别达到 60.5%～71.5%和 50.3%～68.5%；相比Ⅲ类水质目标，外海东岸新城控制区、外海东北岸城市—城郊—农村复合污染区、外海东南岸农业面源控制区的削减率减少最多，TN 削减率分别为 13.2%、9.6%、8.9%，TP 削减率分别为 8%、12.1%、24.7%（表 3-7、图 3-7）。

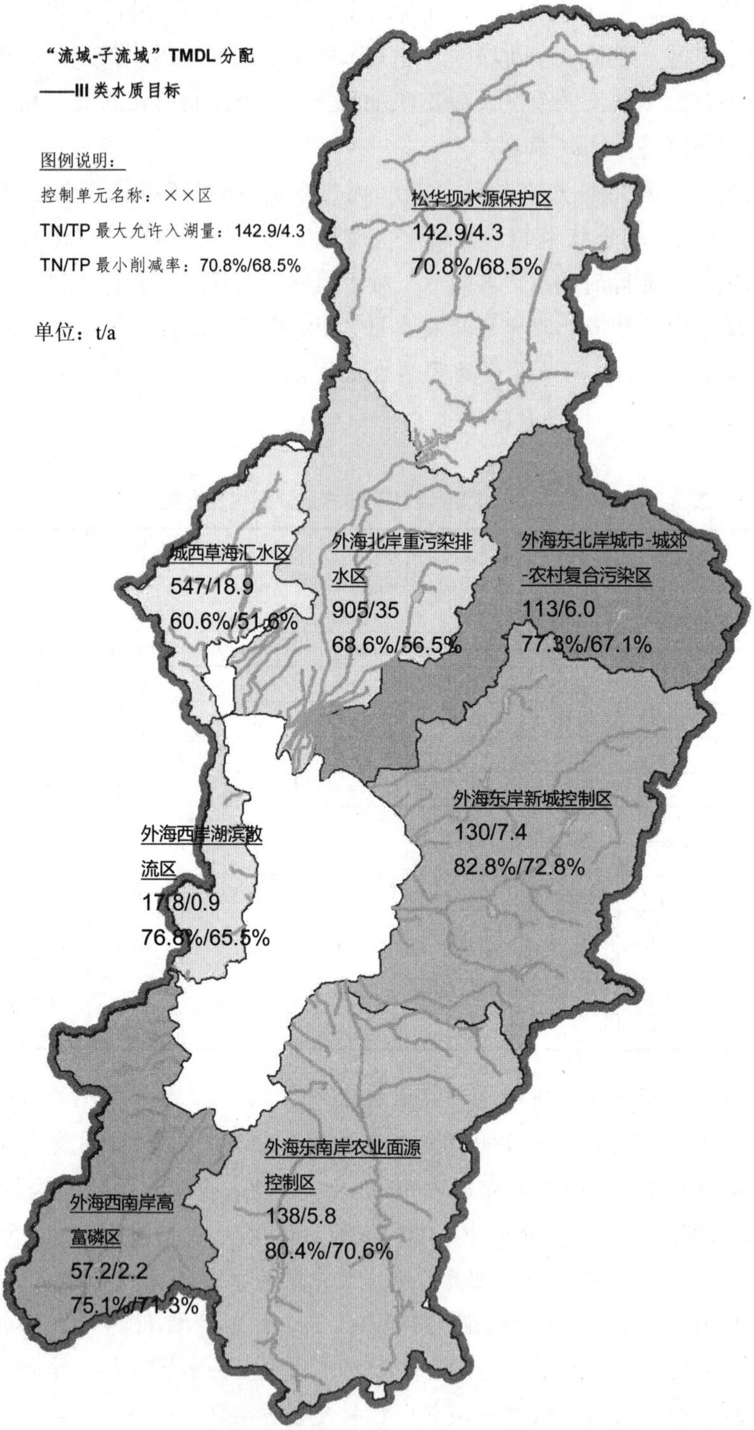

图 3-6 水质达到III类标准情景下的不同控制单元分配方案

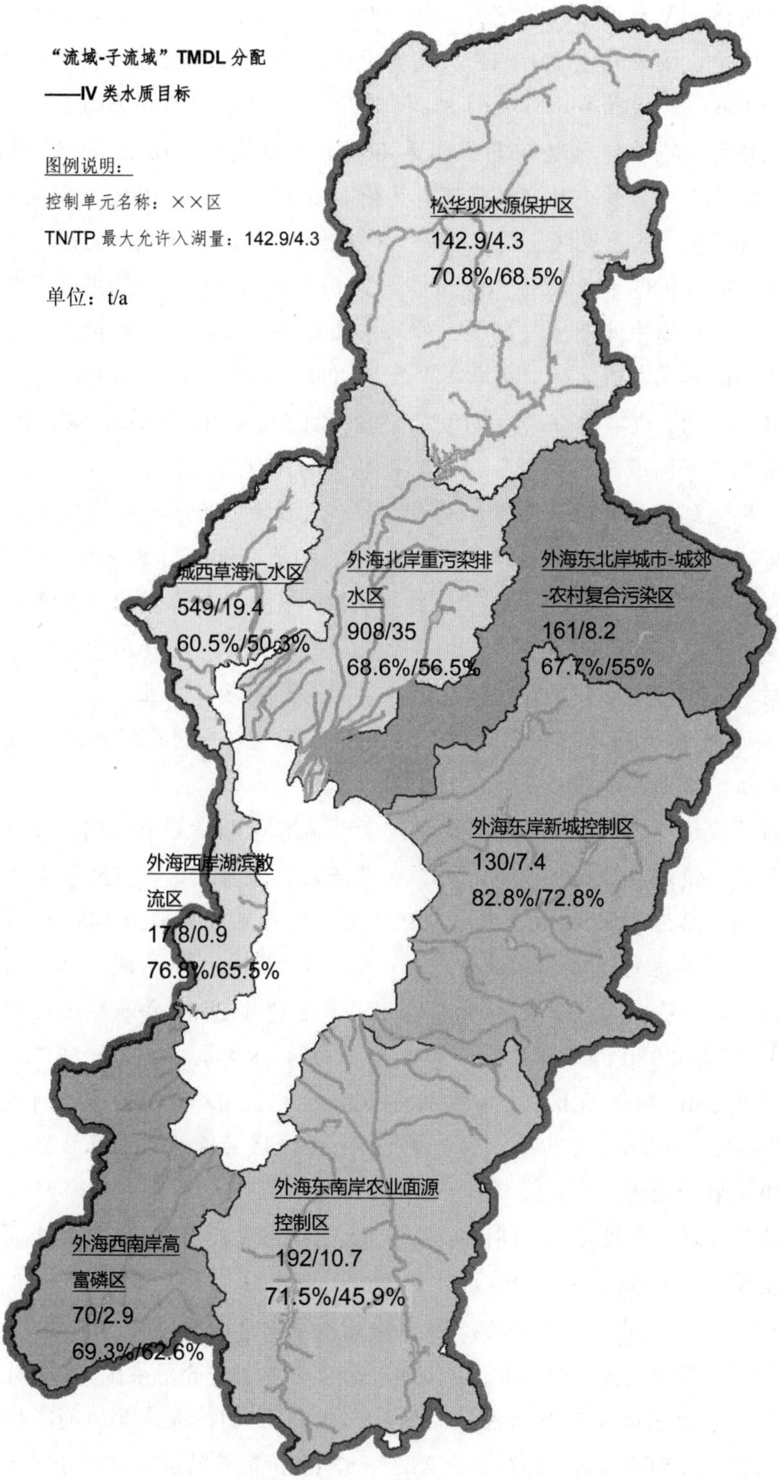

图 3-7 水质达到Ⅳ类标准情景下的总量分配优化方案

❖ 水质达到Ⅴ类标准情景下的总量分配优化方案：为了实现约束性指标达到Ⅴ类水平，滇池流域 TN、TP 入湖负荷在 2009 年基础上至少需要削减 4 349 t/a 和 106 t/a，削减率分别为 61.8%和 50.7%；其中，滇池外海的 TN、TP 最小入湖负荷削减量分别为 3 511.5 t/a 和 86.6 t/a，削减率为 62.2%和 51.1%；滇池草海的 TN、TP 最小入湖负荷削减量分别为 837.6 t/a 和 19 t/a，削减率为 60.3%和 48.7%。从子流域削减率来看，8 个控制单元 TN 和 TP 的削减率分别达到 60.3% ~ 69.8%和 28.7% ~ 68.5%；相比Ⅲ类水质目标，外海东南岸农业面源控制区、外海东岸新城控制区、外海东北岸城市—城郊—农村复合污染区、外海西南岸高富磷区的削减率减少最多，TN 削减率分别为 28.3%、13.2%、12.4%、11.7%，TP 削减率分别为 41.9%、8%、21.5%和 36.2%（表 3-7、图 3-8）。

（2）滇池“子流域—污染源”尺度容量总量分配优化方案。

❖ 水质达到Ⅲ类标准情景下的总量分配优化方案：为了进一步实现上述 3 类水质达标情景下 8 个控制单元最大允许入湖负荷水平，本课题通过基于 HSPF 和 BRRT 的不确定容量总量控制“模拟—优化”耦合技术，在滇池营养盐容量总量分配规则指导下，得到“子流域—污染源”尺度容量总量分配优化方案，其中污染源归纳为城镇生活点源、企业点源（工业、三产、规模化畜禽养殖）、农业面源（种植业化肥施用量，不包括农村生活污水、散养型畜禽养殖、渔业养殖等极小规模污染源）。

按照“子流域—污染源”尺度滇池营养盐容量总量分配规则，对于 3 种情景而言，滇池流域城镇生活点源、企业点源、城市面源的 TN 最大允许产生量分别为 2 592 t/a、0、622.5 t/a，TP 最大允许产生量分别为 148 t/a、0、37.5 t/a。各控制单元的 TN、TP 最大允许产生量见图 3-6。相应地，滇池流域城镇生活点源、企业点源、城市面源的 TN 产生量在 2009 年基础上至少需要削减 9 434 t/a、980 t/a 和 848 t/a，削减率分别为 78.4%、100%和 57.7%；TP 产生量在 2009 年基础上至少需要削减 869 t/a、151 t/a 和 51.5 t/a，削减率分别为 85.4%、100%和 57.9%。3 种情景的滇池流域营养盐容量总量分配的差别集中在农业面源。

为了实现约束性指标达到Ⅲ类水平，滇池流域农业面源的 TN、TP 最大允许产生量为 9 695 t/a 和 4 283 t/a，在 2009 年基础上至少需要削减 18 764 t/a 和 8 278 t/a，削减率皆为 66%。从最小削减量来看，规模最大的依旧集中在外海东岸新城控制区、外海东北岸城市—城郊—农村复合污染区、松华坝水源保护区及外海东南岸农业面源控制区，化肥施用 TN 折纯量的削减规模分别为 5 223 t/a、5 049 t/a、3 287 t/a 和 2 635 t/a，TP 折纯量的削减规模分别为 2 176 t/a、2 164 t/a、1 444 t/a 和 1 045 t/a，削减率分别为 81%、63%、50%和 81%。

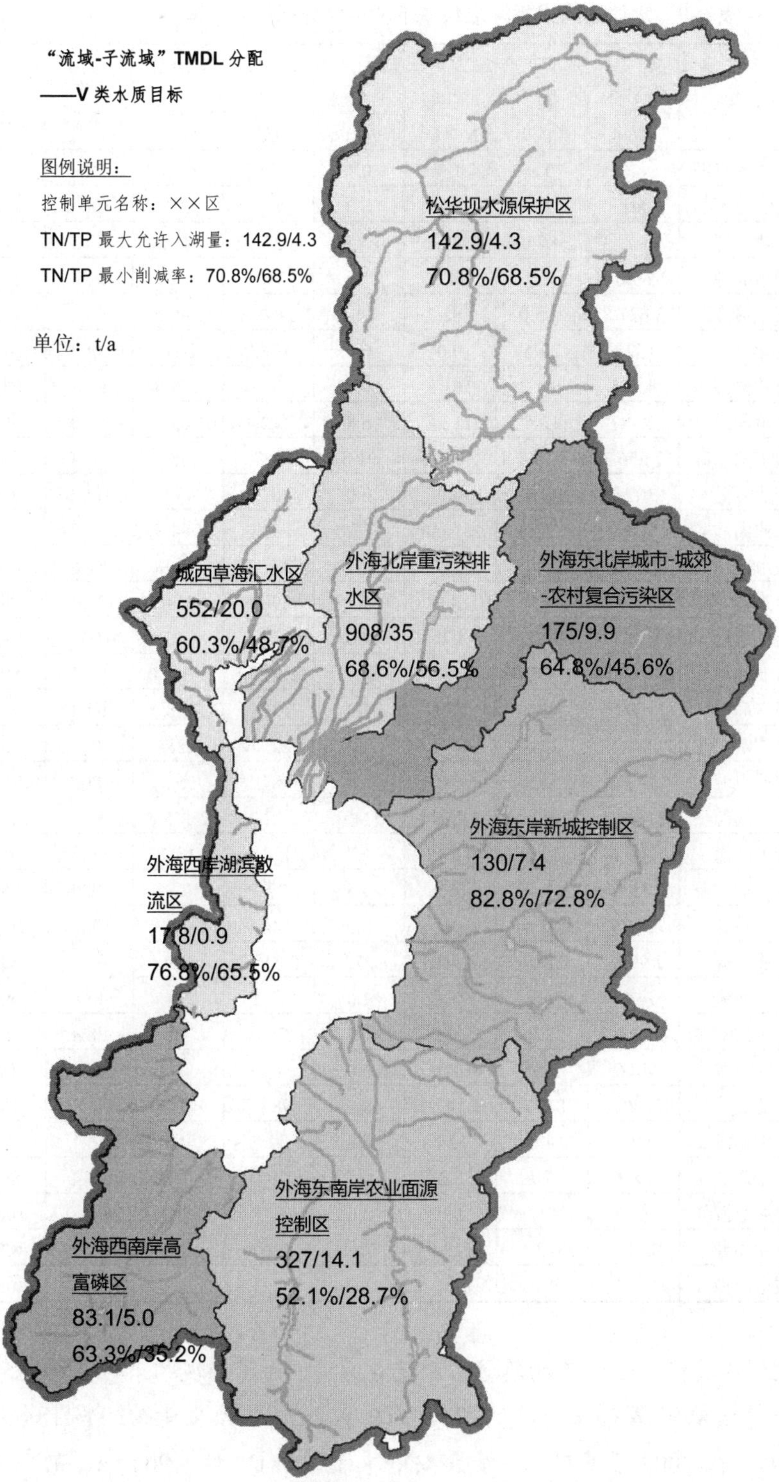

图 3-8 水质达到Ⅴ类标准情景下的总量分配优化方案

表 3-8 水质达到Ⅲ类标准情景下的总量分配优化方案

子流域	污染源	基准年产生量 TN/（t/a）	基准年产生量 TP/（t/a）	最大允许产生量 TN/（t/a）	最大允许产生量 TP/（t/a）	最小削减量 TN/（t/a）	最小削减量 TP/（t/a）	削减率 TN/%	削减率 TP/%
松华坝水源保护区	城镇生活点源	8.6	0.8	1.9	0.1	6.8	0.7	78.4	85.4
	企业点源	8.1	2.2	0.0	0.0	8.1	2.2	100.0	100.0
	农业面源	6 538.3	2 872.3	3 251	1 428	3 287.0	1 444.0	50.3	50.3
	城市面源	69.6	4.2	24.8	1.9	44.8	2.3	64.4	54.6
城西草海汇水区	城镇生活点源	3 631.8	305.0	782.7	44.4	2 849.1	260.6	78.4	85.4
	企业点源	152.6	20.6	0.0	0.0	152.6	20.6	100.0	100.0
	农业面源	419.5	281.3	161.5	108.3	258.0	173.0	61.5	61.5
	城市面源	224.7	13.6	112.4	6.8	112.4	6.8	50.0	50.0
外海北岸重污染排水区	城镇生活点源	7 556.3	630.5	1 628.5	91.8	5 927.8	538.7	78.4	85.4
	企业点源	307.2	44.6	0.0	0.0	307.2	44.6	100.0	100.0
	农业面源	968.0	752.1	216.0	167.8	752.0	584.3	77.7	77.7
	城市面源	457.4	27.7	175.7	10.8	281.7	16.8	61.6	60.8
外海东北岸城市-城郊-农村复合污染区	城镇生活点源	379.9	36.7	81.9	5.3	298.0	31.4	78.4	85.4
	企业点源	121.1	21.5	0.0	0.0	121.1	21.5	100.0	100.0
	农业面源	3 263.7	1 298.3	628.7	253.3	2 635.0	1 045.0	80.7	80.7
	城市面源	199.6	12.1	63.1	3.2	136.5	8.8	68.4	73.2
外海东岸新城控制区	城镇生活点源	283.7	27.4	61.1	4.0	222.6	23.4	78.4	85.4
	企业点源	187.3	35.5	0.0	0.0	187.3	35.5	100.0	100.0
	农业面源	6 449.8	2 686.8	1 226.8	511.0	5 223.0	2 175.8	81.0	81.0
	城市面源	286.6	17.3	113.3	6.7	173.3	10.7	60.5	61.5
外海东南岸农业面源控制区	城镇生活点源	35.1	3.4	7.6	0.5	27.5	2.9	78.4	85.4
	企业点源	146.9	12.4	0.0	0.0	146.9	12.4	100.0	100.0
	农业面源	7 993.4	3 437.6	2 944.1	1 273.1	5 049.3	2 164.5	63.2	63.2
	城市面源	143.6	8.7	76.4	2.6	67.1	6.1	46.8	69.8
外海西南岸高富磷区	城镇生活点源	94.4	9.1	20.3	1.3	74.0	7.8	78.4	85.4
	企业点源	40.6	11.2	0.0	0.0	40.6	11.2	100.0	100.0
	农业面源	2 125.3	889.2	1 141.3	480.3	984.0	408.9	46.3	46.3
	城市面源	69.8	4.2	37.6	4.2	32.2	0.0	46.1	0.0
外海西岸湖滨散流区	城镇生活点源	38.1	3.7	8.2	0.5	29.9	3.1	78.4	85.4
	企业点源	16.0	2.7	0.0	0.0	16.0	2.7	100.0	100.0
	农业面源	701.0	343.5	125.0	61.3	576.0	282.2	82.2	82.2
	城市面源	19.2	1.2	19.2	1.2	0.0	0.0	0.0	0.0

❖ 水质达到Ⅳ类标准情景下的总量分配优化方案：为了实现约束性指标达到Ⅳ类水平，滇池流域农业面源的 TN、TP 最大允许产生量为 11 118 t/a 和 7 657 t/a，在 2009 年基础上至少需要削减 17 341 t/a 和 4 904 t/a，削减率分别为 60.9%和 39%。从最小削减量来看，规模最大的依旧集中在外海东岸新

城控制区、外海东南岸农业面源控制区、松华坝水源保护区及外海东北岸城市—城郊—农村复合污染区，化肥施用 TN 折纯量的削减规模分别为 4 901 t/a、4 650 t/a、2 960 t/a 和 2 472 t/a，削减率分别为 76%、58%、45% 和 76%；TP 折纯量的削减规模分别为 1 276 t/a、1 434 t/a、766 t/a 和 473 t/a，削减率分别为 47.5%、41.7%、26.6%和 36.5%。

表 3-9　水质达到Ⅳ类标准情景下的总量分配优化方案

子流域	污染源	基准年产生量 TN/（t/a）	基准年产生量 TP/（t/a）	最大允许产生量 TN/（t/a）	最大允许产生量 TP/（t/a）	最小削减量 TN/（t/a）	最小削减量 TP/（t/a）	削减率 TN/%	削减率 TP/%
松华坝水源保护区	城镇生活点源	8.6	0.8	1.9	0.1	6.8	0.7	78.4	85.4
	企业点源	8.1	2.2	0.0	0.0	8.1	2.2	100.0	100.0
	农业面源	6 538.3	2 872.3	3 251.3	2 106.8	2 960	765.5	45.3	26.6
	城市面源	69.6	4.2	24.8	1.9	44.8	2.3	64.4	54.6
城西草海汇水区	城镇生活点源	3 631.8	305.0	782.7	44.4	2 849.1	260.6	78.4	85.4
	企业点源	152.6	20.6	0.0	0.0	152.6	20.6	100.0	100.0
	农业面源	419.5	281.3	161.5	169.3	237	112.0	56.5	39.8
	城市面源	224.7	13.6	112.4	6.8	112.4	6.8	50.0	50.0
外海北岸重污染排水区	城镇生活点源	7 556.3	630.5	1 628.5	91.8	5 927.8	538.7	78.4	85.4
	企业点源	307.2	44.6	0.0	0.0	307.2	44.6	100.0	100.0
	农业面源	968.0	752.1	216.0	365.8	704	386.2	72.7	51.4
	城市面源	457.4	27.7	175.7	10.8	281.7	16.8	61.6	60.8
外海东北岸城市—城郊—农村复合污染区	城镇生活点源	379.9	36.7	81.9	5.3	298.0	31.4	78.4	85.4
	企业点源	121.1	21.5	0.0	0.0	121.1	21.5	100.0	100.0
	农业面源	3 263.7	1 298.3	628.7	825.0	2472	473.3	75.7	36.5
	城市面源	199.6	12.1	63.1	3.2	136.5	8.8	68.4	73.2
外海东岸新城控制区	城镇生活点源	283.7	27.4	61.1	4.0	222.6	23.4	78.4	85.4
	企业点源	187.3	35.5	0.0	0.0	187.3	35.5	100.0	100.0
	农业面源	6 449.8	2 686.8	1 226.8	1 410.5	4 901	1 276.3	76.0	47.5
	城市面源	286.6	17.3	113.3	6.7	173.3	10.7	60.5	61.5
外海东南岸农业面源控制区	城镇生活点源	35.1	3.4	7.6	0.5	27.5	2.9	78.4	85.4
	企业点源	146.9	12.4	0.0	0.0	146.9	12.4	100.0	100.0
	农业面源	7 993.4	3 437.6	2 944.1	2 003.9	4 650	1 433.8	58.2	41.7
	城市面源	143.6	8.7	76.4	2.6	67.1	6.1	46.8	69.8
外海西南岸高富磷区	城镇生活点源	94.4	9.1	20.3	1.3	74.0	7.8	78.4	85.4
	企业点源	40.6	11.2	0.0	0.0	40.6	11.2	100.0	100.0
	农业面源	2 125.3	889.2	1 141.3	598.0	878	291.1	41.3	32.7
	城市面源	69.8	4.2	37.6	4.2	32.2	0.0	46.1	0.0
外海西岸湖滨散流区	城镇生活点源	38.1	3.7	8.2	0.5	29.9	3.1	78.4	85.4
	企业点源	16.0	2.7	0.0	0.0	16.0	2.7	100.0	100.0
	农业面源	701.0	343.5	125.0	178.1	541	165.5	77.2	48.2
	城市面源	19.2	1.2	19.2	1.2	0.0	0.0	0.0	0.0

❖ 水质达到Ⅴ类标准情景下的总量分配优化方案：为了实现约束性指标达到Ⅴ类水平，滇池流域农业面源的 TN、TP 最大允许产生量为 13 979 t/a 和 11 616 t/a，在 2009 年基础上至少需要削减 14 480 t/a 和 944 t/a，削减率分别为 50.9%和 7.5%。从最小削减量来看，规模最大的依旧集中在外海东南岸农业面源控制区、外海东岸新城控制区、松华坝水源保护区及外海东北岸城市—城郊—农村复合污染区，化肥施用 TN 折纯量的削减规模分别为 3 989 t/a、3 534 t/a、2 654 t/a 和 1 999 t/a，削减率分别为 55%、50%、41%和 61%；TP 折纯量的削减规模分别为 264 t/a、288 t/a、265 t/a 和 127 t/a，削减率分别为 7.7%、10.7%、9.2%和 9.8%。

表 3-10　水质达到Ⅴ类标准情景下的总量分配优化方案

子流域	污染源	基准年产生量 TN/（t/a）	基准年产生量 TP/（t/a）	最大允许产生量 TN/（t/a）	最大允许产生量 TP/（t/a）	最小削减量 TN/（t/a）	最小削减量 TP/（t/a）	削减率 TN/%	削减率 TP/%
松华坝水源保护区	城镇生活点源	8.6	0.8	1.9	0.1	6.8	0.7	78.4	85.4
	企业点源	8.1	2.2	0.0	0.0	8.1	2.2	100.0	100.0
	农业面源	6 538.3	2 872.3	3 884.3	2 607.1	2 654.0	265.2	40.6	9.2
	城市面源	69.6	4.2	24.8	1.9	44.8	2.3	64.4	54.6
城西草海汇水区	城镇生活点源	3 631.8	305.0	782.7	44.4	2 849.1	260.6	78.4	85.4
	企业点源	152.6	20.6	0.0	0.0	152.6	20.6	100.0	100.0
	农业面源	419.5	281.3	182.5	281.3	237.0	0.0	56.5	0.0
	城市面源	224.7	13.6	112.4	6.8	112.4	6.8	50.0	50.0
外海北岸重污染排水区	城镇生活点源	7 556.3	630.5	1 628.5	91.8	5 927.8	538.7	78.4	85.4
	企业点源	307.2	44.6	0.0	0.0	307.2	44.6	100.0	100.0
	农业面源	968.0	752.1	266.0	752.1	702.0	0.0	72.5	0.0
	城市面源	457.4	27.7	175.7	10.8	281.7	16.8	61.6	60.8
外海东北岸城市—城郊—农村复合污染区	城镇生活点源	379.9	36.7	81.9	5.3	298.0	31.4	78.4	85.4
	企业点源	121.1	21.5	0.0	0.0	121.1	21.5	100.0	100.0
	农业面源	3 263.7	1 298.3	1 264.7	1 171.1	1 999.0	127.2	61.2	9.8
	城市面源	199.6	12.1	63.1	3.2	136.5	8.8	68.4	73.2
外海东岸新城控制区	城镇生活点源	283.7	27.4	61.1	4.0	222.6	23.4	78.4	85.4
	企业点源	187.3	35.5	0.0	0.0	187.3	35.5	100.0	100.0
	农业面源	6 449.8	2 686.8	2 915.8	2 399.2	3 534.0	287.6	54.8	10.7
	城市面源	286.6	17.3	113.3	6.7	173.3	10.7	60.5	61.5
外海东南岸农业面源控制区	城镇生活点源	35.1	3.4	7.6	0.5	27.5	2.9	78.4	85.4
	企业点源	146.9	12.4	0.0	0.0	146.9	12.4	100.0	100.0
	农业面源	7 993.4	3 437.6	4 004.4	3 173.1	3 989.0	264.5	49.9	7.7
	城市面源	143.6	8.7	76.4	2.6	67.1	6.1	46.8	69.8

子流域	污染源	基准年产生量 TN/（t/a）	基准年产生量 TP/（t/a）	最大允许产生量 TN/（t/a）	最大允许产生量 TP/（t/a）	最小削减量 TN/（t/a）	最小削减量 TP/（t/a）	削减率 TN/%	削减率 TP/%
外海西南岸高富磷区	城镇生活点源	94.4	9.1	20.3	1.3	74.0	7.8	78.4	85.4
	企业点源	40.6	11.2	0.0	0.0	40.6	11.2	100.0	100.0
	农业面源	2 125.3	889.2	1 181.3	889.2	944.0	0.0	44.4	0.0
	城市面源	69.8	4.2	37.6	4.2	32.2	0.0	46.1	0.0
外海西岸湖滨散流区	城镇生活点源	38.1	3.7	8.2	0.5	29.9	3.1	78.4	85.4
	企业点源	16.0	2.7	0.0	0.0	16.0	2.7	100.0	100.0
	农业面源	701.0	343.5	280.0	343.5	421.0	0.0	60.1	0.0
	城市面源	19.2	1.2	19.2	1.2	0.0	0.0	0.0	0.0

3.4 滇池流域水污染治理与富营养化控制方案

3.4.1 产业结构调整与社会经济调整方案

3.4.1.1 水环境承载力与产业结构调整方案

滇池水体污染与富营养化问题，严重制约流域乃至整个昆明市的发展。流域内产业发展、结构调整和空间布局优化，需要从昆明市范围内进行统筹安排。

（1）滇池流域产业空间结构与主导产业分析。滇池流域是昆明市产业发展的核心区，因此滇池流域的产业发展和竞争力的提升将直接决定昆明市整体的产业竞争力。流域内产业类型较多，且包括许多重污染、高耗水产业，如烟草制品业、有色金属冶炼及压延加工业、医药制造业、通用设备制造业和交通运输设备制造业等。在滇池流域前十大工业产业中，非金属矿物制品业、农副食品加工业和化学原料及化学制品制造业等重污染产业的高度分散化，严重影响污染的治理和监控。此外，流域内有若干国家级高新区和经开区等产业园区，但是这些园区存在一定的重复建设问题，各个产业园区的专业程度还需进一步提升。五华区和官渡区是滇池流域工业产业最为集中的区县。

通过因子分析法、WT（Weaver-Thomas）模型、数据包络分析（Data Envelopment Analysis，DEA）模型、SWOT 分析等定量和定性方法，确定昆明市备选的主导产业包括烟草制品业、医药制造业、装备制造业、旅游业、物流业和通信设备计算机及其他电子设备制造业。

（2）滇池流域产业减排的潜力和方向。针对滇池流域的产业发展和生态环境现状，我们提出了以结构减排为核心，空间减排为手段，工程减排为保障的全方位产业减排体系。

结构减排：加快产业结构调整

❖ 改造和转移传统农业，发展现代都市型农业和高附加值农业：滇池流域的农业发展要加强区域整合，发挥流域的技术和市场优势，加强和流域外围地区的合作，在更大范围内做大做强现代农业产业链。在实现农业污染减排的目标的同时，保障农村地区经济发展的稳定性和可持续性。①加快城镇化进程，推动农业人口进入工业和服务业。滇池流域的农业人口比重和第一产业比重过高，农业生产过程和农民生活所造成的各种污染以及对生态的破坏给滇池流域的治理和生态恢复带来了较大的困难，需要加快流域内的城镇化进程，推进农业人口进入第二、第三产业就业。②应加快促进传统农业向现代农业的转变。依靠科技进步，利用现代化技术全面改造传统的农业。减少污水的排放，提高污水集中处理能力，控制农业生产和农村生活的面源污染。同时，利用滇池流域优越的气候条件，发展高附加值农业，例如高附加值花卉、无公害蔬菜、水果和绿色食品等。③应着重发展都市农业，适应城市对农业的观赏、生态、文化、景观和休闲需求，发展休闲观光农业、体验式农业和生态旅游。国内包括北京和上海等大城市周边都有大量的农家乐，提供采摘、观光、体验等各种旅游休闲服务，既增加了农村人口的收入，也整体提高了农村的现代化水平。

❖ 提高企业环境准入门槛，严格限制“三高产业”发展：①应制定流域产业发展指导目录，实施严格的企业水环境准入制度，严禁新的重污染企业进入流域内，同时对水环境良好的企业给予财政税收与投资政策支持，逐步实现产业结构的调整和升级。②限制高能耗、高水耗、高污染的“三高产业”的发展，这些产业往往一方面污染排放水平和水耗强度较高，另一方面市场需求较大，且可以提供大量就业岗位，如医药制造业、农副食品加工业、饮料制造业等。针对这类产业，应根据滇池流域的资源特色，有条件地发展，同时要坚持园区化布局，通过建设循环经济园和生态工业园的模式，将这些产业的污染威胁降至最低。③禁止发展耗水量大、水污染严重，治理难度大的产业，包括冶金、磷化工、造纸等产业。对目前流域内水耗高且污染大的企业进行搬迁改造，要求在一定时间内搬迁到流域之外。

❖ 继续推进金融、旅游和物流业为龙头的高端服务业：利用滇池流域独特的区位优势和资源优势，抓住东南亚区域一体化的机遇，做好政策和吸引人才的工作，大力发展高端服务业，尤其是发展旅游、金融、物流等领域。其中，旅游业是滇池流域和昆明市的龙头产业，应促进产业发展与生态保护的结合，一方面深入挖掘旅游资源，提高昆明市在旅游市场的知名度和号召力，另一方面客观看待旅游污染对滇池流域的威胁，加大治理和保护力度，坚持可持续发展道路，打造生态旅游，使昆明市成为中国西南地区重要的旅游目的地。

❖ 积极鼓励发展节能减排产业：在国务院下发的《节能减排综合性工作方案》中明确提出要以产业化的方式推进我国节能减排工作。滇池流域生态环境破坏严重，不仅有国家的政策引导和支持，更有广阔的市场空间，理应成为全国推动节能减排产业化的先行区，可以考虑把节能减排产业作为重点培育发展的新兴战略产业。

由于节能减排产业一直受到资金、项目、技术、政策的多方位限制，要促进其产业化，首先就必须发挥政府的推动作用，加大对节能减排企业的政策扶持，制定和不断完善鼓励节能减排的财政和税收政策，鼓励和引导金融机构对循环经济、环境保护及节能减排技术改造项目加大信贷支持，优先为符合条件的节能减排项目、循环经济项目提供直接融资服务。与此同时，应积极引进发达国家的先进技术，开发大气、水和固体废弃物污染防治技术。

空间减排：优化产业空间布局

❖ 转移部分产业到滇池流域外，实现产业置换：产业转移不仅可以缓解滇池流域生态环境问题，而且对周边区县的发展也有明显的带动作用。包括传统种植业、畜禽养殖业、花卉业、造纸及纸制品业、化工、冶金等在内的产业可以有计划地迁出滇池流域。具体建议如下：①可以充分利用北部区县气候及土地资源优势，在崇明县、富民县、禄劝县、寻甸县 4 个县发展传统种植业。除此以外，宜良县作为昆明市近郊的农业大县，也可以作为流域内传统种植业的承接地。②在昆明市西部发展空间大的宜良县和石林县大力发展畜禽养殖业，这两个区县也可作为畜禽养殖业的主要承接地。③宜良县交通便利，气候条件好，可以为花卉产业的发展提供良好条件，因此可以作为花卉种植的重要基地。④造纸业需要大量的水资源，建议将造纸及纸制品业转移到水资源丰富且造纸产业基础较好的富民县，并将富民县打造为昆明市乃至云南省的重要造纸基地。⑤将一部分重化工企业转移到安宁市，其一，由于安宁市位于滇池流域的出水口，对滇池环境影响较小；其二，安宁工业基础良好，矿产资源丰富，是云南省重要的冶金、盐磷化工基地。也可以将其余部分重化工业转移到寻甸县。寻甸县矿产资源丰富，环境容量相对较大，对重化工业发展的制约也相对较小。⑥安宁市在黑色金属冶炼及压延加工业方面也有良好的产业基础，可以将滇池流域内的黑色金属冶炼企业进一步向安宁市集聚。⑦有色金属冶炼及压延加工业的发展与矿产资源有着密切的关系。鉴于此，选择禄劝彝族苗族自治县、东川区和安宁市作为有色金属冶炼及压延加工业的承接地。一方面，禄劝彝族苗族自治县钛矿资源丰富，东川区铜资源丰富；另一方面，这两个区县环境容量相对较大，有利于有色金属冶炼及压延加工业的发展。而安宁市是昆明市乃至云南省重要的冶金工业基地，可以借助其良好的基础，进一步发展有色金属冶炼和加工产业。

综上所述，滇池流域内的部分种植业及畜禽养殖业主要迁到昆明市北部地区和西部地区，利用其适宜的气候环境以及广阔的发展空间，促进产业发展与升级。而化工、冶金、造纸等产业的承接地则形成以安宁市为主体，其余区县按资源禀赋共同承接的产业格局。

表 3-11 滇池流域迁出产业主要承接地区概述

<table>
<tr><th rowspan="2">迁出产业</th><th colspan="3">主要承接区县</th></tr>
<tr><th>区县名称</th><th>产业发展条件</th><th>产业规划方向</th></tr>
<tr><td rowspan="5">传统种植业</td><td>嵩明县</td><td rowspan="4">北部山地立体地型、立体气候及土地资源优势</td><td rowspan="4">特色农产品生产加工基地</td></tr>
<tr><td>富民县</td></tr>
<tr><td>禄劝县</td></tr>
<tr><td>寻甸县</td></tr>
<tr><td>宜良县</td><td>近郊农业大县，有“滇中粮仓”之称</td><td>规模化种植业</td></tr>
<tr><td rowspan="2">畜禽养殖业</td><td>宜良县</td><td rowspan="2">交通区位毗邻主城区，且发展空间大</td><td rowspan="2">畜禽养殖产业</td></tr>
<tr><td>石林县</td></tr>
<tr><td>花卉产业</td><td>宜良县</td><td>交通便利，气候环境良好，是昆明市主要的花卉基地</td><td>综合性花卉基地出口创汇产业</td></tr>
<tr><td>造纸及纸制品业</td><td>富民县</td><td>水资源丰富，造纸产业基础良好</td><td>造纸基地</td></tr>
<tr><td rowspan="2">化学原料及化学制品制造业</td><td>安宁市</td><td>矿产资源丰富，产业基础良好、位于滇池出水口</td><td>磷盐化工产业</td></tr>
<tr><td>寻甸回族彝族自治县</td><td>交通节点、资源丰富、环境容量相对较大</td><td>磷化工产品基地</td></tr>
<tr><td>黑色金属冶炼及压延加工业</td><td>安宁市</td><td>矿产资源丰富，产业基础良好、位于滇池出水口</td><td>黑色冶金及深加工基地</td></tr>
<tr><td rowspan="3">有色金属冶炼及压延加工业</td><td>禄劝彝族苗族自治县</td><td>钛矿资源丰富、环境容量相对较大</td><td>采选矿业、资源深加工业</td></tr>
<tr><td>东川区</td><td>铜矿资源丰富，为我国六大产铜基地之一</td><td>矿产资源产业以及稀、贵金属加工业</td></tr>
<tr><td>安宁市</td><td>金属冶炼产业基础良好、位于滇池出水口</td><td>有色金属冶炼</td></tr>
</table>

把造纸及纸制品业、化学原料及化学制品制造业、黑色金属冶炼及压延加工业、有色金属冶炼及压延加工业 4 个产业转移出滇池流域，同时在产业转出地区发展其他新兴产业，以实现在污染产业转移的同时，保证地方经济发展的持续性和稳定性。

具体来看，五华区是流域工业最为集聚的区，同时也是污水排放量较大的地区，其中以铜为主的有色冶金深加工业带来的高废水排放加速了草海的水质恶化，应将有色金属冶炼及压延加工企业转移出该地区。五华区是昆明市的中心城区，应在继续稳步发展烟草加工及配套业、生物制药、电子信息等传统优势产业和高新技术产业的同时，加快发展现代服务业，以及生产性服务业。盘龙区也有部分有色金属冶炼及压延加工产业，应该将其转移出滇池流域，发展壮大现代服务业、装备制造业以及都市型工业。

官渡区是流域工业废水量排放最多的地区，其主要废水排放源之一就是造纸及纸制品业。在转移出造纸及纸制品企业后，官渡区应围绕经济技术开发区，重点发展电子信息产业、装备制造业、食品业、印刷包装业以及现代物流业。

化学原料及化学制品制造业和非金属矿物制品业是滇池流域内分布非常广泛的产业，企业数量众多，并且工业用水量和废水排放量也较大，是西山区和晋宁县重点转移的产业。由于化学原料及化学制品制造企业的大量存在，西山区成为流域用水量最多、污水排放量较大的地区，应尽快把这些企业转移到流域外，重点发展旅游业、医药制造业以及输变电及发电设备制造业。晋宁县长期以来发展以精细磷化工为主的化工业，应逐步转移，重点发展精密加工业、光学仪器制造业以及装备制造业。

呈贡县是黑色金属冶炼及压延加工业集中分布的地区，应逐步转移铜、铝深加工的黑色金属冶炼及压延加工业，重点发展以生物制药为主的医药产业，充分利用区位优势，抓住建设呈贡新城的机遇，大力推动现代物流、房地产业等现代服务业的发展。

表 3-12　滇池流域各区县建议迁出产业和应该发展产业

区县	主要迁出产业	建议发展产业
五华区	有色金属冶炼及压延加工业	烟草加工及配套业、生物制药、电子信息、装备制造、现代服务业
盘龙区	有色金属冶炼及压延加工业	现代服务业、装备制造业、都市型工业
官渡区	造纸及纸制品业	电子信息、装备制造业、食品业、印刷包装、现代物流
呈贡县	以铜、铝加工为主的黑色金属冶炼及压延加工业	现代物流、生物制药、装备制造业、现代服务业
西山区	以磷化工为主的化学原料及化学制品制造业	输变电及发电设备制造业、医药制造业、旅游业
晋宁县	以磷化工为主化学原料及化学制品制造业	精密加工业、光学仪器制造业、装备制造业

❖ 坚持园区化战略，打造生态产业园：滇池流域仍然存在产业集聚度不足，高污染企业分布散乱，开发区功能定位重叠等问题。针对这些问题，滇池流域必须进一步推进产业的集约化发展，坚持园区化战略，逐步形成以国家和省级开发区为第一梯队，“重点开发区”为第二梯队，其他市县级工业园区和乡镇工业小区为第三梯队的多层次、阶梯式的发展格局。

同时，突破地方和部门局部利益的干扰，根据各地资源禀赋和产业基础，明确功能定位，避免重复建设，促进资源整合，加大技术创新力度，改变现有粗放型园区的管理方式，提升园区整体素质，推进产业园区化的不断深入发展。要在创产品品牌和地区品牌上下工夫，打造具有流域特色的工业园区，把品牌做成特色工业园区走向东南亚的法宝。

另外，针对滇池流域众多高污染高耗水企业，可采取集中化生产，建立生态产业园的模式。自 20 世纪 90 年代以来，生态工业园（EIP）的概念被正式提出，人们逐渐意识到其基于的这种将工业体系融入生态圈的循环经济思路，不仅在节约成本、提高资源利用效率方面具有显著的经济意义，同时，其废物、污染排放的大量减少对环境问题的改善也意义重大。

昆明市近 10 年来经济一直保持高速增长，但环境污染和生态破坏问题日益凸显。目前昆明的工业园区把园区内各个企业看作独立个体，注重末端的环境治理，并没有通过中间产品和废弃物的相互交换而互相衔接，也没有使园区内资源得到最佳配置，废弃物得到有效利用。因此，有必要改变传统的发展观念和发展模式，而建立生态工业园是一个可行选择。

在滇池流域内以及流域外建立若干个专业化生态工业园，为入园企业提供政策支持，从而提高能源和资源利用效率，减少污染排放量。重点是冶金、化工和医药产业等高污染的行业。围绕流域内外现有的重点企业，参考国内外生态工业园建设模式，用循环经济理念改造或者新建生态工业园，实现经济效益、社会效益和环境效益最大化。

❖ 引导主城区人口分散到呈贡新区，缓解北部生态压力：滇池内湖是流域受污染最严重的地区，其主要污染源来自于滇池北部昆明市主城区的生活污水，因此治理滇池污染的重要途径之一就是引导昆明中心城区一部分产业和人口向外围疏散，缓解滇池北部生态压力。而呈贡新区则是主城区人口转移的最佳承接地。

云南省委省政府、昆明市委市政府已经提出，将呈贡打造成现代化城市示范区、科学发展示范区和品质春城示范区。新区规划控制面积 160 km^2，城市建设用地 107 km^2，2020 年人口预计将达到 95 万人。要在十年内将呈贡新区建设成为一个 100 万人口的大城市，就必须依靠昆明主城区及外围区县的人口转移。其中，随着昆明市级行政中心的搬迁，预计可带动 10 万人口的迁入。这一部分人口从市区向呈贡新区的分散，不仅能有力地支撑新区发展，同时也能从根本上缓解滇池北部因人口集聚而带来的生态压力。

（3）基于水环境承载力的滇池流域产业优化战略。由于滇池流域水资源匮乏，滇池污染治理形势严峻，因此滇池流域的产业发展受到水环境承载力的限制，无论是确定主导产业还是优化产业空间布局，都必须考虑水环境承载力。产业发展必须优先选择低水耗、低排污的产业；同时，在产业空间布局，要在考虑经济性的同时，尽量将污染严重、水耗大的产业转移出滇池流域，同时大力促进企业进入园区，以利于污染治理和监管。

滇池流域产业选择

❖ 制定产业发展指导目录，提高环境准入门槛：制定流域产业发展指导目录，实施严格的企业环境准入制度，严禁新的重污染企业进入流域内，同时对环境良好的企业给予政策支持，逐步实现产业结构的调整和升级。①鼓励发展的产业。污染少、市场潜力大的高新技术产业，低污染的劳动密集型产业，高端服务业。根据滇池流域的产业现状和禀赋条件，可以着重发展烟草及配套业、医药产业、装备制造业、电子信息产业等。②限制发展的产业。污染排放水平和水耗强度较高，但是市场需求较大，并且可以提供大量就业岗位的产业。根据滇池流域的资源特色，可以有条件地发展这类产业，但是要坚持园区化，通过建设循环经济和生态工业园的模式，将这些产业的污染威胁降低。③禁止发展的产业。耗水量大、水污染严重，并且治理难度大的产业，包括冶金、磷化工、造纸等产业。对目前流域内水耗高且污染大的企业进行搬迁改造，要求在一定时间内搬迁到流域之外。

❖ 大力发展高端服务业、旅游业和都市农业：利用滇池流域独特的区位优势和资源优势，抓住东南亚区域一体化的机遇，做好政策和吸引人才的工作，大力发展高端服务业，尤其是发展金融、保险和物流等领域。其次，大力发展旅游业，深入挖掘旅游资源，提高昆明市在旅游市场的知名度和号召力，使昆明市成为中国西南地区重要的旅游目的地。最后，利用滇池流域的气候资源，大力发展都市型农业，提高农产品科技含量和附加值，促进农村地区发展。

❖ 贯彻循环经济和企业清洁生产理念，鼓励企业的环境技术改造：一方面要求新进入企业达到环境和节能降耗的标准，同时对滇池流域内的污染工业企业进行循环经济和清洁生产改造，给予一定的政策和资金支持，淘汰落后工艺和设备，提高生产过程中的资源利用效率，减少污染物排放。根据不同产业的特点，建设特定的生态工业园，实现产业发展的经济效益、社会效益和环境效益的统一。

滇池流域的产业空间优化对策

❖ 制定滇池流域现有污染企业和生产活动关闭和搬迁规划，实现产业调整和更新，优化产业和人口空间布局：从昆明市全局统筹，对流域内重污染产业和企业，进行搬迁和改造评估，在保证减少排放和控制污染的前提下，用较为经济的方式实现置换和更新。制定滇池流域现有污染企业和生产活动关闭和搬迁计划，实现产业置换和更新。“关闭”一批污染严重的中小工业企业，撤出部分种植业和畜禽养殖业，并提高流域内农业的规模化程度和空间集聚度。“转移”一批污染企业或者生产活动到滇池流域范围之外，或者转移到特定的产业园区。以工业为先导，带动人口和第三产业向滇池流域外转移；加速引导主城区人口分散到呈贡新区，缓解北部生态压力。

因地制宜地确定流域内各个区县的主要产业，避免重复建设和恶性竞争。各个区县的产业定位要根据自身的优势，实现错位竞争，各个区县的核心产业规划如图 3-9 所示。

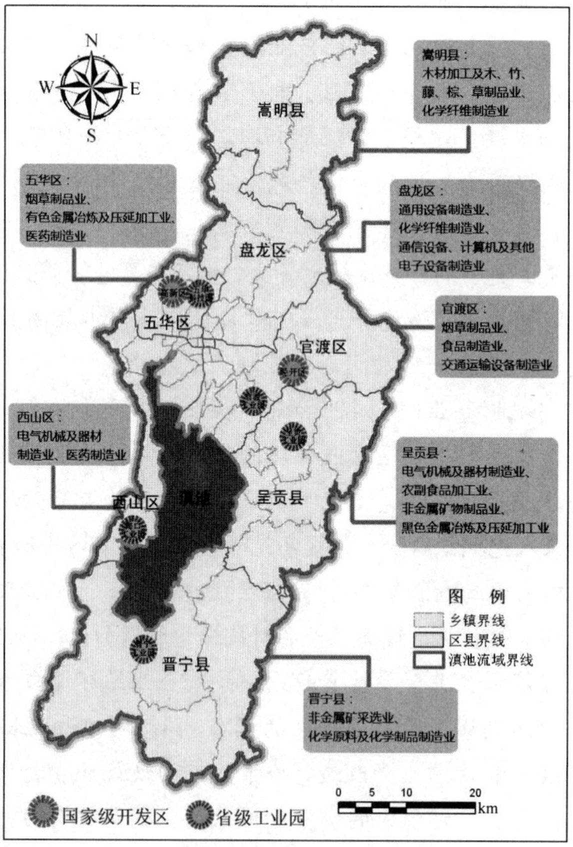

图 3-9 滇池流域各个区县的主导产业定位

- 提倡生态工业园模式，发展循环经济，实现滇池流域经济社会的可持续发展：在滇池流域范围内以及流域外建立若干个专业化生态工业园，为入园企业提供政策支持，从而提高能源和资源利用效率，减少污染排放量。重点是冶金、化工和医药产业。围绕流域内外现有的重点企业，参考国内外生态工业园建设模式，用循环经济理念改造或者新建生态工业园，实现经济效益、社会效益和环境效益的最大化。
- 进一步推进产业“园区化”的深化发展，明确现有各个园区的功能定位，避免重复建设和恶性竞争：突破地方和部门局部利益的干扰，避免重复建设，将有限资源投入到重点地区和领域，推进产业园区化的深入发展。产业园区化重点依托现有的国家级高新区和经济技术开发区，同时发掘省级工业园区的发展潜力。滇池流域内的核心产业园区规划如图 3-10 所示。

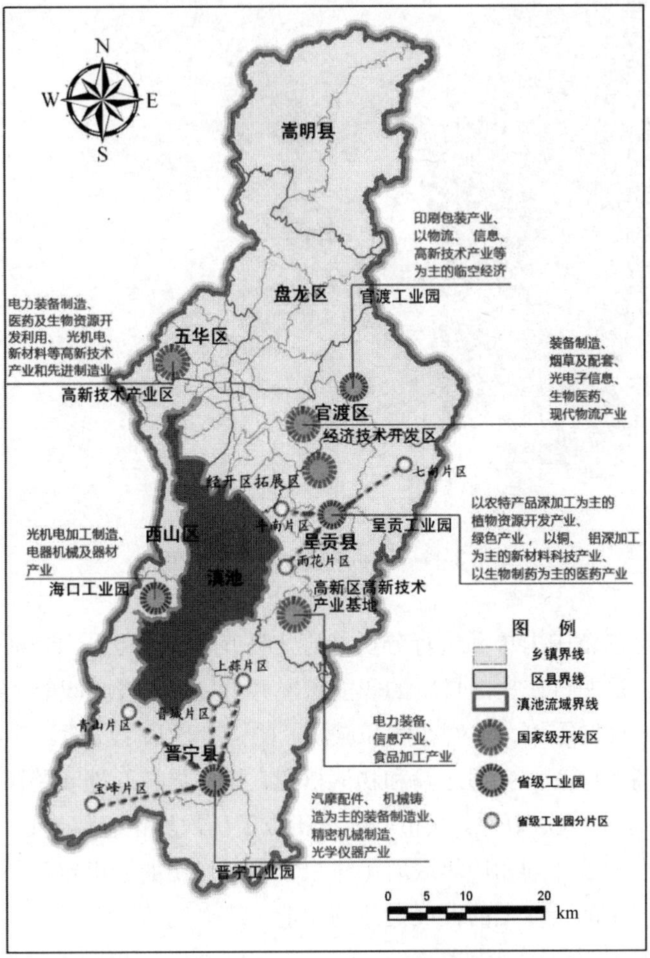

图 3-10　滇池流域核心产业园区规划

3.4.1.2 社会经济调整方案

（1）滇池流域发展定位与职能优化。

滇池流域发展定位

作为昆明市的核心区域，滇池流域的发展定位与职能，与昆明城市定位与职能一致，昆明市对国内的吸引范围有限，基本上在西南地区省份之内，其腹地包括云南省，以及四川省、贵州省和广西壮族自治区的部分地区。与之社会经济联系紧密的一级腹地为玉溪、楚雄、曲靖。

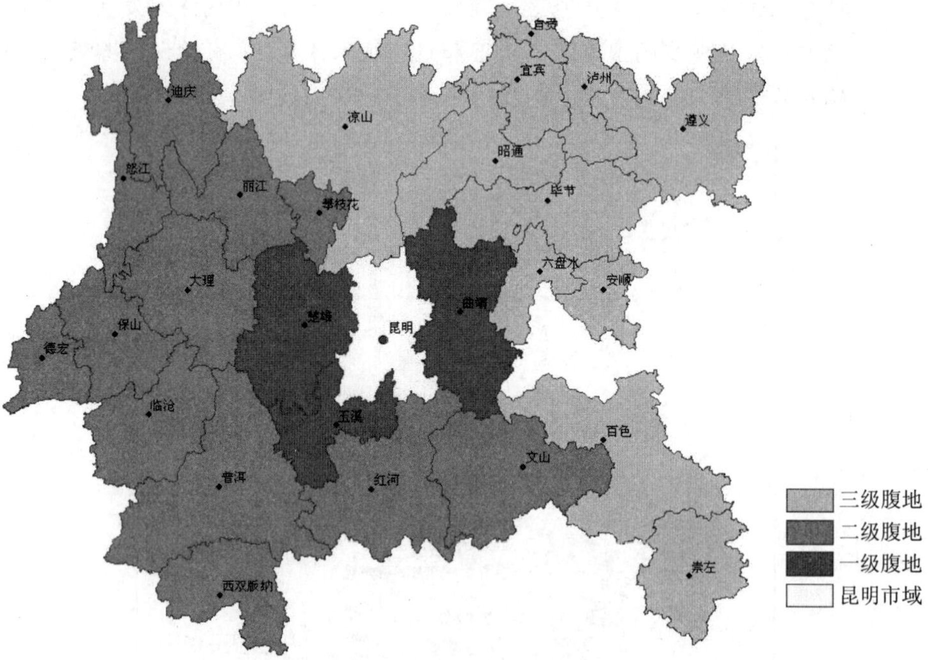

图 3-11　昆明市省会尺度吸引范围

在西南地区的范围内单独进行分析，则昆明市的交通运输、信息产业、服务业和旅游职能较强。昆明市在全国尺度的职能状况并不显著，较强职能（建筑业、交通运输、信息产业、批发零售、政府社团和旅游）的强度也只是一般。在国际尺度上，昆明市还是区域商贸中心，交通运输和物流枢纽，国际旅游胜地和跨国教育基地。

结合吸引范围、经济联系、城市职能分析以及历次城市总体规划、城镇体系规划、国民经济和社会发展计划和历年政府工作报告中对昆明的城市定位与城市职能，确定滇池流域在不同空间尺度上的发展定位与职能。

滇池流域发展定位：云南省政治、经济和文化中心，我国西南地区区域中心，国家级历史文化名城和旅游集散地，我国面向东南亚的西南门户。滇池流域重要的职能要素：（a）省会城市（政治中心）；（b）制造业基地；（c）交通通信枢纽；（d）口岸城市；（e）国家级历史文化名城和旅游城市；（f）生态文明城市；（g）教育科研基地；（h）商贸物流中心；（i）金融中心。

滇池流域职能优化

根据层次分析模型的分析结果，对于昆明市未来的发展而言，最重要的职能属性为制造业基地和生态文明城市，其他职能属性相差不大。但是不难发现，昆明市现阶段的优势职能对城市发展的贡献度明显不足，这是制约昆明市进一步发展的瓶颈。

滇池流域在发展和职能优化的过程中，应当在保持现有优势职能的基础上，着力弥补短板，增强对昆明城市发展具有重要作用的职能要素。基于层次分析结果，着重考虑排名前五位的职能要素，结合滇池的水污染防治与水环境保护，对滇池流域的职能提出以下优化建议：①实施工业强市战略，加快建设新兴产业制造业基地；②坚持科学发展，注重环境保护，建设生态文明城市；③以增强金融产业综合竞争力为核心，构建地区性金融中心；④依托地理区位优势，加快加深昆明市对外开放进程；⑤充分发挥省会地位优势，全面带动区域经济发展。

（2）基于水环境承载力的滇池流域社会经济发展战略。

滇池流域社会经济优化开发

根据对发展情景的水环境承载力分析，对滇池流域水污染控制与水环境治理而言，采取限制发展策略会最为有利，然而此策略可能导致昆明市城市职能过度分散，不能形成很好的集聚经济和规模经济效应。历史发展情景，将面临旧城区拓展空间不足问题，以及人口空间分配的极度不均衡等问题，对草海水污染防治和水环境治理工作带来巨大压力。而积极开发情景无疑最符合政府部门的各项规划，但是此情景必将导致滇池流域内人口大量集聚，水环境压力巨大，将超过滇池流域水环境承载力。

在未来的 20 年之内，通过产业结构优化升级，控制滇池流域总人口规模，通过产业优化，调整人口空间分布，在保证经济发展活力的同时，尽量降低滇池流域社会经济发展对滇池的水污染排放，减少其对滇池的水环境压力，实现滇池流域社会经济优化开发。

滇池流域社会经济发展战略

❖ 生态文明城市发展模式：采取规划调控型和污染治理型生态城市建设模式，改变城市的生产和消费方式，建设经济发达、生态高效的产业，生态健康、景观适宜的环境，实现经济社会和生态环境的和谐发展。应用生态学原理，制定明确的生态城市建设目标、原则和途径，并指导和落实到城市生态化建设的具体措施上。制定重点应对滇池水污染防治和水环境保护中长期规模，从治理滇池水污染做起建设生态城市。

❖ 中心区域的多中心组团式发展战略：统筹考虑与北城临近区域（中心区域）

的社会经济发展，把流域外的嵩明、富民、安宁纳入昆明市中心区域范围之内。基于流域水环境承载力，实施中心区域内多中心组团式发展战略，积极推动呈贡新城、工业城安宁、空港经济区、富民县城、嵩明县城、海口新城和晋宁新城的发展，与商业金融中心北城一起形成职能明确，分工合理的多中心组团式发展格局。

- 中心区域内的次级中心城市战略：在推动中心区域内多中心组团式发展的过程中，以区域中的次级中心城市为增长重心，工业化驱动次级中心城市社会经济发展。重点打造呈贡新城为全市的副中心，将其发展为行政，文化中心及新兴产业基地。依托安宁市和海口原有工业基础，积极发展安宁市为以重工业为主的综合性工业基地，海口新城为精密机械和仪器工业专业化产业基地，借助临近昆明新机场的优势，积极培育嵩明县城和空港经济区为临空型产业基地，同时提升“武昆高速”沿线的富民县城的战略地位，将其发展成为承接北城产业转移的重要节点。
- 流域内的集中型城镇化战略：为方便滇池流域污水收集和处理，在流域内，选择集中型城镇化模式。在推进城乡一体化发展的过程中，增强次级中心城市和重点镇的集聚功能，在工业驱动以外，优先完善次级中心城市和重点镇的基础设施建设，在构建多层次的公共服务中心时，引导投资优先提升次级中心城市和重点镇的公共服务水平，有意识地引导农村人口和城镇人口向次级中心城市和重点镇流动。在次级中心城市和重点镇建立不同等级的产业园区，鼓励工业进园发展，不鼓励乡村就地工业化和村民就地城镇化，提高滇池流域工业污水和城镇生活污水的收集率和处理效率。

滇池流域区域发展空间结构规划

规划以核心—网络发展模式作为流域区域发展空间结构的总体框架。规划期内，综合考虑区位及交通等条件，规划市域内城镇空间采取“一心四核，三轴四域” 的规划布局结构。

- 一心：昆明老城区。
- 四核：呈贡、空港、海口和晋宁，这四核都承担着疏散主城区人口的重任，同时也有重要的区域职能，是将来滇池流域的二级城镇区域。
- 三轴：两主轴——以南北向的曲靖—昆明—玉溪交通轴；东西向的楚雄—昆明—红河交通轴。一次轴——沿禄劝—富民—海口方向，依托108国道、京昆高速公路等交通轴。
- 四域：核心发展区域：中心城区、呈贡新区和空港经济区构成的三角形区域；点轴发展区域：3个主次发展轴及晋宁新城和海口新城3个次中心城镇；均衡发展区域：由流域内重点镇构成；生态保育区域：对滇池水环境影响重大的生态保护区。

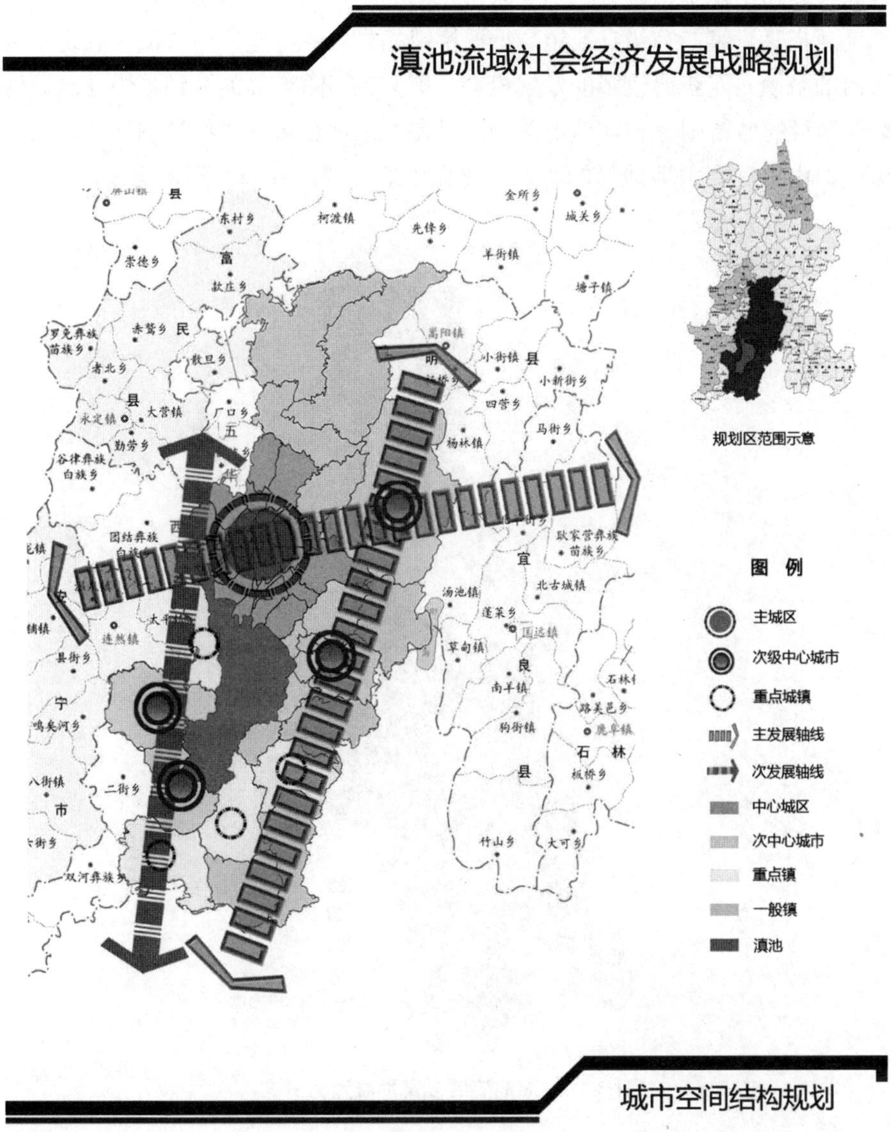

图 3-12　滇池流域区域发展空间结构规划

（3）滇池流域人口与城镇化规划。

城镇体系发展潜力评价

研究以地形地貌、交通道路、经济发展基础、新机场建设、政府扶持政策与昆明距离 6 个因素作为评价体系的指标，以均等权重的方法，对各乡镇的发展潜力值进行综合评价。

处于第一等级的是龙城镇。一方面，行政区划调整极大地增加了龙城镇的实力；另一方面，近几年昆明市推行“工业兴市”的战略，龙城镇大力发展产业园，城镇发展水平迅速提高。第二等级官渡镇、小板桥镇、矣六乡与昆明中心城区临近均为昆明市辖区内的乡镇，能获得较多的发展机会。第三、第四等级的乡镇集中在环滇池的内侧；第五等级的城镇则分布在滇池流域的外围，山地较多。团结镇和沙朗乡虽然紧邻昆明市，但由于受到山地地形的影响，建设用地短缺，乡镇发展潜力有限。

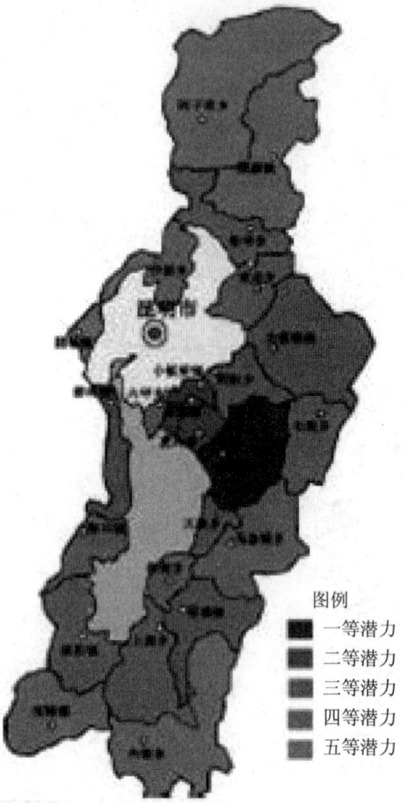

图 3-13　滇池流域乡镇发展潜力分布

各城镇的发展潜力等级充分体现了与昆明市距离的远近对乡镇发展的重要影响。昆阳镇和海口镇因为有磷矿产的分布以及磷矿采掘、冶炼业的发展，应该具有更强的发展潜力。作为评价全体乡镇的指标体系，并未设置矿产资源分布的影响因素，所以昆阳和海口被列入第四等级的乡镇；但实际上它们的潜力应该在第三等级或第二等级。

城镇体系等级规模结构规划

滇池流域是一个城乡发展并重的区域，除主城区发展迅速外，其他地区发展水平均较为落后；中心集聚能力很强。通过城镇规模等级的位序—规模分布分析和信息熵分析，发现目前滇池流域城镇体系在发展中有以下特点：①滇池流域城镇体系仍处于城镇体系发育的初级阶段；②滇池流域内城镇体系的发展存在主次分布状态，流域内部已形成带动性的区域发展增长极或区域发展中心，但区域内“一极独大”的现象异常明显；③主城区加速发展，与流域内其余地区的差异巨大；除主城区外的各城镇的发展更加趋于低水平的均衡。④从整体上看滇池流域城镇体系规模等级差异很大，且差异程度有逐渐减小的趋势，但趋势不显著。

在整个区域仍处于规模集中阶段的情况下应当集中精力，重点促进一些发展条件较好的乡镇扩大规模，向较高一级的规模等级奋进，形成区域内有较强集聚和带动作用的次级增长极（即中心镇），从而更有力地带动整个区域的快速发展。

城镇体系职能结构规划

充分结合流域内各城镇的水资源禀赋情况以及水环境承载能力，在强化流域城镇体系建设的同时，增强城镇的商贸职能，提高科技因素在城镇职能结构中的比重；发挥城市专业化部门的作用，明确并完善各级区域性中心城市（镇）的吸引与辐射功能及相应的发展性质和职能分工。

将中心城区打造为全省行政中心，以商贸、金融、旅游服务、文化、信息服务等现代服务业，高新技术产业为主的综合型城区。针对不同次中心城市，制定相应职能规划。对于重点镇，吸纳农村人口并承接大城市的人口疏散；加强基础设施和公共服务设施的投资，提高服务水平。一般镇的职能主要是努力发展镇域经济，提高吸纳农村剩余劳动力的能力，提供最基本的公共服务，注重对农村人口的保障性服务，作为实现城乡统筹发展的重要空间。

滇池流域人口增长控制

目前，云南省和昆明市仍处于不平衡发展阶段，人口和社会经济活动仍会不断向滇池流域集聚，必将对滇池水环境造成巨大压力。

根据《昆明市总体规划修编 2008—2020》《昆明市工业产业布局规划纲要 2008—2020》，昆明市将采取工业强市的战略，而其空间布局战略以积极开发滇池流域为最重要特点。若依据上述两规划，不刻意对人口加以控制，滇池流域人口到 2020 年即突破 450 万人，2030 年滇池流域人口突破 500 万人，将大大超过流域水环境承载力。根据优化开发情景，减缓滇池流域总人口增长，2020 年人口控制在 420 万人之内，2030 年人口控制在 450 万人之内。

滇池流域人口空间规划

在控制人口总量增长的同时，流域人口的空间优化更为关键。滇池流域人口空间规划如下：①控制中心城区人口增长，通过产业调整，移出劳动密集型产业，发展高端服务业，将中心城区人口控制在 280 万人之内；②引导外来人口与流域内人口向次中心城市聚集，通过产业引导措施，规划和财税政策，重点拓展次中心城市呈贡新城和空港经济区，将其培育为滇池流域新的经济增长点；③均衡发展重点城镇，吸纳周边农村富余劳动力；④严格限制生态保护区开发，引导其人口流向次中心城市和重点城镇。流域内重点发展区域和非重点发展区域 2030 年人口规划目标和人口增长率如图 3-14 所示。

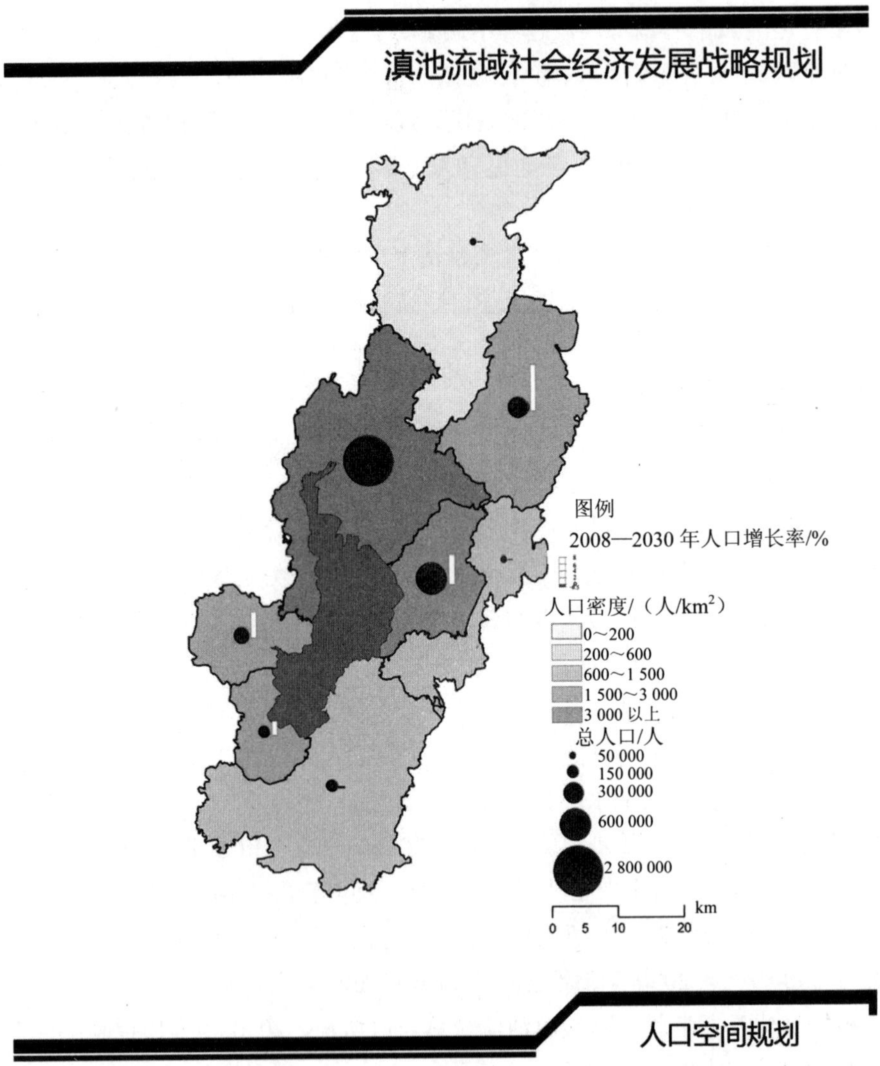

图 3-14　滇池流域社会经济发展战略规划之人口空间规划

（4）滇池流域社会经济发展战略规划实施对策。

提升产业层次，限制总人口规模过快增长

依托流域内资源优势和发展优势，积极承接大珠三角的产业转移，从总体上提升产业层次，努力打造一批产业集聚度高、区域竞争力强、具有鲜明特色的产业集群，加速转型升级，以作为带动整个滇池流域产业发展和经济增长的龙头。与此同时，在流域内也应加强政策引导，促进生产要素向重点发展的中小城镇集聚，中小城镇也应从改善环境入手，在用地、人口迁移、服务设施等方面采取优惠政策措施，以加快重点中小城镇的发展。

优化城镇人口分布，合理引导流域内人口流动

❖ 引导老城区人口向新城区迁移：目前滇池流域人口主要集中于流域北岸的主城区，老城区巨大的人口压力已经对其持续发展产生了巨大压力。在泛珠三角合作的背景下，老城区也应抓住机遇，调整产业结构，通过功能调整和产业转移，控制疏散老城区人口，适当引导老城区人口向新城区迁移。

❖ 促进人口向次级中心城市集聚：合理的城镇体系结构是区域合理均衡发展的基础，滇池流域内部分城镇如呈贡新城、空港经济区、海口新城、晋宁新城在未来发展中均具备良好的发展机遇，故滇池流域应当实行区域集中型人口战略，积极发展如呈贡新城等次级中心城市和小板桥镇、矣六镇等重点城镇，合理发展一般小城镇，以促进人口向次级中心城市集聚，优化城镇人口等级体系。

❖ 优化城镇职能体系，完善人口空间布局：滇池流域内各城镇应当根据自身资源禀赋和发展基础，在城镇职能体系中合理定位，并按照《昆明市城市总体规划》中对各个城镇的职能定位，集中优势力量充分发展优势产业，从而形成自身发展的比较优势，带动相关人口的流动。昆明市应当在市域层面通过一定的政策合理控制中心城区的建设规模，优化中心城区及各城镇的职能分配，加大对人口和城市功能的疏解力度，通过城市职能转移和产业调整来带动人口疏散，从而优化城镇人口的空间分布。

创新城镇化发展的集聚机制和政策环境

❖ 立足滇池水环境现状，促进相关机制和政策的创新：在流域范围内实行积极的人口迁移政策。加强小城镇户籍管理制度改革；建立促进城乡人口合理流动的有效机制，对有技术、有资金、有专长的各类人员进城发展，优先办理城镇户口，对专业人才和投资者进城给予鼓励。

积极发展土地二级市场。实行引导要素集聚的用地政策，坚持政府垄断一级市场，放开搞活二级市场，认真执行土地有偿使用制度；搞活房地产三级市场，适当减少土地需求压力。

深化劳动和社会保障制度改革，加强城镇（尤其是小城镇）吸引力。进一步完善城镇就业和养老、失业、医疗保险等社会保障政策；逐步建立城乡一体的劳动力市场和人才市场，改革传统就业制度；建立社会和劳动保障制度，完善社会福利体系。

❖ 依据滇池水环境特点，对全流域城镇经济发展进行分类指导：根据全流域城镇体系规划，按分区、分类及相关规划指导内容对全流域各级城镇的经济发展、规划布局和城镇建设进行宏观指导；在城镇人口和用地等总量指标的控制下，适时调整城镇发展政策，对需要重点发展的部分城镇给予宽松政策，而对部分需要控制规模或资源严重匮乏的城镇应采取有效措施严格控制其发展规模。在政策具体制定实施过程中应当充分运用市场机制，强化城镇之间的合理分工和有效协作。

❖ 以水资源保护为重点，以经济发展为主导，加强各级城市规划部门的建设：树立全流域一盘棋的思想，加强各级城镇规划主管部门对全流域区域和城镇发展的协调管理，流域内的重大基础设施建设必须依据流域城镇体系规划进行，以促进流域内区域经济一体化进程。进一步加强市、县城市规划行政主管部门的建设，强化城市规划工作的科学性和权威性，保证各级城市规划的顺利实施。

加强科研投入，促进规划管理的科学化

加强政府对城市规划、土地利用规划编制等业务经费的投入，开创流域内规划先导的发展模式。滇池流域内的各级政府应划拨专项资金，作为同级规划编制的经费。要深入开展核心发展区域、点轴发展区域、均衡发展区域和生态保育区域这四种空间利用类型区的划分。加强重要区域规划的研究和编制。

由昆明市城市规划主管部门具体负责加快流域城市地理信息系统的建设，运用信息技术为流域城市规划宏观管理以及大型工业建设选址等政策提供现代化手段，促进流域内城镇之间、城镇与区域之间以及区域之间各种资源的合理配置。

加强项目前期研究，谋划一批对流域可持续发展具有决定性影响的战略工程，构筑区域和城镇发展项目库，切实搞好项目储备，做好论证、立项等前期性工作。

支持基础设施建设，加大投融资力度

坚持政府引导、市场运行的原则，进一步完善财政投入、市政公用设施有偿使用、公用事业合理计价、吸引社会资金和引进外资等多渠道、多元化的投资体制。各级财政要适度加大支持城市基础设施建设的力度；流域内道路交通、水利建设资金，应有一部分用于城市出入口、环城路和水源的建设；加强市政公用基础设施出让、转让经营权，盘活、优化现有存量资产工作，利用价格杠杆，解决城市供水、供气等的投资补偿问题。加大对滇池水环境污染的治理力度，加大对污水处理的技术投入，合理确定收费标准，保证其正常运营的资金费用；推行流域内垃圾处理的产业化政策，扶持垃圾处理厂的建设和技术投入。建设小城镇基础建设专用资金，由昆明市建设部门择优用于发展流域内具有发展潜力的重点小城镇，切实提高小城镇发展质量。

以生态优先的发展策略，建立城乡生态体系

强调生态优先的发展策略，建立以美化净化为主体的城乡生态环境体系，加强污染综合治理和生态环境系统的建设和保护。建立起促进生产要素合理流动的市场配置资源的机制，控制环境容量小的地区发展，鼓励环境容量大的地区优先发展。

3.4.2　重污染排水区污水溢流控制方案

3.4.2.1　排水系统优化方案

2009 年昆明市提出主城区雨污分流计划，并实施了二环内区域的庭院雨污分流工程。在此基础上，对雨污分流改造、排水系统完善、调蓄池建设三种可能实施的方案进行论证。

（1）方案一，分流制排水体系。在整个昆明主城区实施雨污分流。其中，二环内区域现状为雨污合流制排水系统，在现状基础上实施雨污分流改造工程，实现彻底雨污分流，雨水就近排入河道。二环外区域理论上为雨污分流制区域，实际上存在严重的雨污混流问题，且局部区域缺乏市政管网，需要新建管网以提高污水收集率。该方案的工程量共涉及管网建设 1 882.28 km，总投资 64.50 亿元。

优点：全区域雨污分流，可实现点源污水全收集全处理，点源污染削减量最大。

缺点：雨水就近排入河道，城市非点源污染没有得到治理，且二环内老城区雨污分流改造将给城市交通、居民生活带来巨大影响，产生巨额工程建设间接费用。

（2）方案二，混合制排水体系。维持现状排水体制，分区域进行完善。其中，二环内区域维持现状合流制排水体系，建设合流污水调蓄池。二环外实施分流制排水体系，在现状基础上完善，雨水就近排入河道。该方案共涉及管网建设 878.41 km，调蓄池规模 25.11 万 m^3，总投资 54.55 亿元。

优点：二环内建设合流污水调蓄池，解决点源污水溢流问题并使部分城市非点源得到治理；二环外点源实现全收集全处理。

缺点：二环外城市雨水就近排入河道，城市非点源污染没有得到治理；合流污水调蓄池的占地问题较难解决。

（3）方案三，混合排水体系。维持现状排水体制，进行完善。其中，二环内区域维持现状合流制排水体系，建设合流污水调蓄池，解决雨季点源污水溢流问题。二环外区域理论上为雨污分流制区域，实际上存在严重的雨污混流问题，且局部区域缺乏市政管网，需要新建管网以提高污水收集率，同时建设雨水调蓄池，控制城市面源污染。该方案共涉及管网建设 878.41 km，调蓄池建设 49.77 万 m^3，总投资 65.44 亿元。

优点：二环内建设合流污水调蓄池，解决点源污水溢流问题并使部分城市非点源得到治理；二环外点源实现全收集全处理，雨水调蓄池可使部分城市非点源得到治理。

缺点：雨污水调蓄池的占地问题较难解决。

对以上 3 个方案进行比选。3 个方案的经济成本与环境效益比较见表 3-13。

表 3-13　方案投资—环境效益比较

方案	建设成本			环境效益/（t/a）			污染物单价/（万元/t）		
	管网/km	调蓄池/万 m^3	投资/万元	COD_{Cr}	TN	TP	COD_{Cr}	TN	TP
一	1 882.28	—	644 974	9 449.92	1 060.00	88.79	68.25	608.46	7 264.39
二	878.41	23.42	545 500	9 634.22	1 247.43	119.85	56.62	437.30	4 551.52
三	878.41	49.77	654 370	12 790.39	1 262.98	121.93	51.16	518.12	5 366.77

由表 3-13 可见，方案一环境效益单价成本过高，且此处建设投资未考虑在二环路内新建、改造雨污分流管线时产生的拆迁、征地等间接费用，由于二环路内是城市老城区，生活小区密集、商业活动集中、道路交通负荷大，实施雨污分流的间接费用将远高于工程本身的建设费用。

方案三在方案二的基础上增加了二环外雨水调蓄池的建设，收集处理了部分城市非点源，因此综合考虑，认为在保证入湖污染负荷的前提下，方案三为最优方案。

3.4.2.2　城市合流污水调蓄优化方案

针对目前昆明老城区为合流制排水系统的现状，为减少雨污混合水溢流河道，削减高浓度初期雨水造成的面源污染，昆明市根据主城老城区市政排水管网及调蓄池建设工程，共建设 16 座合流污水调蓄池，总规模 21.3 万 m^3，对调蓄池运行过程进行模拟，研究调蓄池环境效能，以期发现存在的问题，提出优化建议。

模拟分析结果表明，对于 2008 年降雨，昆明主城 16 个调蓄池共截流污水 1 868.73 万 m^3，COD_{Cr}、TN、TP 污染负荷的截流量分别为 5 195.28 t、810.76 t、68.78 t。由于 2008 年昆明主城点源污水排放量约为 23 691.53 万 m^3，城市降雨径流污水排放量约为 17 273.91 万 m^3，主城 8 个污水处理厂的处理能力为 110.5 万 m^3/d，未处理完的污水中，经船房河泵站和大清河泵站抽排至外流域的为 5 975.52 万 m^3，全年污水溢流量约为 16 715.73 万 m^3，合流污水调蓄池的污水截流量占合流污水溢流量的 11.18%。

采用 SPSS16.0 软件和 Origin7.5 软件对模型统计数据进行处理，分析降雨特征与截污效能之间的响应关系。可以看出，污水截流量随着降雨量的增加及降雨时间的延长而增大，但是受调蓄池设计容量的影响，污水截流量增大到一定程度即维持稳定。污染负荷的截流量受降雨时间及降雨量的影响，降雨量大、降雨时间长，则污染负荷截流量大；降雨量小、降雨时间长，受点源污水的影响，则污染负荷截流量也大；降雨量大、降雨时间短，点源污水被雨水稀释，则污染负荷截流量相对较小；降雨量小、降雨时间短，则污染负荷截流量越小。

存在的问题：

（1）拟建合流污水调蓄池的选址和服务范围在科学设计的基础上受建设场地和相应配套条件的限制，部分调蓄池的服务范围和设计规模不匹配，造成调蓄池截流的合流污水量少或者调蓄池过早蓄满水，影响了调蓄池效能的发挥。

（2）调蓄池截流的合流污水由点源污水和大部分的初期雨水组成，初期雨水中 COD_{Cr} 浓度较高，TN、TP 浓度较低，因此调蓄池对 COD_{Cr} 的截流量较大，对 TN、TP 的截流量较小。

（3）由于目前设计建设的调蓄池本身不具备污水处理能力，只是暂时存储污水，待污水处理厂有剩余能力的时候再调入污水厂处理，运行机制欠灵活，对连续高强度的降雨条件下的合流污水截流量有限。

（4）从昆明市多年降雨特征来看，10 mm 以下降雨发生频率最高，达 55%，但降雨量仅占全年降雨量的 13.5%；10 mm 以上降雨虽发生频率较低，但降雨量却占全年降雨量的 86.5%。设计考虑按照收集 7 mm 降雨形成的径流来设计调蓄池，对于降雨量较大和降雨历时较长的降雨，调蓄池对合流污水的截流量有限。

对策与建议：

（1）调整改造部分现有合流污水收集管网，进一步优化调蓄池的容积和汇水面积的关系，优化调蓄池的容积与布局。

（2）考虑将调蓄池本身赋予污水处理能力，与污水处理厂形成联动机制，实现调蓄池和污水处理厂的动态调控，实现污水处理厂和调蓄池的削减效能最大化。

（3）充分考虑昆明市降雨雨型的特点，在调蓄池合理布局的基础上，采用集中调蓄截流为主、分散式面源治理为辅的策略，控制初期雨水径流污染和合流污水溢流污染。

3.4.2.3　城市雨水资源化利用与城市面源控制方案

雨水资源化利用与城市面源控制最主要的措施包括不透水下垫面的雨水收集、储蓄、净化和利用，以及利用透水下垫面加强雨水的下渗，在下渗的过程中实现雨水的净化，并回补地下水。相应的工程包括调蓄池建设工程、透水铺装改造工程和下凹式绿地建设工程。在参考和借鉴国内外先进城市雨水资源化利用与城市面源控制的基础上，针对昆明主城的特点，对集中式方案及分散式方案可行性进行分析。

（1）集中式方案可行性分析。集中式雨水资源化利用方案在局部区域排水系统末端建设调蓄池，区域内的雨水或合流污水经收集后汇入调蓄池储存处理。通过各排水单元的污水收集率解析，可知建成区范围内 22.66%的区域污水通过沟渠收集，此类型的区域属于完全合流制区域，雨季超负荷的雨污合流污水溢流进入水环境造成城市面源和溢流点源的双重污染。23.26%的区域污水直接排入河道，旱季点源污染与雨季合流污水溢流污染问题并存。

雨水调蓄池或合流污水调蓄池可将雨季产生的高浓度初期雨水和超负荷合流污水收集储存，预处理或后续排入污水处理厂处理后排放，可有效解决初期雨水和溢流污水污染问题，对于完全合流制区域和管网不完善区域尤为适用。

针对完全合流制区域和管网不完善区域设计调蓄池建设规模布局。昆明市降雨具有暴雨较为集中、降雨频繁、降雨历时短、雨峰出现较早、以小到中雨和阵雨为主的特点，根据 7 mm 以下的降雨（发生频率 60%）产生的初期雨水量建设调蓄池，服务面积约为 112 km^2，初步估算需建设调蓄池 48.67 万 m^3，预计每年能截留住初期雨水约 3 220.74 万 m^3。

项目建设投资 243 340 万元（不含配套管网建设费用），项目建成后年运行费用包括调蓄池、雨水泵站的运行、维护费等，共计 9 248 万元。项目实施后每年能削减 COD_{Cr} 3 308.71 t、TN 91.09 t、TP 7.04 t。

（2）分散式方案可行性分析。分散式雨水资源化利用方案利用城市道路、屋顶、庭院等不透水面收集雨水，原位储存处理，或者利用绿地、透水路面等透水下垫面进行下渗，减少径流产生量。通过各排水单元的污水收集率解析，可知建成区范围内 54.07%的区域污水收集管网较为完善，雨水收集系统相对独立，但雨水若未经处理排入河道，仍然会造成较大的环境污染。在此类型的区域适合于推广城市面源的分散式原位治理技术，利用现有的雨水收集系统，从源头上实现雨水的清污分流和资源化利用。

针对管网较为完善的 132 km^2 区域，设计工程建设规模布局，研究工程的推广应用前景，从投资和环境效益进行分析，为下一步的工程建设提供参考。经估算，研究区域内适合开展下凹式绿地建设的道路面积占总道路面积的 60%；同时，假设实施庭院透水铺装改造的区域面积占庭院总面积的 30%。工程实施后，可实现年雨水利用量 359.89 万 m^3。项目建设投资约 100 340 万元，每年对透水路面及下凹式绿地进行维护，维护费约 1180 万元。年水资源利用量 359.89 万 m^3，污染负荷年削减量 COD_{Cr} 625.17 t、TN 16.56 t、TP 1.76 t。

3.4.2.4 典型排水片区污染控制与水质改善系统方案

选择典型重污染排水片区——船房河片区，针对污水收集率、地下水渗入率、雨季合流污水溢流污染问题，设计污染控制与水质改善系统方案。考虑污染源头控制—过程收集—末端治理—水质净化的全过程，建立多规划目标决策矩阵，筛选得出环境效益可观、投资与成本合理的污染控制方案，在此过程中，利用暴雨洪水管理模型（Storm Water Management Model，SWMM）进行措施布局和规模设计的基础参数研究、方案综合效益定量分析和过程动态模拟，最终实现研究区域污染负荷削减和船房河水质达到Ⅳ类的目标。

结合船房河片区水污染特征和排水系统现状，从源头控制—过程收集—末端治理 —水质净化四个环节设计 4 大类 9 个方面 18 项措施方案。源头控制方面，实施分散式再生水回用、雨水资源化利用、面源污染控制工程，从源头上降低污染物产生量；过程收集方面，对二环路内区域雨污分流改造和合流污水调蓄池建设工程进行对比，解决合流污水溢流污染问题，并完善二环路外区域排水系统，建设雨水调蓄池以防治城市面源污染；末端治理方面，针对预计合流污水溢流污染问题，对第一污水处理厂进行雨季治污能力提升，由现状 12 万 m^3/d 提升至 18 万 m^3/d，实现合流污水的高效处理，同时进一步提高 NH_3-N 出水标准，以实现河流水质改善；水质净化方面，实施牛栏江引水补水工程，通过优质水的引入，大幅提升河道水质，并实施河道生态化改造和河口湿地优化建设工程，进一步净化污染物。

经核算，确定实施的最优方案可实现 COD 削减量为 4 734.15 t/a、TN 削减量为 517.11 t/a、TP 削减量为 55.19 t/a、NH_3-N 削减量为 335.55 t/a，建设投资为 174 484.74 万元，年运行费用为 3 813.06 万元。

3.4.3　农业面源污染负荷削减与流域生态系统优化方案

面源污染已经成为欧美发达国家环境污染的第一因素，60%的水污染源于农业面源污染。我国的面源污染更为严峻，太湖、巢湖、滇池、北京市密云水库、天津市于桥水库、云南省洱海、上海市淀山湖等水域，面源污染比例均超过点源污染。自 20 世纪 70 年代以来，国内外对面源污染控制进行了大量的研究。在面源污染的产生规律、测算、控制方案以及综合管理等方面取得了一定的研究进展，但依然是水污染防治的一个难题。

面源污染是湖泊水体富营养化的重要驱动力，具有随机性、广泛性、滞后性、不确定性和控制难度大等特征，特别是滇池这样位于高原山间盆地的湖泊系统，面源污染对水质恶化的作用已成为区域生态环境的顽疾和社会经济发展的制约因素。解析其中原因，①面源污染的结果在水体，症结在陆地。长期以来，面源污染负荷削减和控制大多关注污染源本身及其相关的防控技术，而对发生面源污染的源—流—汇全过程的生态系统缺乏系统全面的研究。②面源污染发生在离散的局部，却需要整体的系统控制。面源污染的特点决定了其系统控制与污染负荷的有效削减不是单项技术、单项措施、单项工程在单个地块、单个村庄、单一土地利用方式下能够实现的，面源污染的控制和削减需要制定系统的整体方案。

经过数个五年计划的滇池治理，点源污染负荷增长的势头已经扭转，但严重的水体富营养化和流域生态系统退化难以在短期内转变。近 20 年来，面源污染总量及其对滇池水污染的贡献呈整体上升的态势。随着点源削减量的不断提高，面源削减逐渐成为改善滇池水质的最重要的任务之一。随着昆明市“四退三还一护”的滇池保护政策的出台，以及“一湖四片”城乡一体化发展和区域农业产业中心调整的要求，急需制定按不同生态功能区进行面源污染全过程削减的系统方案。在滇池外海环湖交通路以内开展“退塘、退耕、退人、退房”和“还湖、还林、还湿地”的工作中，大力削减农业面源污染的同时，系统建设具有实用性、生态性和景观性的滇池生态保护屏障。按昆明市农村环境综合整治“六清六建”和“新农村”建设要求，流域农业农村面源污染需要在循环经济模式下得到有效控制。随水源地生态保护和生态建设的力度加大，小流域水资源保护和水土流失治理将更加关注于生态系统服务功能的改善和提高。

以“十二五”面源污染防治为重点，结合滇池流域社会经济的中长期发展目标，基于滇池面源污染系统削减的流域生态系统结构研究、污染产生输移的重点区域和重要环节解析，提出面源污染控制的综合区划方案，制定流域生态系统结构调整框架和面源污染源汇格局优化设计方案；基于滇池流域面源污染源—流—汇及其相互交叉形成的网络系统特征，开展污染控制与环境功能提升的分区生态设计，以期为高原湖泊面源污染的有效控制和绿色流域建设提供创新思路。

3.4.3.1 方案设计思路、技术路线与实施步骤

基于流域社会经济发展趋势，从农业产业结构调整的高度，通过目前面源污染现状分析，把握未来发展势态，分析不同阶段目标、拟解决的主要问题，以分区、分层、时序优化的控制思路，以产业结构调整、空间功能优化、技术工程控制、管理手段强化为途径，提出结构减排、工程减排和管理减排相结合的削减方案（图 3-15）。

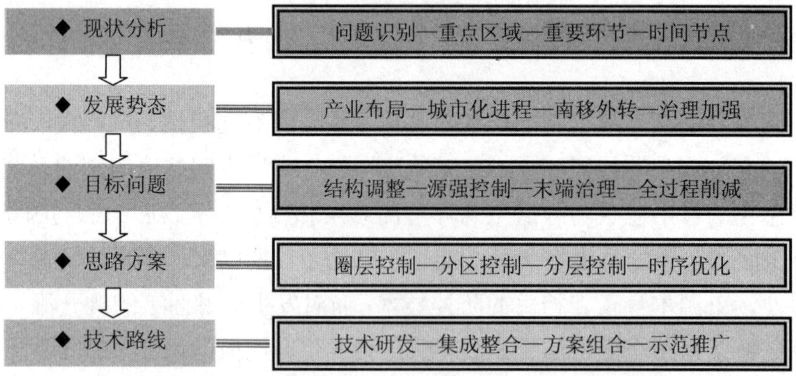

图 3-15 滇池面源污染削减方案设计总体思路

以小流域/汇水区为基本单元，借助空间信息技术，基于流域生态系统结构优化与功能修复设计，制定适合滇池流域特点的面源污染负荷削减系统方案，技术路线见图 3-16。

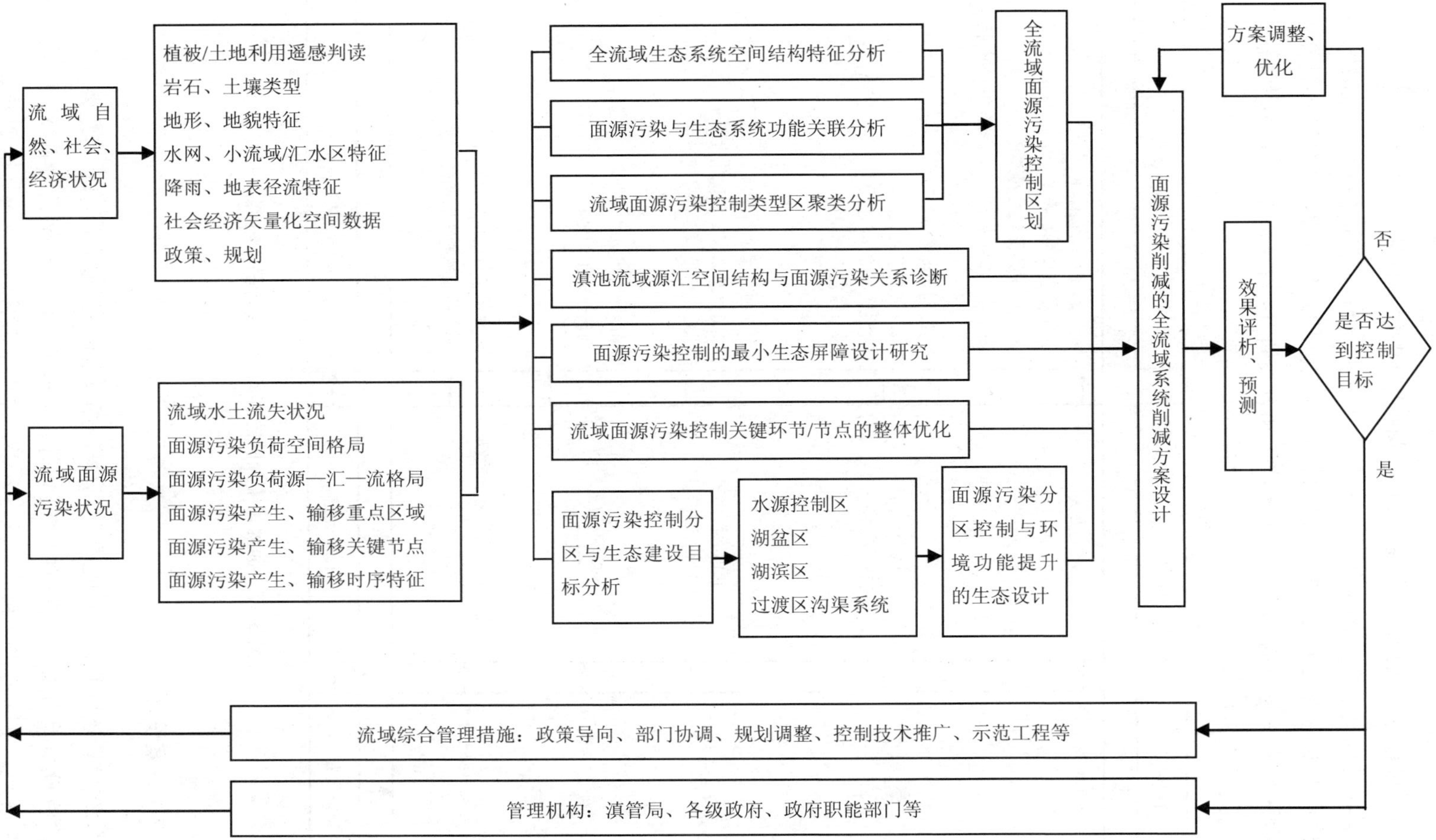

图 3-16　滇池流域面源污染削减系统方案设计技术路线

分区进行融合面源污染控制与环境功能提升的生态设计，按水源控制区、过渡区和湖滨区进行流域面源污染特征系统分析，其中农村沟渠系统贯穿于过渡区和湖滨区，确定面源污染的主要问题和控制目标，针对问题和目标遴选措施和关键技术，根据各分区的生态建设内容和控制技术比选和方案研究，开展旨在提升环境功能的系统生态设计（图 3-17）。

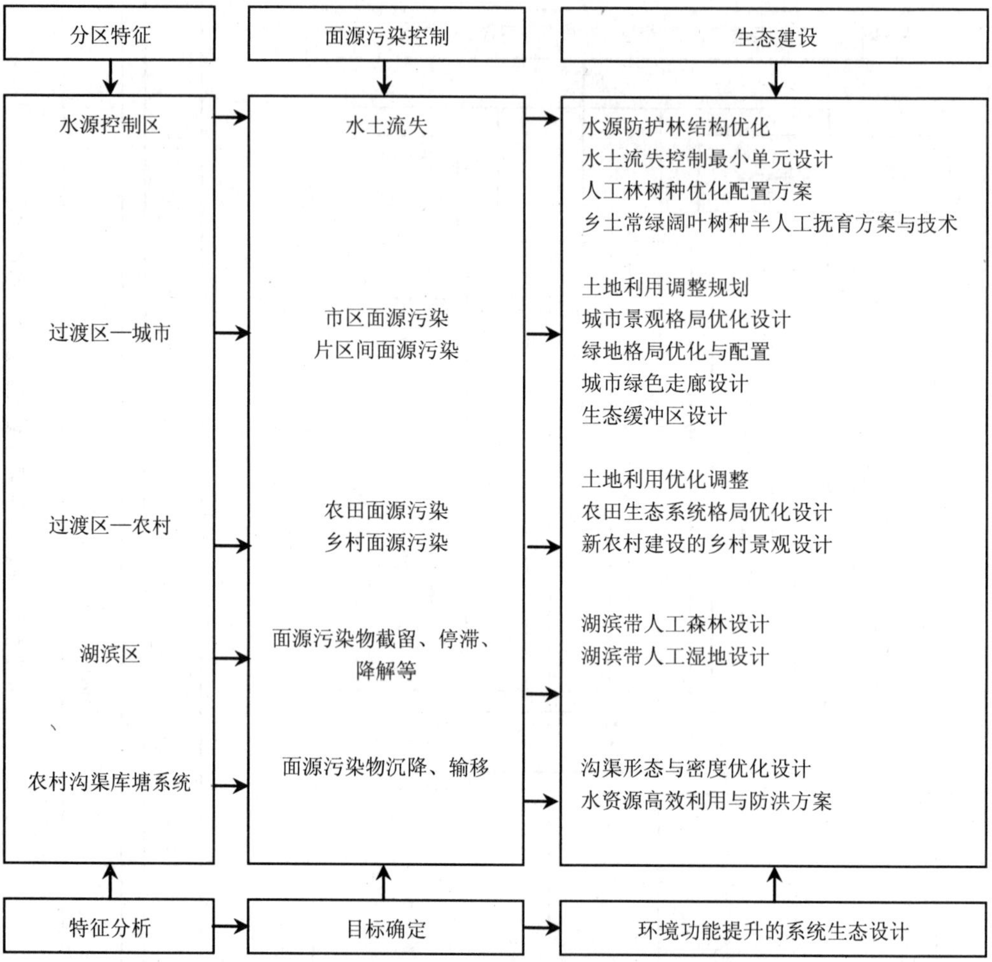

图 3-17　面源污染分区控制的生态设计基本框架

3.4.3.2　方案设计

系统方案分两个层次开展设计：①滇池流域面源污染系统削减的整体方案设计；②滇池流域面源污染分区控制的生态设计。总体设计流程框架见图 3-18。基于生态系统格局优化，从功能优化和结构减污入手，提出水源控制区、过渡区和湖滨区的空间区划控制方案，实现全过程削减，并结合“十一五”“十二五”开展的面源污染相关规划、工程、管理等工作确定控制目标的时间节点。

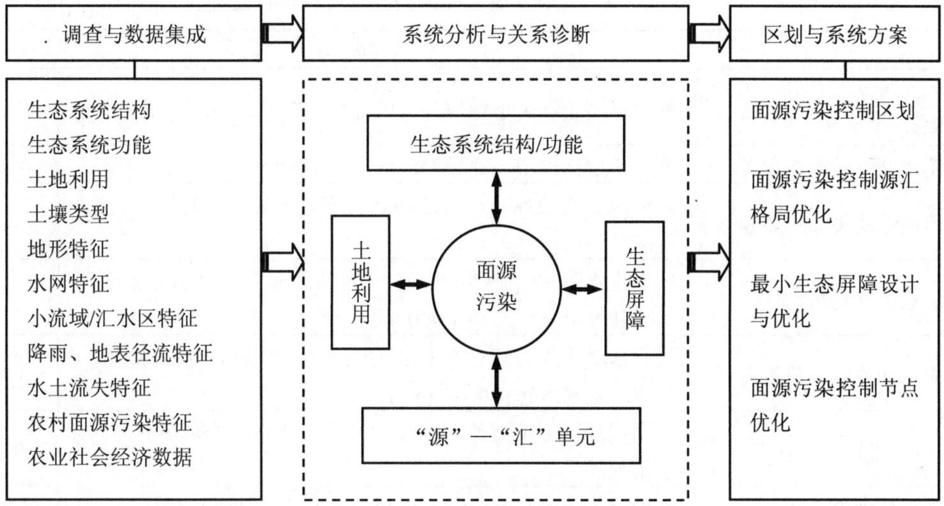

图 3-18　滇池流域面源污染负荷削减系统方案设计流程

滇池流域自然分区包括山地区、台地区和湖滨区，这种分区并不适用于面源污染的防控和管理。基于滇池流域自然、社会环境特征、生态系统结构、土地利用类型、面源污染物输送特征、技术实施条件、政策管理现状等的空间分异，整个流域划分水源控制区、过渡区和湖滨区 3 个向心圈层。

系统方案的分区防控总体思路为“圈层截留，分区控制”。系统方案设计以整合水源控制区、过渡区和湖滨区的面源污染发生圈、流域规划管理圈、面源污染控制技术圈为突破，贯穿基于“面源污染发生—面源污染控制目标—面源污染控制措施”的综合流域管理理念，以土地利用调整和农业产业结构调整为重要环节，以“土地利用调整—行政管理—控制技术”相结合的手段，实现“源头削减，过程截留，末端化解”的流域综合防控体系。

针对水源控制区、过渡区和湖滨区面源污染的症结与控制关键，提出适合滇池流域特点的面源污染负荷削减系统方案和区域生态系统结构优化与功能修复的分区控制方案。

3.4.3.3　规划项目及投资

根据滇池流域面源污染及区域生态环境、社会经济现状，结合滇池流域和昆明市近期水污染防治目标，整合政府职能部门涉及面源污染防治工作的实际需求，为达到面源污染 N、P 负荷控制的近期目标，初步设计面源污染控制项目 26 项（表 3-14），总投资 1 077 093 万元。

表 3-14　滇池流域面源污染控制工程项目及经费　　单位：万元

工程名称	工程内容	经费
外海环湖湿地建设及生态修复	外海环湖建设生态湿地 2 350 hm^2	98 000
草海湖滨带扩增保育	湖滨带植被扩增、建设湿地面积 150 hm^2	6 000
滇池湖滨生态林带建设	以环湖公路为界，在滇池环湖公路内核心区之间的区域进行生态林种植	53 000
农业废弃物再利用	采用生物菌种喷施秸秆快速发酵，秸秆直接还田或堆沤还田，示范建设双室堆沤池 1 000 套	1 000
农田径流水污染控制	进行农灌沟渠改造，在农灌沟渠内及沟渠两边种植水草，示范建设集水水窖 10×10^4 m^3	8 000
村庄分散污水处理	采用湿地、土地过滤、氧化沟塘等形式建设全流域村庄污水收集处理系统	69 000
农村垃圾收集清运工程	建设全流域所有行政、自然村垃圾收集、清运处置体系	6 806
都市农业面源污染综合防控示范	农业种植区建设农灌尾水和农田径流收集和处理系统，控制面积达到 10 km^2；湖滨退耕区发展非农产品型农业，建成示范面积 70 hm^2；多渠道开发利用难降解秸秆，建立 2～3 个示范点	6 000
富磷区锁磷与生态修复示范	实施生物与工程相结合的锁磷控蚀工程和生态防护修复，控制磷素输移，示范区 5 km^2	6 000
测土配方、缓/控施肥示范	建立土壤、作物施肥指标体系，实施测土配方施肥推广 30 万亩，推广缓/控施肥 10 万亩	4 000
IPM 生物综合防治示范	合理安全使用农药，建设“IPM 示范村”50 个	5 000
化肥、农药使用监测	监控流域区域内化肥、农药使用情况，并在污染监控重点区域设置典型农户跟踪调查	50
养殖业污染排放监测	对流域内畜禽养殖情况及污水、粪便等排放情况进行监测	50
滇池面山五采区生态修复	对滇池流域五采区植被恢复，建成特色各异的郊野公园（企业投资为主，政府补助为辅）	10 000
滇池南部面山生态修复	开展南部面善景观生态建设和植被恢复，提高防护作用和绿地景观质量，整治面山 6 km^2	8 000
松华坝水源保护区水污染防治	牧羊河、冷水河流域开挖沟渠 2 km、建设水质净化工程 70 hm^2，湿地 25 hm^2	843
松华坝水源保护区水源林建设	造林、抚育及林分改造 500 hm^2，混农经济林造林 70 hm^2，封山育林 35 hm^2，中幼林抚育 70 hm^2	830
松华坝水源保护区水土保持	开展生态小流域综合治理工程，整治面积 20 km^2	2 000
松华坝水源保护区移民搬迁安置工程	一级保护区人口搬迁，退塘退田，安置人口 6 942 人，包括住房拆除补偿、移民安置生活、生产补偿等	107 462

工程名称	工程内容	经费
宝象河水源保护区生态修复	人工造林、封山育林 670 hm^2，修复滩涂植被 100 hm^2，建设河岸生态防护林带	7 230
宝象河水源保护区移民搬迁安置工程	一级、二级保护区移民搬迁 803 户、2 864 人，进行移民搬迁后的建筑拆除 49.4 hm^2	61 160
柴河水源保护区生态修复	建设水源涵养林 250hm^2、林分改造 350 hm^2、混农经济林造林 60 hm^2、中幼林抚育 500 hm^2	3 500
柴河水源保护区水土保持	开展 6 个子流域综合治理工程，整治面积 30 km^2	3 500
柴河水源保护区移民搬迁安置工程	移民搬迁总人口 570 人，拆除建筑 2.75 万 m^2	2 152
大河水源保护区生态修复	设生态防护林 60hm^2、修复滩涂植被 40 hm^2，河道建设水生植物、水生动物天然净化系统 16.4 km	4 990
大河水源保护区移民搬迁安置工程	移民搬迁总人口 1 599 人	2 520

3.4.3.4　污染物总量削减达标分析

本方案规划项目，结合相关管理规划、规定的实施，将减少面源氮、磷负荷 33.83% 和 34.56%，达到“十二五”设计目标面源污染削减 20%以上的目标。

3.4.4　湖泊分区分步的生态修复方案

3.4.4.1　设计技术思路、路线

按照“一区一策”的思路，对滇池水体生态系统的结构和功能进行改造、构建，对现有的水生植物群落进行保护，营造适宜的环境条件，促使其种群自然扩增，达成控制滇池蓝藻水华发生量的目标，进而促进生物多样性的增加，为滇池水体生态系统向好的方面转化，最终为滇池富营养化问题的全面解决作出应有的贡献。

技术路线如图 3-19 所示。

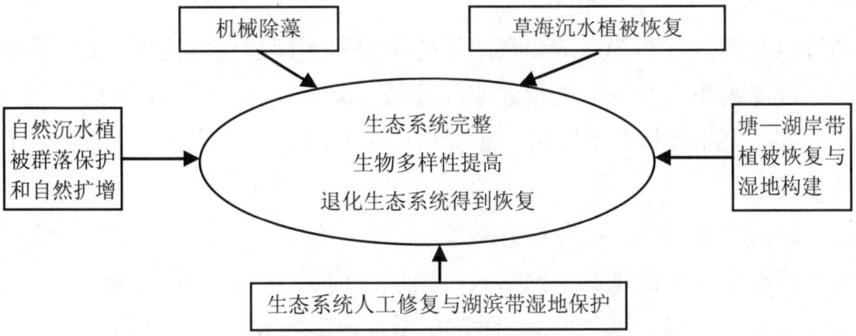

图 3-19　湖泊分步分区生态修复技术路线

3.4.4.2 方案设计

（1）草海水生植被恢复工程。

设计规划

以外草海 6 km^2 的区域为工程实施区，在此区的西边为工程的核心区（1.5 km^2），为工程的实施提供种源、实验基地；在外草海南部的新疏浚区（1.3 km^2）为缓冲区，开展底泥疏浚条件下植被构建工程；外草海东边硬质护岸区为景观改善区，开展硬质护岸、码头景观构建工程。

恢复后的水生植物盖度不小于 40%，水生植被恢复区水质（TP、TN）较基准年（2011 年）下降 30%以上；生物多样性提高，自然生态景观得到根本改善。

工程方案

- ❖ 草海生境条件改善：适宜的生境条件是恢复水生植被的前提和基础。草型清水稳态的构建需要一定的关键生境基础条件。通过生物、非生物的手段对草海恢复区生境进行改善，提高水体透明度。
- ❖ 沉水植被优势群落构建和扩增：满足植被重建的大规模种源需求，在草海周围建立或寻找适宜的暂养塘（种苗繁育基地），这种塘有与草海相似的底质、水质环境，水深 2～2.5 m，外围的塘最好水位可控。依据优势植物类群的繁殖特点，收集种子、特化繁殖体与营养体，在养育场内实施繁育，通过施加植物生长调节剂、控制水位等措施，促进种苗的健康发育。

  定植成功的植物种群通过刈割、水位调控和植物生长调节剂控制其发育和扩增。依据长势，对定植成功的群落实施刈割的方式抑制生长，促其分枝、分蘖；或通过水位调节的方式：低水位促进发育，高水位抑制发育；还可根据植物调节剂的研究成果，在定植过程或之后，施加植物生长调节剂，以促进或抑制其生长。

（2）滇池北部蓝藻水华控制工程。

设计规划

控制滇池北部区域约 30 km^2。在北部的东岸和西岸建设收藻场。工程建成运行两年后，滇池蓝藻水华发生量较工程建成前削减 30%；建成运行 4 年后，削减量达到 50%；逐步消除北部蓝藻水华堆积，改善周边生态环境。

工程方案

主要工程内容及规模：拟在现有海埂湾、马村湾、晖湾、原三水厂、海埂村、福保湾、海东湾构建 7 个蓝藻水华固定式收藻场；增加 5～10 艘收藻船。

设计收藻能力（以干重计）为 10 000 t/a；移动式收藻船收藻能力（以干重计）2 000 t/a。

- ❖ 固定式蓝藻水华清除装置：设计容量，共设 7 个固定式收藻场，根据藻类现存量分布情况，收藻场工作能力以海埂和海埂村最大，原三水厂和晖湾次之，福保湾、马村湾和海东湾最小，设计收藻能力（以干重计）为 10 000 t/a，固定式收藻场分别为：海埂收藻场（以干重计）5 000 t/a、海埂村收藻场（以干重计）2 000 t/a、晖湾收藻场（以干重计）800 t/a、原三水厂收藻场（以干重计）1 500 t/a、福保湾收藻场（以干重计）500 t/a、马村湾收藻场（以干重计）100 t/a、海东湾收藻场（以干重计）100 t/a。
- ❖ 移动式蓝藻水华清除装置：设计容量，其收藻船设计收集富藻水能力为 25 m^3/h，每条船上配备与处理所收集的富藻水能力相匹配的藻浆储存仓、重力斜筛、旋振筛等设备。其中新建 7 艘。移动式收藻船收集（以干重计）2 000 t/a，平均每艘（以干重计）约 300 t/a。

（3）滇池东岸塘—湖生态系统构建工程。

设计规划

生态恢复工程实施范围：滇池东岸福保至呈贡县与晋宁县交界的湖滨带核心区。

工程方案

工程方案最终是为了沟通湖滨消落带水陆交错生态系统结构的天然联系，恢复湖滨带原有的自然环境属性。从以下 4 个方面进行设计规划：防浪堤处置、塘库系统构建、基底修复和生态建设。

- ❖ 分阶段拆除防浪堤：因地制宜，湖滨高程较高的区域（高程大于滇池最高水位线 1 887.4 m）可彻底拆除防浪堤；在湖滨有低洼地或有鱼塘的区域，可结合后续塘库系统构建的类型和规模，先将防浪堤顶部拆至滇池常年水位并分段开口，待植物长成后再逐步拆除防浪堤。
- ❖ 滇池东岸湖滨区塘库系统的构建：在拆除防浪堤的区段，按照 1 887.4 m 等高线，建设和恢复湖滨塘库系统。同时，在水深适当的区域，防浪堤范围以内，运用自然力恢复湖内天然湿地，与湖滨塘库系统相呼应，形成完整天然湿地生态系统。
- ❖ 因地制宜进行基底修复：根据滇池东岸湖滨塘库系统内的地形、地势、建筑物现状和面源污染的流向等因素，对塘库系统建设区的土地现状不做大的调整改造，在达到以湿生乔木为主的湿地生态建设要求的同时，尽量减少工程量。地势较低区域和低洼地、鱼塘等进行基底修整后建设为湿地，少量较高区域土方开挖建设湿地，开挖的土方用来对邻近鱼塘基底进行改造。滇池东岸湖滨塘库系统基底修复的主要措施有：斜坡消浪带构建、因地势堆岛和底泥吹填造滩等。
- ❖ 湿生乔木配置为主的生态建设方案：依据湖滨生态系统演替理论，采取人工恢复生态系统的方法，结合项目区土壤、水文等状况，参考滇池湖滨现存的生态模式，按照湿地类型引入先锋物种和伴生物种，重建湖滨生态系统，短时间内形成稳定群落。湿地完全演替系列即由水生植物带、湿生植物带、陆生植物带组成，完全系列能够建立稳定植物区系，体现生物多样性。根据上述方案所述，在基底修整和改造后，项目区大部分区域可以通过生态完全演替模式的恢复方式进行建设，在较短时间内恢复湖滨生态系统。

在确定湖滨湿地恢复模式的基础上，根据湖滨生态系统恢复模式和环境功能的需求，兼顾景观效益，因地制宜，选择本地物种，构建以湿生乔木为主的湖滨湿地，形成了由水生植物（沉水植物、浮叶植物、挺水植物）向湿生乔木植物逐步过渡的湖滨湿地生态系统结构。

（4）滇池南岸生态恢复工程。

设计规划

适用区域为滇池南岸湖滨带，西始西山区海口镇海门村，东至晋宁县新街乡三合村的湖滨地区。项目建设内容为适用区东侧三合至梁王及海口湖滨带开展的湿地恢复与保护工程，以及南侧石寨至古城湖滨开展的湖—塘连通区生态修复工程。

方案设计

❖ 防浪堤生态处置：①淹没区防浪堤处置。针对太史湾和2814渔场这类大型渔场的防浪堤的处置应遵循滇池自然环境（如潮汐、风浪等）的客观影响，利用原防浪堤的消浪作用，将防浪堤削平到滇池正常蓄水位 1 886.8 m，每 300 m 开口一个，缺口深入水下 1 m，底部高程 1 885.8 m。保证内外水体自由交换，使堤内外生境交融。削平防浪堤的土方用于护堤加固；在削平的防浪堤上种植喜水性的乔木、灌木和挺水植物，形成宽 6 ~ 20 m 的水中绿化带。将新湖堤建成土堤和缓坡。在新湖堤及近岸浅水区域种植湿生乔木、灌木，适当引种挺水植物，促进该区域的湖滨植被生长。②一般湖滨区防浪堤处置。一般湖滨区防浪堤进行处置的时候考虑采用迎风面保留或开口、背风面拆除的原则，营造动植物恢复和生存的环境，待迎风面水生植被得到适当修复后再全面拆除迎风面的防浪堤。

（5）滇池西岸水生植被保护工程。

保护规划

滇池西岸经过近几年来的生态建设，特别是2006年开始随高海公路（沿滇池西侧岸线）同步实施的滇池西岸湖滨生态带建设工程，2008年开始实施的滇池湖滨“四退三还一护”（即退田还林、退塘还湿、退房还岸、退人护水）生态保护与建设工程，滇池西岸沿高海公路以东的湖滨区域现已完成了“四退三还一护”工作，基本实现了湖滨区无人化，并补植了大量乔木（中山杉、柳、杨）和草本湿生植物（芦苇、茭草、莎草、灯心草、水凤仙、慈菇等）。

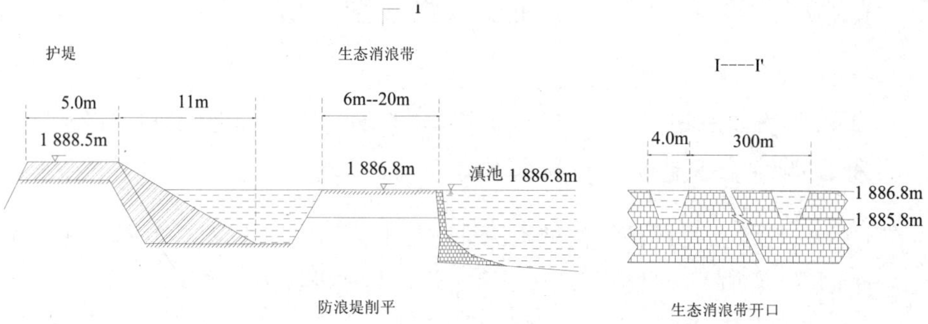

图 3-20　削平防狼堤并破口剖面图

滇池西岸水生植被集中于滇池西岸晖湾—富善—西华—观音山—白渔口—海口海丰村一线，该区域内湖岸线总长可达 35 km。根据最新滇池湖滨植物群落分布调查结果，滇池西岸目前水生植物群落主要有蓖齿眼子菜、微齿眼子菜、芦苇、茭草、荷花、菱角等群落。主要分布地区集中于红映村、观音山村、海口等地。红映村主要分布有蓖齿眼子菜群落，分布面积可达 0.74 hm^2，观音山村也以蓖齿眼子菜群落为主，分布面积达到了 0.69 hm^2，不同于以上两地，海口则以微齿眼子菜群落分布为主，其分布面积达到了 1.09 hm^2。

根据 2010 年 Landsat L7 影像数据（有条带）判读测量，滇池西岸晖湾—白渔口一线水生植物群落分布范围，其离岸分布距离多为 200～350 m。

保护目标

滇池西岸沿线湖滨现有植被，以水生植被保护为主，兼顾旱生和湿生植被保护。

保护区范围

沿滇池西岸高海路以东湖滨带自北向南，北自晖湾村始，向南顺高海公路，经富善、西华、观音山、百草、白渔口，至海口大桥湖滨沿线的滇池水体和湖滨带部分地区，划入保护区水体距防浪堤水平距离不低于 200 m，面积 6.65 km^2。

保护措施

- 巩固滇池“四退三还一护”成果，保护湖滨生境条件。
- 深入贯彻落实滇池保护条例，最大限度地避免人为干扰。
- 采取各种措施，保护植物群落。
- 加大宣传与公众参与。

3.5 滇池富营养化治理“时间表—路线图—效果”

3.5.1 滇池中长期治理应立足于“构建3个循环、推行4大工程、增加1个目标、调整1个定位”的基本策略

在上述基础上，提出的滇池流域水污染防治中长期规划建议包括：构建3个循环、推行4大工程、增加1个目标、调整1个定位，具体内容为：

（1）构建跨流域的自然水、外引水、中水3个水系统循环。

（2）推行污水减负与资源化工程。“雨水—污水—中水—尾水”的流域内外“收集—处置—利用—外调”工程及配套管网工程。

（3）推行农业结构调整与面源控制工程。农业结构调整、耕地类型调整、农业面源污染防治工程、农村分散式污水处理工程。

（4）推行引水优化与水质保障工程。优化牛栏江入滇配水通道、沿途水质保障工程、流域水系恢复工程、湖内水质改善工程。

（5）推行外海分步分期生态修复工程。近期南部、中期东部与西部、远期北部。

（6）增加生态目标。增加与增强滇池恢复的生态目标，尤其是与蓝藻水华暴发相关的指标，如：SD、DO、Chl a及营养状态指数。

（7）调整草海功能定位。调整为城市景观湖泊与城市湿地。

提出的4大工程一方面基于“十二五”及中长期滇池污染治理和富营养化控制的新重点，另一方面又紧密承接现有的6大工程，并对现有工程进行提升。综合8个分区的规划方案，得到3个水质目标（Ⅲ、Ⅳ、Ⅴ类）下的滇池流域空间布局型水污染控源总体规划方案。

3.5.2 三个阶段、重点各异、逐步推进的流域水污染防治与富营养化控制的中长期路线图

滇池水污染治理与富营养化控制的战略路线图是在战略目标与战略方案的基础上确立的，尽管与现有的滇池治理思路不同，但这个思路不排斥污染源的治理，而是需考虑在可行的目标前提下以污染源治理与有条件的湖泊生态修复并重；污染源治理是个长期的过程，一步期望达到水质目标的现实具有不可行性；“十一五”的研究证明，可以在流域控源与湖泊生态修复的基础上长期持续达到水质目标。亦即通过控制一定的条件，恢复滇池水生态系统，改善水体水动力条件，促进滇池外海从目前的“浊水—藻型”向“清水—草型”的方向演替，从而有效地控制蓝藻水华的暴发。这是控制滇池外海蓝藻水华暴发的一种行之有效的思路和途径（图3-21）。

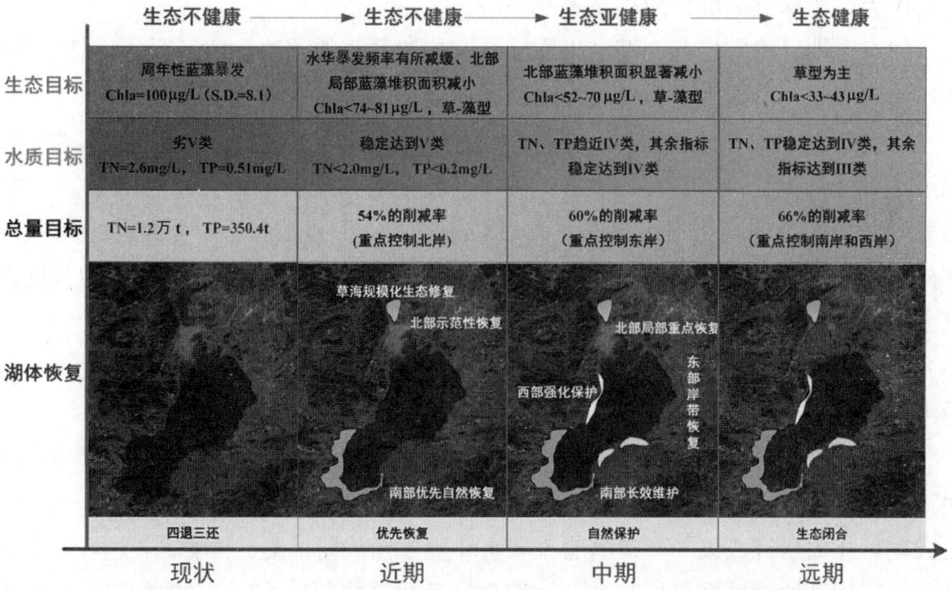

（a）

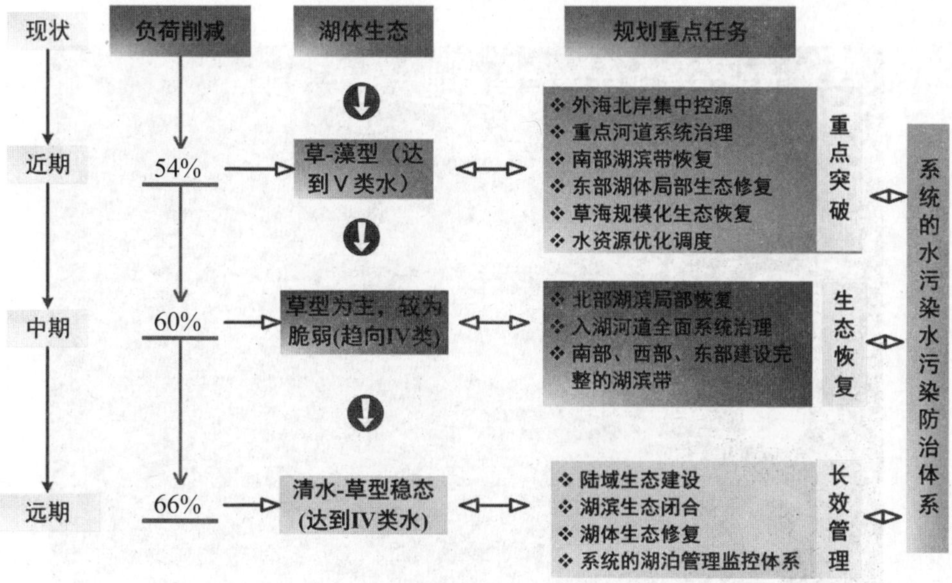

（b）

图 3-21　滇池流域水污染治理与富营养化控制中长期路线

（1）近期。重点控源、草海功能调整、优先恢复南部湖滨、北部湖滨示范性恢复、水质稳定Ⅴ类、藻类暴发频次与强度降低。

（2）中期。巩固控源、完成河道全面系统治理、北部与东部湖滨重点恢复、水质趋近Ⅳ类、北部蓝藻堆积面积显著减小。

（3）远期。稳定控源、湖滨生态闭合、构建系统的湖泊治理—评估—监控体系、水质稳定Ⅳ类、草型为主但仍较为脆弱。

总之，在滇池湖泊治理中，期望一步达到水质目标在现实中不具有可行性；即便水质达到较高的标准（Ⅲ类、Ⅳ类），并不一定能有效地控制蓝藻水华的暴发。因此，需要同时考虑控源减排与生态修复，以长期持续达到水质目标，实现水质有限改善基础上的生态恢复；同时，还需注意滇池生态修复与生态系统健康恢复的长期性和复杂性。

3.5.3 滇池流域水环境综合管理支撑平台的构建

滇池流域水环境综合管理支撑平台立足于滇池流域水环境监测评估、数据管理、决策支撑等技术需求，研究整合滇池流域多源、多维、多期、多指标的水环境信息，集成项目相关研究成果，突破滇池流域水环境多元数据采集、传输、表达及融合共享技术和高原湖泊流域多目标复杂环境综合管理决策控制技术，于 2013 年 6 月初步构建了流域水环境综合管理决策支撑平台并实现业务化运行（图 3-22）。

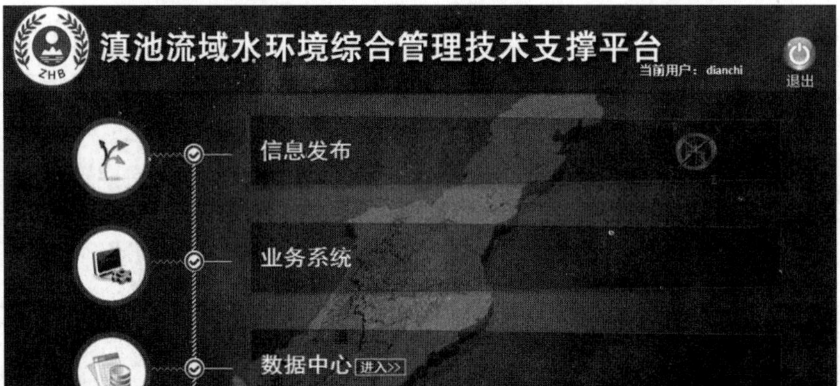

图 3-22 滇池流域水环境综合管理支撑平台

流域水环境综合管理决策支撑平台以数据源为基础，包括数据中心、业务系统和信息发布系统（图 3-23）。

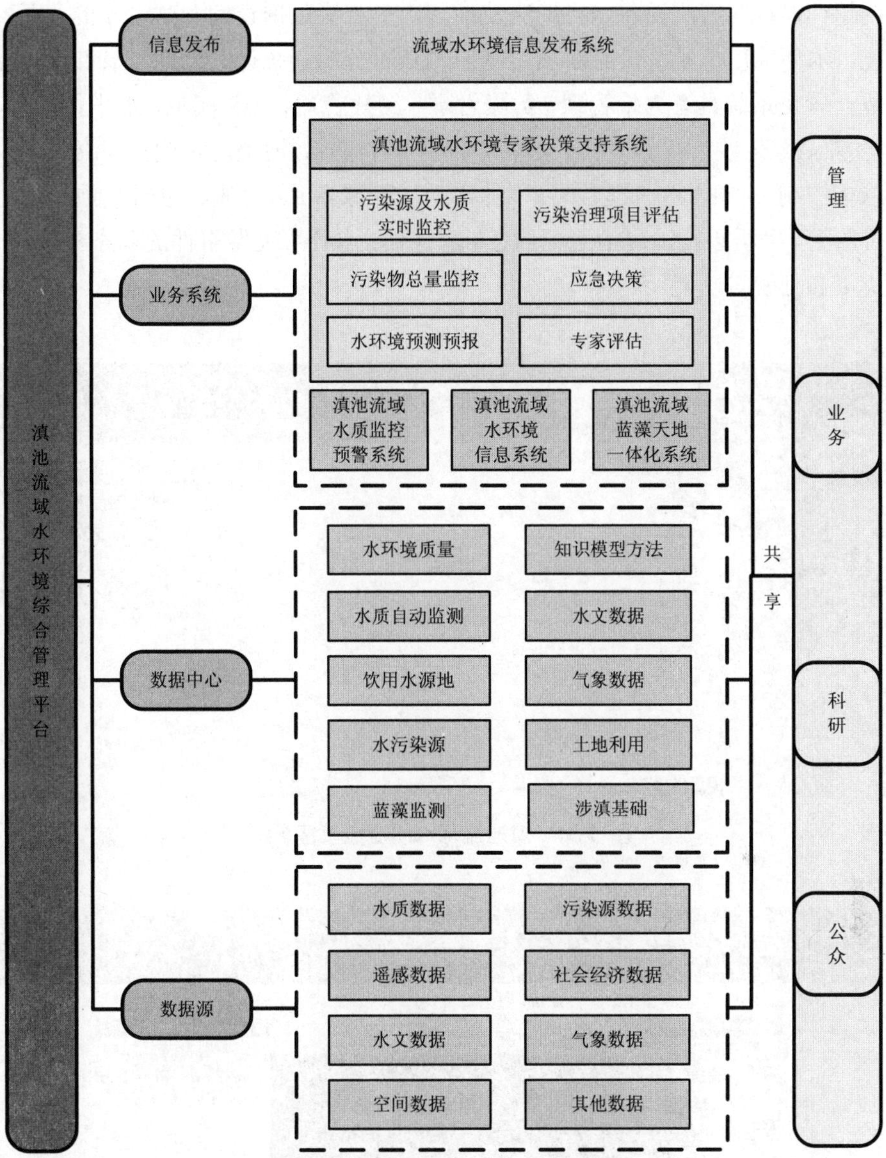

图 3-23　滇池流域水环境综合管理支撑平台框架

数据中心将分散在多个部门、多个单位的各类多源异构数据源进行整合、集成与共享，主要包括水环境质量数据、水质自动监测数据、饮用水水源地数据、水污染源数据、蓝藻监测数据、知识模型方法、水文数据、气象数据、土地利用数据、涉滇基础数据十类数据。

业务系统包括滇池流域水质监控预警系统（图 3-24）、水环境信息系统、蓝藻天地一体化系统（图 3-25）以及水环境专家决策支持系统。水质监控预警系统具有对监测数据超标监控、监测设备运行情况监控、历史监测数据查询、对比分析、报表制作等功能。水环境信息系统具有水质常规监测数据分析、统计、查询、报告等功能。蓝藻天地一体化系统具有周报管理、数据管理、图片管理、GIS 演示、水华预测等功能。水环境专家决策支持系统具有污染源及水质实时监控；河道总量模拟、流域排放量监控和总量控制；中长期、突发事件下的水质（叶绿素 a、总氮、总磷）预测；污染治理项目监管、分析以及治理措施评估、专家评估；水环境突发事件的动态模拟和仿真、应急决策和处置等功能。

图 3-24　滇池流域水质监控预警系统

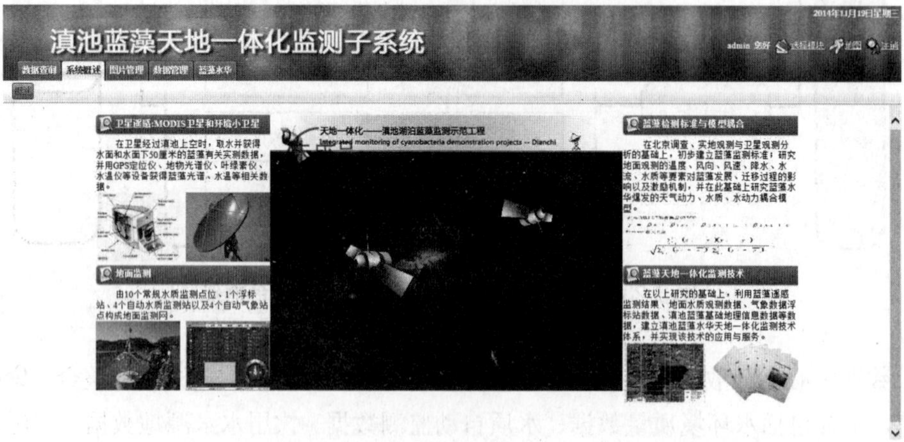

图 3-25　滇池蓝藻天地一体化系统

信息发布系统可为不同的涉滇部门提供数据、信息、功能共享，主要内容包括：①流域水质发布信息，包括水质常规月报，水质自动月报，河长月报等；②污染源在线监控信息，包括污染源月报等；③流域入湖污染物动态总量监控信息，包含来自滇池陆域河网染物总量模型运用系统的流域入湖河道污染物总量模拟计算、污染物排放量动态监控和基于容量的总量控制管理等功能模块的计算成果；④流域水环境预测预报信息，包含来自滇池三维水质水动力模型运用系统的滇池流域水环境现状评价、滇池三维水质短期和中长期预测预报、滇池突发水环境事故水质预测预报、湖泊水环境容量计算等功能模块的计算成果；⑤流域污染物治理项目评估信息，包含来自对滇池污染治理项目进行监管和分析的数理统计分析评价系统的污染治理项目建设的全过程指标分析和效率评估的成果。

第 4 章 高原重污染湖泊（滇池）治理关键技术与示范

根据对高原重污染湖泊富营养化的问题诊断与评估，滇池项目开展了系统的技术研发，包括：高原湖泊流域营养盐迁移转化过程模拟、预测及优化调控技术；高原湖泊城市重污染排水区合流污水高效截留处理关键技术；高原湖泊流域面源污染控制集成技术；高原重污染湖泊城市河流污染削减集成技术；高原严重受损湖泊水生植物恢复的种子库技术；高原湖泊受损“湖滨—岸带—基底”修复及湿生乔木湿地构建技术；高原严重受损湖泊草型清水稳态转换的关键技术等（图 4-1）。

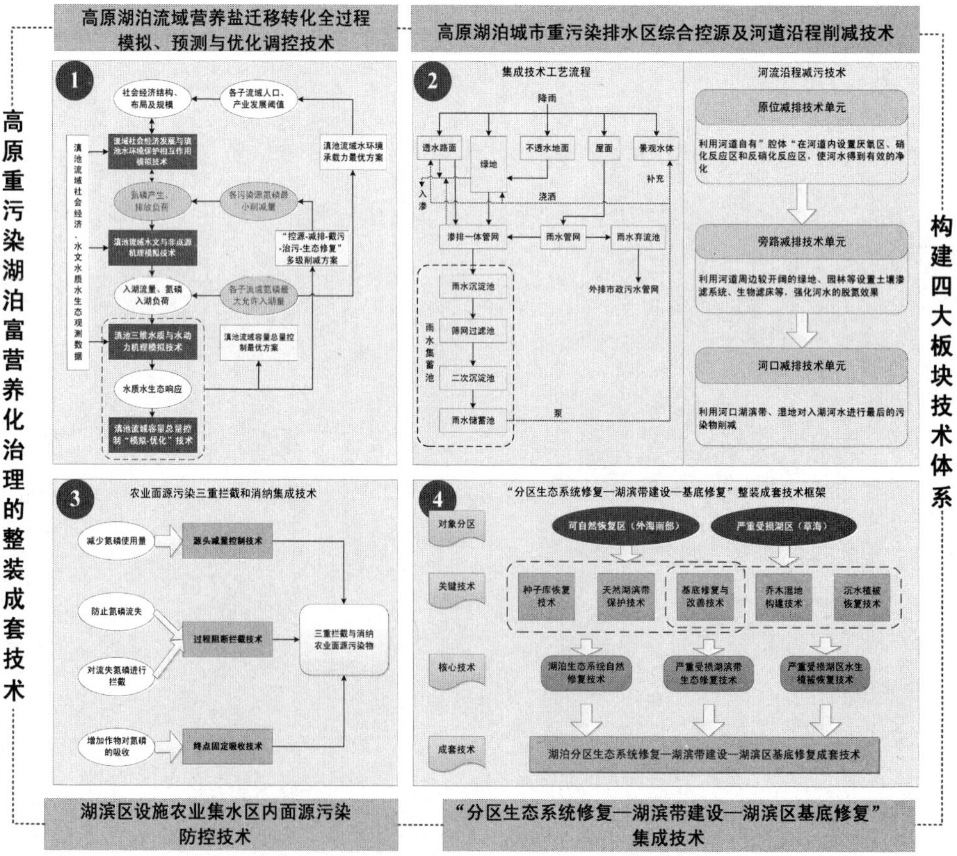

图 4-1　高原重污染湖泊治理的关键技术

在此基础上，项目组坚持从流域出发，推行源头控制、途径削减和生态修复的总体技术路线，形成了包含重污染排水区“综合控源”等“4 套高原重污染湖泊富营养化治理技术”，集成解决高原湖泊富营养化和流域污染控制，并在滇池“十二五”治理中得到规模化推广和应用（图 4-1）。突破核心技术 10 项、开发关键技术 30 项、形成专利 35 项。基于该“四大技术板块”的研究与集成，在北岸主城区、滇池湖体以及南部柴河流域 3 个综合示范区内集中建设了 16 项示范工程。滇池北岸重污染排水示范区内污水处理厂的雨季处理能力由现状提高了 50%；南部柴河流域农业面源示范区内，氮磷流失量降低了 40%；在滇池湖体示范区内，实现了在高营养负荷下草型清水稳态的转换，示范区内 TN 下降 63%、TP 下降 70%，每年可削减 COD24.47 t、TN9.11 t、TP1.43 t，水质改善效果明显。

4.1　高原湖泊流域营养盐迁移转化过程模拟、预测及优化调控技术

4.1.1　流域问题与特征

为解决滇池流域面临的社会经济发展与水环境不协调的问题，首次在高原湖泊流域研发了营养盐迁移转化的全过程模拟、预测与优化调控技术，关键技术包括：流域经济社会发展与滇池水环境保护相互作用模拟技术（自主研发）、滇池流域水文与非点源机理模拟技术（应用研发）、滇池三维水质与水动力机理模拟技术（应用研发）、滇池流域容量总量控制“模拟—优化”技术（自主研发）（Lung，2001；Pelley，2003；周丰、郭怀成，2009）。该技术的先进性表现在可以产生多尺度、多情景、多途径的精细化技术方案，主要解决现有技术存在的分散、不灵活、计算时间长及精度较低等问题。基于该技术研发设计了滇池“流域—控制单元—污染源”多尺度容量总量控制方案，如果要实现滇池外海Ⅴ类、Ⅳ类和Ⅲ类的水环境功能要求，需要在现状基础上分别削减污染负荷 54%、66%和 80%；据此提出了“流域控源减排—湖体水力调度—湖滨生态修复”的富营养化控制战略，奠定了中长期规划与战略决策的科学基础。这些研究成果被直接应用于滇池“十二五”水污染防治规划的目标确定、思路、方案设计和重点工程设计等环节，带动了“十二五”期间 400 多亿元的滇池治理规划投资。

4.1.2　滇池流域“社会经济—水土资源—排放负荷”系统动力学模拟技术

本技术以系统动力学为基础，提出滇池流域未来 20 年的 4 种发展情景：历史情景、积极开发情景、限制开发情景、优化开发情景。

历史情景根据昆明市过去近 20 年的经济发展历史推演得到，此情景下，昆明市的重点发展区域在于北城和安宁，北城将增长迅速，给滇池草海水环境带来巨大压力，

草海水污染治理工作将更为艰巨。然而此情景不够重视中心区域外的其余地区的发展，中心区域的总体发展将较为缓慢。

依据《昆明城市总体规划（2008—2020）》《昆明市“十一五”城镇化发展规划》中关于城镇体系的空间布局，以及《昆明市工业产业布局规划纲要 2008—2020》中关于昆明工业振兴计划的布局中，得到积极开发情景，体现出积极开发滇池流域的总体思路。此情景下，环滇池地区的迅速发展，得益于滇池流域的迅猛增长，以及中心区域总体实力不断增强。然而，滇池的水环境将面临巨大压力，流域的水污染防治工作将更艰巨。

限制开发情景着重于滇池流域的水污染防治工作和水环境保护，主张限制滇池流域的发展，大力开发滇池流域外的中心区域地区。该种情景下设定 50%的外迁比例，一方面减小流域内的工业规模，另一方面随着高污染企业的迁出，污染排放系数也会下降。

优化开发情景为对积极开发情景的优化，在积极开发昆明市中心区域的同时，重视滇池流域的水环境保护。此情景通过控制北城的人口规模，减少北城对草海水环境的压力，通过提升嵩明和富民县城的战略地位，积极分流北城以及滇池流域内其余次中心城市海口、呈贡、晋宁的社会经济活动，减少其对滇池水环境的压力，有利于滇池的水污染防治。此种情景下也存在小规模的污染企业外迁行为，企业种类同上种情景，外迁比例设定为 20%。

滇池流域在未来 20 年内仍会保持高速发展，但不同情景下发展速度不同，如图 4-2 所示。经济增长也有显著差异，如图 4-3 所示。滇池流域水环境污染物 COD、TN 和 TP 的排放量，如图 4-4 所示。

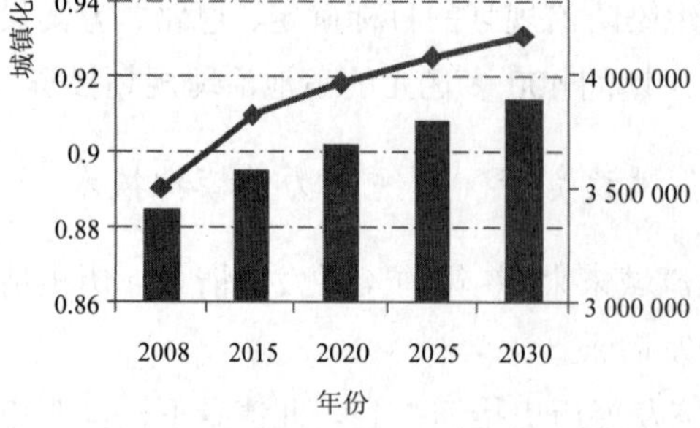

BAU

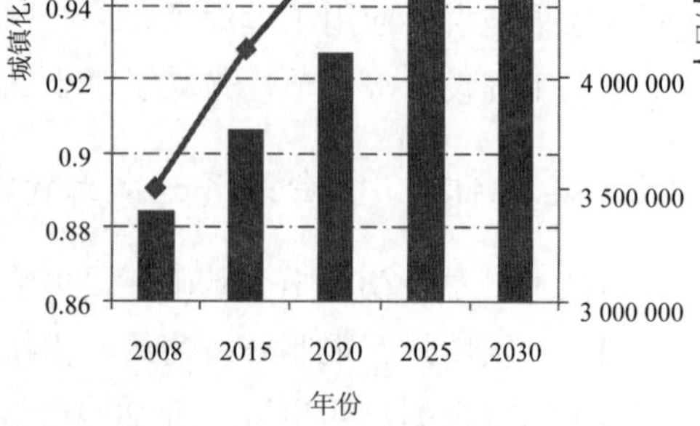

DA

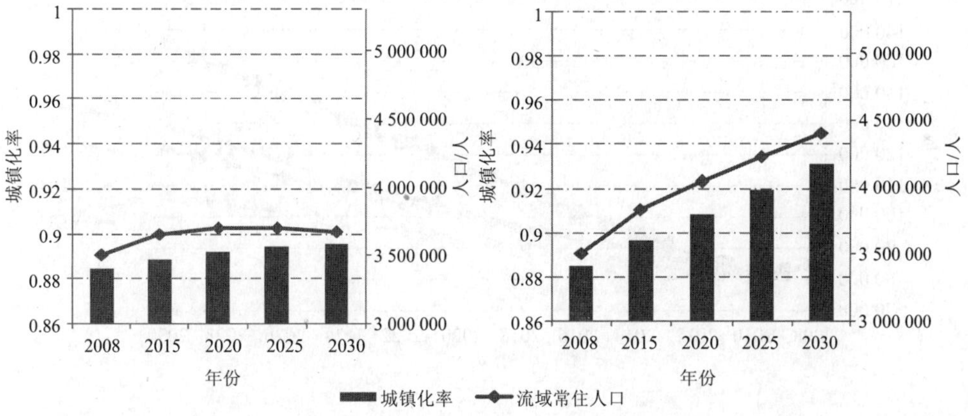

DB　　　　DC

图 4-2　滇池流域常住人口及城镇化率预测结果

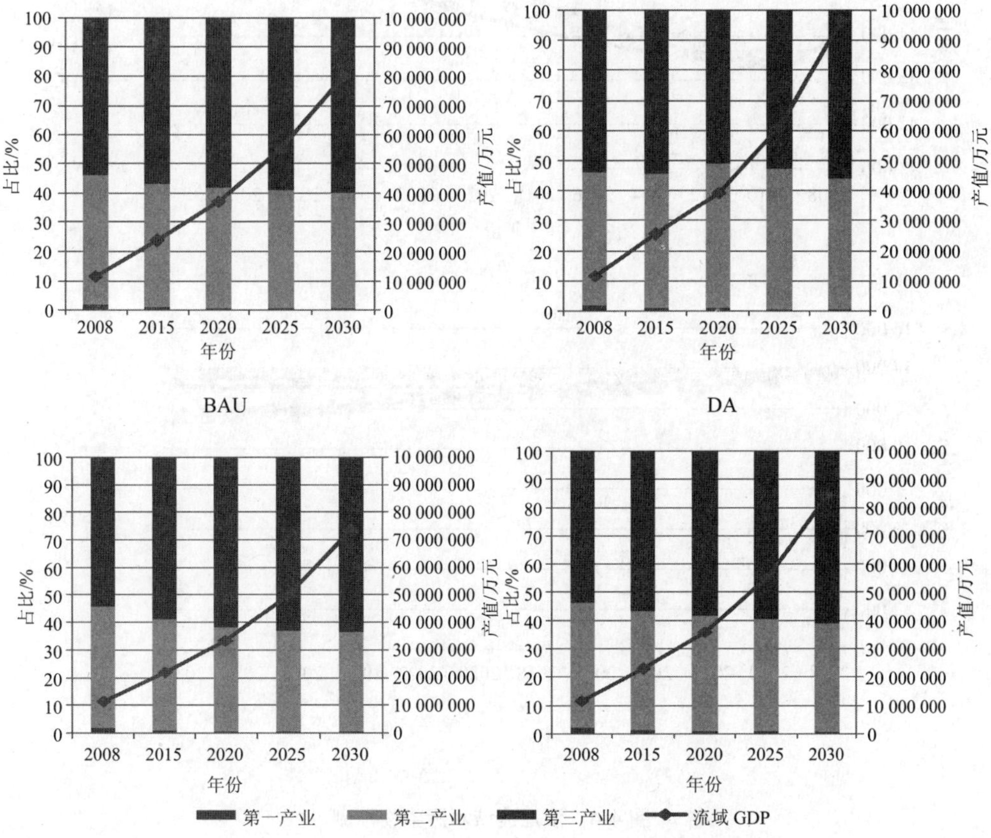

DB　　　　DC

图 4-3　滇池流域 GDP 增长及三产结构

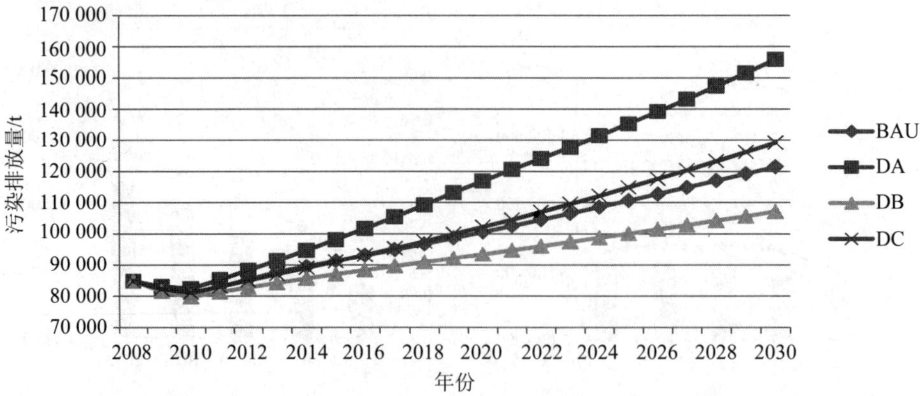

COD

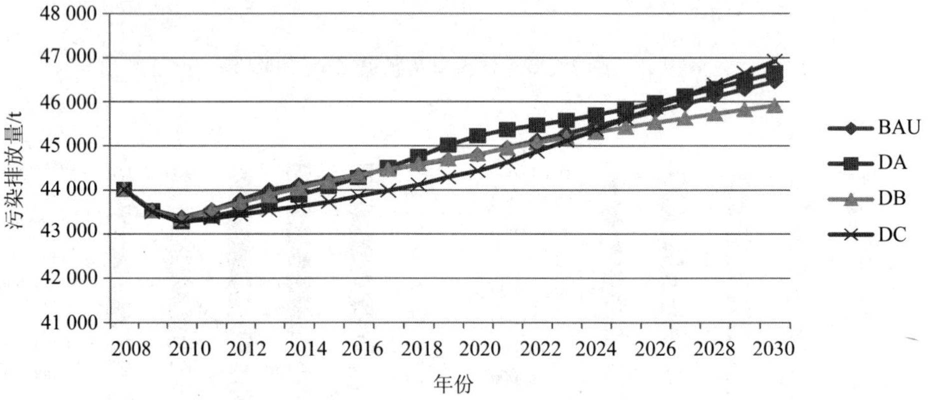

TN

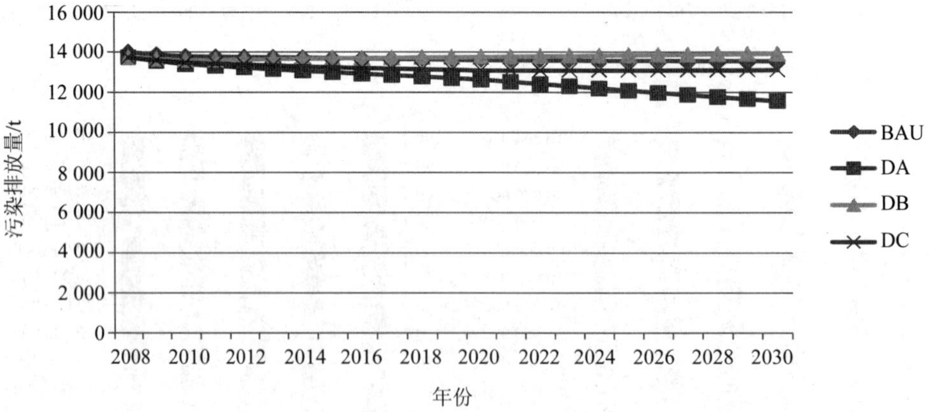

TP

图 4-4 滇池流域水污染物预测

4.1.3 滇池流域水文与非点源机理模拟技术

在气象、土壤和土地利用方式上，模拟“降雨—径流”，土壤侵蚀，以及携带点源、城市面源、农业面源地表迁移转化。基于 DEM（1∶50 000，2009 年）生成流域河网水系及节点，通过编辑河网节点来划分子流域，共划分为 110 个子流域，在此基础上形成 27 个入湖河流控制单元。

利用 PEST 技术实现滇池流域“降雨—径流”水文过程、土壤侵蚀过程、污染物迁移转化过程的参数校准。用于检验模型参数校准效果，本课题采用 3 个参数：可决系数（R^2）、效率系数（E）和均方根误差（RMSE）。结果表明，外海 14 条河流的校准结果可靠，相比文献（Kim et al.，2007；Doherty，2004；Madsen et al.，2002；Boyle et al.，2000；Gupta et al.，1998，1999；Yapo et al.，1998），也更为准确。

表 4-1 滇池流域入湖河流降雨—径流过程参数校准与验证参数统计表

河流	校准（2006—2010 年）			验证（2001—2005 年）		
	R^2	E	RMSE	R^2	E	RMSE
盘龙江	0.93	0.90	368.7	0.54	0.37	552.0
采莲河	0.72	0.71	58.0	—	—	—
大清河	0.70	0.63	162.3	—	—	—
海河	0.87	0.80	82.8	—	—	—
宝象河	0.87	0.79	125.1	0.63	0.60	220.2
马料河	0.79	0.77	30.2	—	—	—
洛龙河	0.90	0.89	45.2	—	—	—
捞鱼河	0.88	0.82	69.5	—	—	—
南冲河	0.83	0.81	19.4	—	—	—
大河	0.97	0.97	50.5	—	—	—
白渔河	0.84	0.84	183.6	—	—	—
柴河	0.87	0.84	176.0	—	—	—
东大河	0.97	0.90	395.5	—	—	—
古城河	0.88	0.88	38.8	—	—	—

以 HSPF 为计算平台，对各子流域分别进行校准，校准该模型采用的是 1999—2005 年的数据，验证该模型采用的是 2006—2009 年的数据。以盘龙江和宝象河流域为例说明了该模型的校准结果，包括流量校准和水质校准（TN 和 TP），几项主要污

染物指标的模拟值与观测值基本吻合（图 4-5）。一些基本模型信息如图 4-6 所示。

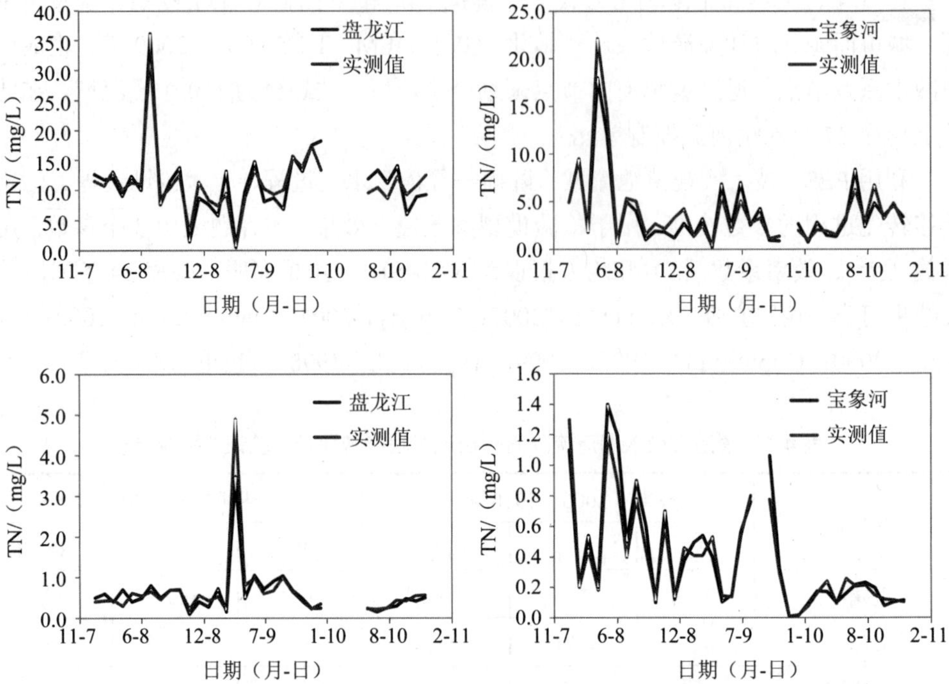

图 4-5　滇池流域入湖河流降雨—径流过程参数校准与验证（盘龙江、宝象河为例）

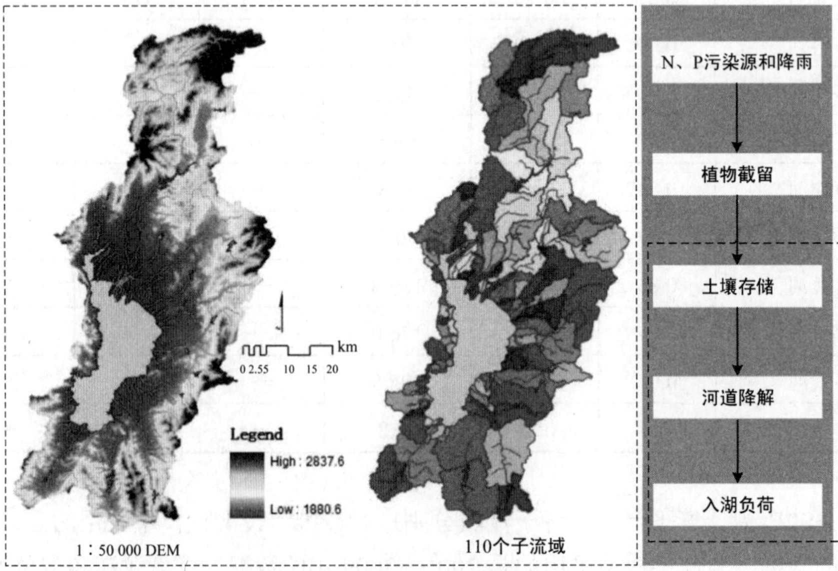

图 4-6　滇池流域水文与非点源机理模拟技术

4.1.4 滇池三维水质与水动力机理模拟技术

滇池营养盐水质水动力过程模拟以 EFDC 作为计算平台（Hamrick，1992；Hamrick，1996；Park et al.，1995；Zou et al.，2008；Zou et al.，2010），其水质浓度的模拟采用逐日入湖负荷量核算结果，进行了年周期的长时间系列模拟。滇池的 EFDC 模型包括所有有关的水质指标，包括碳、氮、磷、藻类以及溶解氧等，用以全面表征滇池的富营养化动力学过程。除了表示水体内化学和生物的相互作用外，还将应用沉积物模型用以表征水体和底质之间的关联。

滇池的水动力和水质模型校验是分阶段实施的，其中水动力模型在水质模型未运行的情况下，首先进行开发和校准。水动力模型校准之后，富营养化与沉积物作用模型才一起被激活并用以模拟湖泊的营养物质—浮游植物—溶解氧的动力学变化。滇池水动力—水质模拟的第一步是水动力和水量平衡模拟，模拟的时间为 2008—2010 年，模拟的变量为流场和水位，模型校准参数是湖水水位如图 4-7 所示。

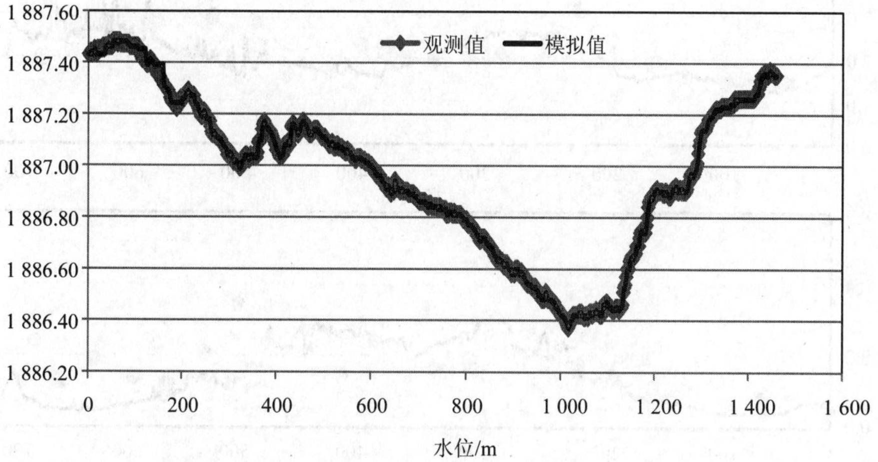

图 4-7　2008—2010 年滇池水位模拟值与观测值比较

滇池的水质模拟与校验基于 7 个监测点位：海口西、白渔口、观音山东、观音山中、观音山西、罗家营、灰湾中；主要的模拟校验指标为 Chl a、DO、NH_3-N、TN 和 TP。最终将模拟结果与滇池每月一次的常规水质监测结果进行比较，其变化规律基本一致。同时，采用 2008—2010 年的数据资料进行了模拟验证，几项主要污染物指标的模拟值与观测值基本吻合，模型参数信息以及滇池 2008—2010 年的水质模拟结果验证情况如图 4-8、图 4-9 所示。

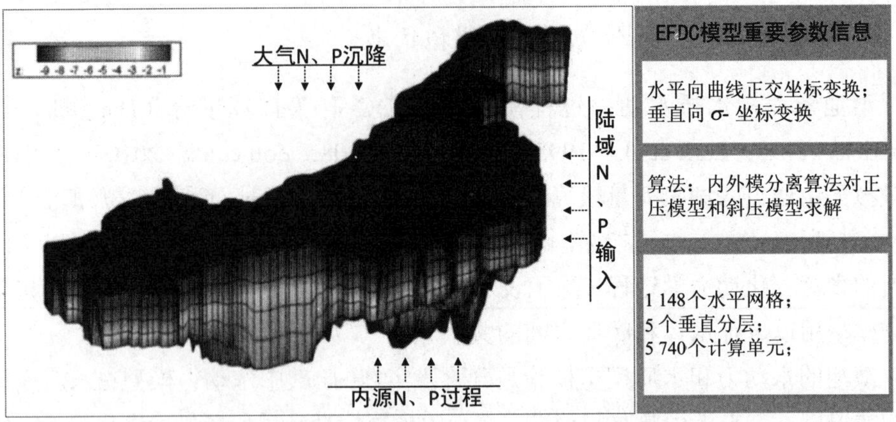

图 4-8　滇池三维水质与水动力机理模拟技术

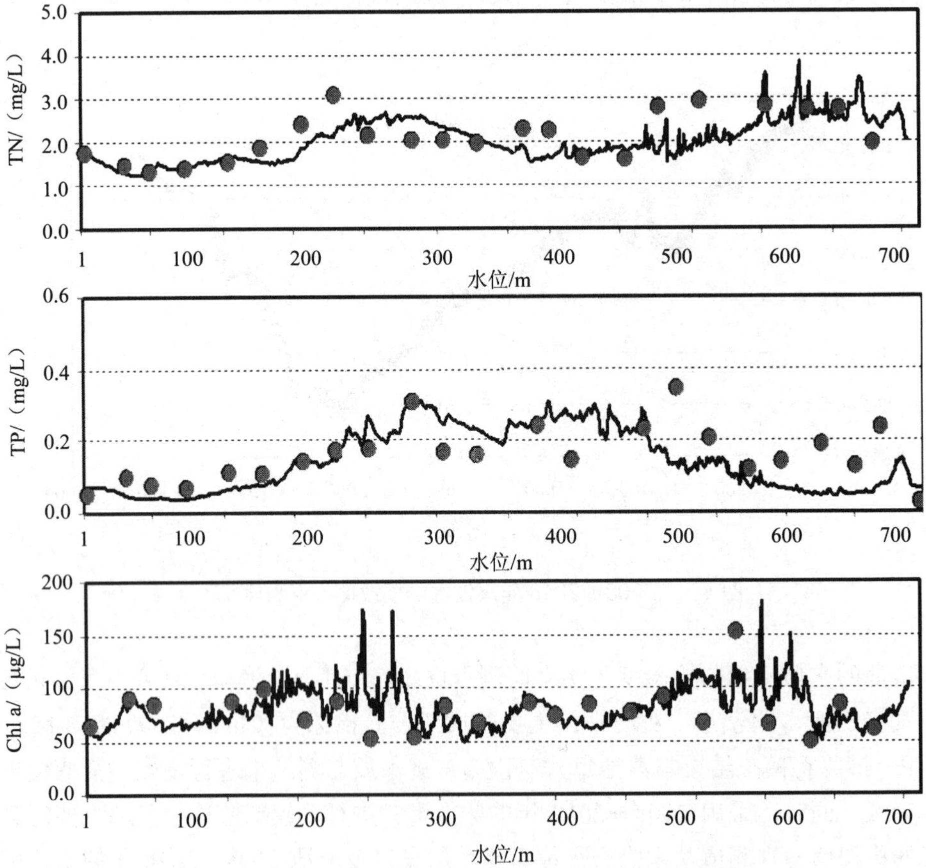

图 4-9　2008—2010 年滇池（灰湾中）水质水生态校准过程

4.1.5　滇池流域容量总量控制“模拟—优化”技术

容量总量控制是流域规划及水质目标管理的关键步骤，其主要难点在于如何在流域尺度进行最大日负荷量（Total Maximum Daily Loads，TMDL）最优分配方案设计，使其满足水质生态保护目标的同时，在一定风险水平下最大限度地实现分配效率最佳或经济成本最低。自 1980 年以来，国内外主流的理论和方法是 Trail-and-error 算法或直接把流域系统复杂机理模拟模型耦合到不确定性优化算法求解 TMDL 最优分配方案，但由于流域系统的降雨—径流、非点源、二维/三维水质水动力机理过程具有高度非线性和不确定性，该类理论与方法在当前计算机水平下计算效率极低，TMDL 分配的风险决策方案难以确保高准确度、全局最优性和绝对可行性，迄今无法有效解决容量总量控制的计算问题。

因此，基于上述滇池流域营养物迁移转化全过程模拟技术，建立水质与污染负荷的响应关系，本课题针对流域规划及水质目标管理的决策支持需求，特别是困扰 TMDL 的科学问题，开发了一套具有自主知识产权的不确定性容量总量控制“模拟—优化”耦合技术及其计算源代码，并形成了相对完整且严格的数学理论与算法。

不确定性非线性水环境系统“模拟—优化”耦合模型为容量总量控制提供了全新的定量工具。基于该项目开发了受体模型的流域水污染源解析技术、贝叶斯递归回归树模型（BRRT）、强化区间线性规划模型（EILP）。其中，受体模型的流域水污染源解析技术采用时空分异性分析子模型把每个空间（或时间）样本当作 1 类，以样本的参数为变量，按照一定的量化规则将 2 类合并成 1 个新类，直到满足分类要求为止。随后，针对各典型类进行机理模型的参数估计，再推广到同类其他水文单元，从而快速实现降雨—径流、非点源迁移转化的参数空间分异性。贝叶斯递归回归树（BRRT）模型，将采用全局随机搜索和局部贪婪算法相结合的方式，利用多元线性回归最终实现各叶节点的不确定性“X—Y”响应模拟（图 4-10）。强化区间线性规划（EILP）模型针对强化区间不确定性变量与参数，在偏序集合范畴内证明目标函数（EIOF）的适宜区间及期望值；通过分解 EILP 为两个子模型，将不确定性直接体现在优化框架中。具体技术流程如图 4-11 所示。

模型特点如下：①贝叶斯递归回归树模型——完成了理论证明、算法设计和基于 C++源代码开发，实现准确表征高度非线性、不确定性的复杂机理过程；②强化区间规划模型——完成理论证明，算法设计和 Lingo 程序编写，该算法具有高效的计算效率，具有严格的数学理论，且能得到全局最优解。

本技术应用到滇池流域，量化 110 个子流域和滇池 TN、TP、Chl a 平均浓度的非线性响应关系，代替 EFDC 复杂模拟模型，用于确定滇池流域“流域—子流域”“子流域—污染源”两个尺度的容量总量控制最优方案。

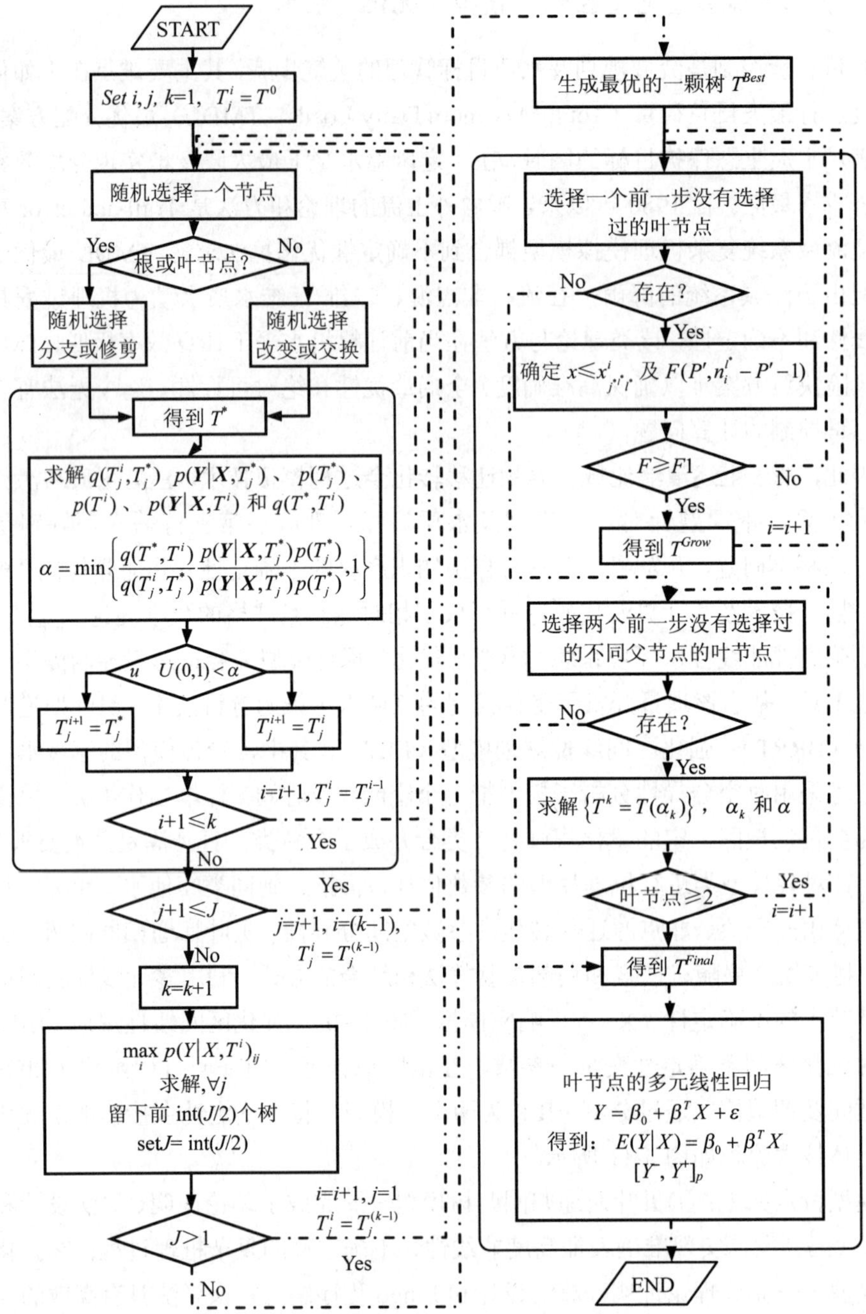

图 4-10　贝叶斯递归回归树模型的算法流程

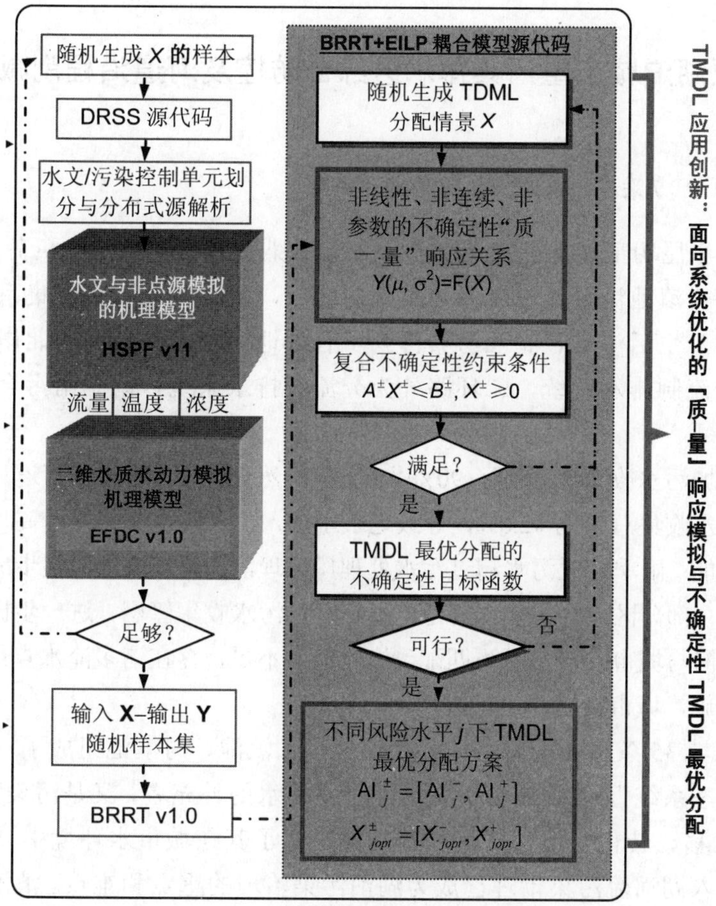

图 4-11　滇池流域容量总量控制“模拟—优化”技术

通过不确定性容量总量控制“模拟—优化”耦合技术计算，为了实现约束性指标达到Ⅲ类水平，滇池流域 TN、TP 入湖负荷在 2009 年基础上至少需要削减 4 977 t/a 和 128 t/a，削减率分别为 70.8%和 61.4%；其中，滇池外海的 TN、TP 最小入湖负荷削减量分别为 4 135 t/a 和 107.9 t/a，削减率为 73.3%和 63.7%；滇池草海的 TN、TP 最小入湖负荷削减量分别为 841.9 t/a 和 20.1 t/a，削减率为 60.6%和 51.6%。从子流域削减率来看，8 个控制单元 TN 和 TP 的削减率分别达到 60.6%～82.8%和 51.6%～72.8%；可见，为了实现Ⅲ类水质目标，各子流域入湖负荷削减压力非常大。对于滇池外海而言，营养盐削减量最大的子流域集中在外海北岸重污染排水区、外海东岸新城控制区以及外海东南岸农业面源控制区，而该区域的营养盐容量总量控制对于实现滇池水质达标至关重要。

4.2 高原湖泊城市重污染排水区综合防控及河道沿程削减技术

4.2.1 城市重污染排水区问题与特征分析

滇池北岸昆明主城地处滇池上游，入湖污染负荷占滇池污染负荷总量的 80%以上，是整个滇池流域城市化最为集中的区域，随着城市污水收集系统和污水处理厂的建设，生活污染、企业污染得到了有效地治理。目前昆明北岸主城二环路内区域为合流制排水系统，二环路外为分流制排水系统，雨季雨污合流污水溢流污染问题严重。

昆明主城污水收集率达到了 90%以上，但仍然存在很多问题：河道和沟渠收集的污水占了污水收集总量的 42.6%，导致地下水渗入率、污水漏损率较高，影响污水处理厂处理效能；雨季合流污水超过污水处理厂处理能力，溢流污染逐步成为了流域的主要污染源；部分区域污水排入河道，亟须建设污水收集管网，进一步提高污水收集率；现有管网与城市发展水平不匹配，过流能力不足，存在诸多淹水点；基本无初期雨水处理设施，城市面源污染日益严重。

滇池流域 35 条主要河流呈向心状汇流排入滇池，与滇池组成了一个不可分割的“复合生态系统”，入滇河流既是滇池生态用水的补充者，又是污染物的输送者，其特殊的输移、转化、汇集、沉积等功能决定了其在城市水环境中具有的特殊地位和作用，入湖河流污染治理已成为湖泊污染治理的重点和难点。滇池河流在“十一五”期间按“158”原则实施了综合整治，取得初步效果，但仍存在入湖断面难以达标的情况。

4.2.2 城市面源污染控制及雨水资源化的集成技术

4.2.2.1 技术概述

以还原城市区域自然形态水循环为理念，以削减城市面源、削平城市洪峰、减少下游污水处理厂降雨雨峰冲击为目标，调控城市暴雨径流污染的产生与输出，对雨水落到地面直至汇流进入城市排水系统进行全过程控制。集成基于城市面源污染控制及雨水资源化利用的“3i”［直接入渗（infiltrate）—工程截留（intercept）—还原循环（improve）］技术体系。

4.2.2.2 技术工艺与设计

（1）城市面源污染削减 MI 技术。结合昆明实际，研究不同植被配置、多层渗滤介质 MI 系统对径流污染物削减作用，优化系统配置，显著提高了对雨水径流污染物的去除率，为昆明市城市面源控制提供了技术指导。

MI 技术结合微生物作用、吸附作用和植物生物作用，是一种集物理、化学、生物作用于一体的原位处理技术；对于滇池流域处理城市道路雨水径流污染物经济适用，便于就地处理，而且基建投资低、便于管理和操作。采集昆明市棕壤土及被使用频率较高的早熟禾和黑麦草作为室内模拟绿地对象在室内进行人工模拟，定量地考察了当地土壤本身及典型植被配置对雨水污染物的去除效果，研究不同植被配置 MI 系统对径流污染物削减作用，以期为城市面源控制源头削减 MI 系统去除雨水径流污染物的实际应用提供依据。

实验研究表明：经系统优化，配置了植被的 MI 系统相比较裸土而言，对 COD 的削减率平均值分别达到 77%和 70%，分别比裸土土柱削减率高 20%和 12%；对 TP 的平均削减率分别为 66%和 61%，比裸土土柱削减率高 22%和 17%；对 TN 的平均削减率分别为 67%和 52%，比裸土土柱削减率高 50%和 35%；对 NH_3-N 的均削减率分别为 70%和 60%，比裸土土柱高 32%和 22%。城市绿地在设计阶段应该充分考虑绿地的污染削减能力，根据降雨径流污染的不同性质，对绿化植被进行合理的配置，提高城市绿化空间对污染物的容纳吸收能力，减少降雨径流向城市雨水管道以及自然水体的排放，减轻城市污水处理厂的压力，同时也降低了处理降雨径流污染的成本，实现环保和经济效益的双赢。在小试研究的基础上，申报了国家实用新型专利《去除雨水径流污染物的土壤渗透系统》(201120152640.6)。

（2）雨水快速下渗技术。以混凝土、碎石、粗砂为垫层，风积沙透水砖、无砂混凝土透水砖、露骨料混凝土为面层，调整铺装结构和比例，通过模拟多场不同雨强的降雨研究其产流规律，研究筛选出满足不同使用功能、适用于昆明降雨特征的铺装材料和方式。

针对不同用途渗水材料的结构、耐压和渗水性能进行研究和改造，进行新型渗水材料的研发。研究推荐性价比好，满足不同使用功能，易于批量生产和工程化铺装的新型产品进行工程示范。针对人行道、停车场、休闲广场和庭院等静负荷和动负荷较低，结构要求不高的硬化地面进行相应的改造，提高地表雨水渗透能力，改不透水材料为可渗透路面砖等具有良好渗透性能且符合地面功能设计的材料铺设，在铺设的同时考虑相应的铺设层结构，加速雨水下渗过程。针对该技术，开展了透水铺装地面入渗产流规律试验研究、降雨条件下透水铺装对地表产流的影响研究、透水砖铺装地面的产流模式研究。

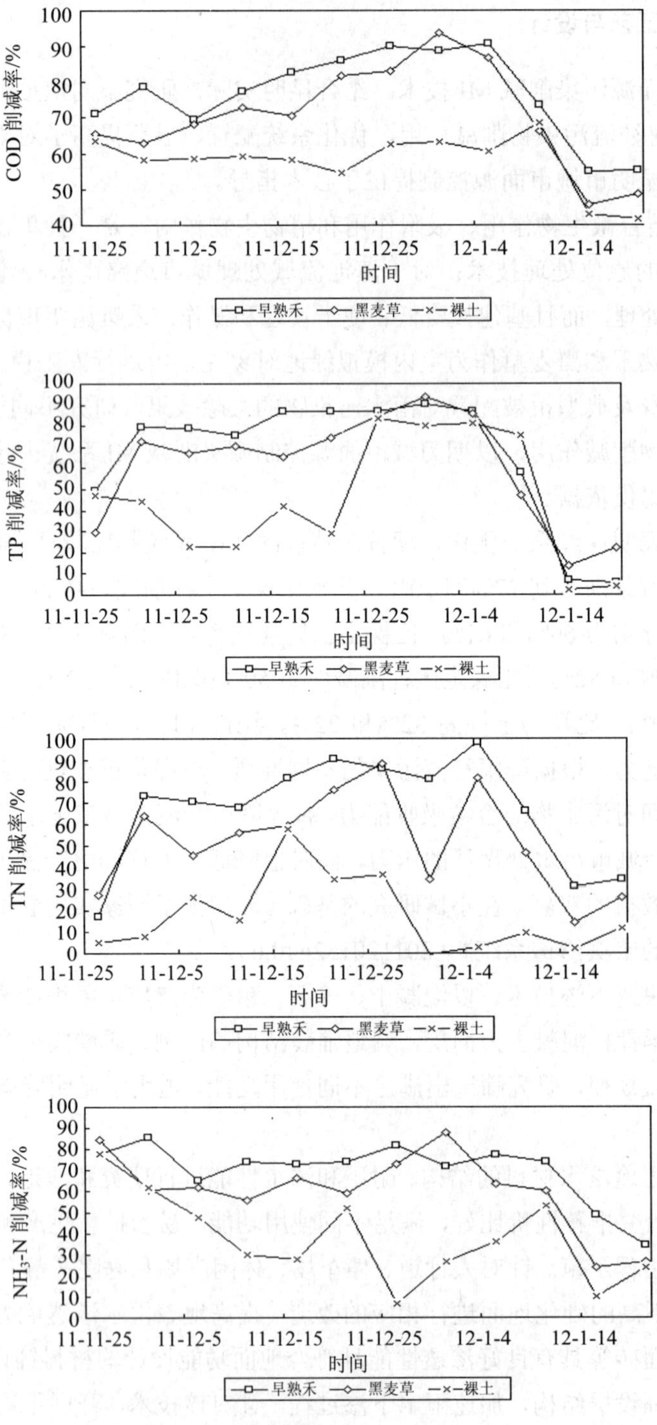

图 4-12　不同植被配置条件下各指标削减率比较

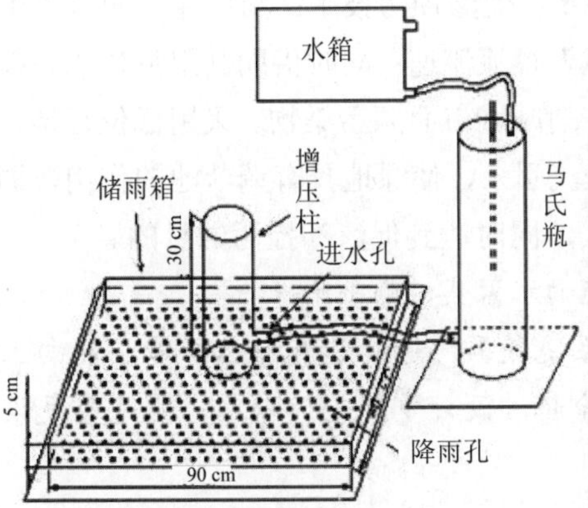

图 4-13　透水铺装降雨入渗产流室内试验装置

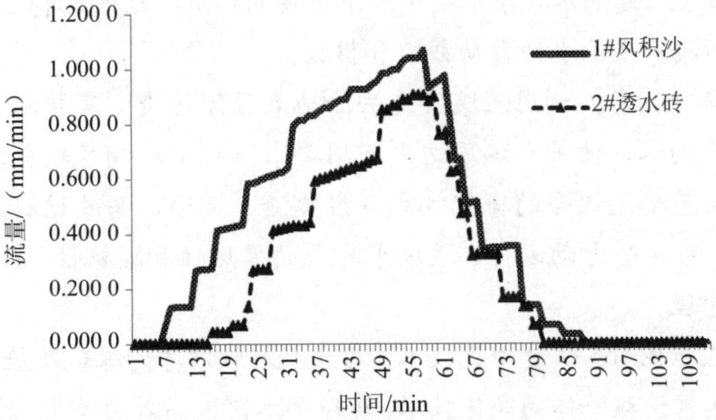

图 4-14　地表产流过程曲线

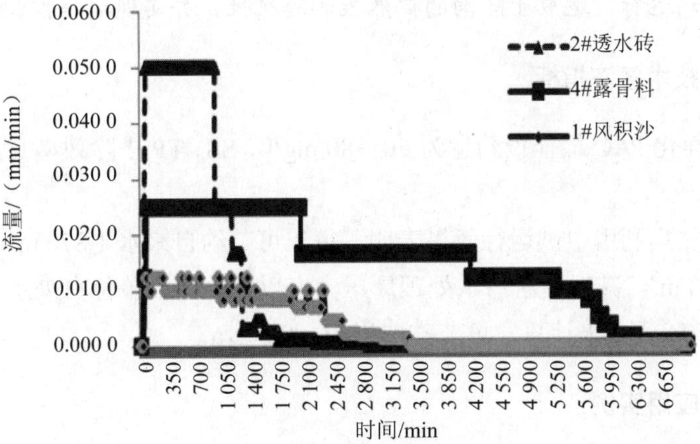

图 4-15　降雨入渗过程曲线

（3）雨水调蓄、净化与利用。绿地调蓄、促渗控污技术：利用绿地的水滞留和入渗作用延缓地表径流的产流过程，降低地表径流流速；同时借助其阻尼作用、糙度和地表腐殖质层净化或阻碍污染物的迁移，削减城市面源污染物。采用低位绿地，乔灌草结合，深中浅根搭配。将地面和屋面径流引入，使绿地具有调节池的作用，调蓄雨水；采用可过水马路牙，引道路雨水进入，同时达到促渗和控污的目的。

- 雨水集中调蓄技术：将区域径流雨水蓄集，削平雨峰。
- 雨水渗排一体化：渗排一体化系统兼具渗透功能和排水功能，能向土壤快速入渗雨水，同时能够有效排除超过设计重现期的雨水，避免重复设置排水设施。
- 景观水体调蓄技术：依托区域景观水体，分区控制，暂存或长期储存径流，促进雨水在当地利用或补充地下水。借助景观水体、低洼水塘减缓雨水流速，推迟径流汇入管网的时间，达到削减城市洪峰、控制污染的目的。
- 初雨弃流：是雨水收集系统中一个重要的环节，能够简单、高效地完成降雨初期污染严重雨水的自动截留和排放。
- 初雨净化技术：利用土壤渗滤去除地表径流污染；集蓄池设置沉淀过滤设施净化雨水，使雨水水质达到回用要求。对水质相对较差的庭院雨水采用多种工艺单元组合的净化方式，经隔渣、沉砂、高效过滤、消毒等处理后回用。系统全自动运行，适应于降雨的偶然性和随机性，并实现远程控制，便于管理。
- 雨水低能耗雨水快速净化技术：对于水质较洁净的绿地及屋面雨水，采用与收集集蓄设施一体的净化技术，实现雨水快速高效的净化，且降低净化成本。
- 庭院雨水收集处理及回用技术：对于水质相对较差的庭院雨水采用多种工艺单元组合的净化方式，经隔渣、沉砂、高效过滤、消毒等处理后回用。系统全自动运行，适应于降雨的偶然性和随机性，并实现远程控制，便于管理。

4.2.2.3 主要技术经济指标

（1）雨水净化 PAC 最佳投药量为 60～80 mg/L，SS、TP 去除效率高，可达到 90%以上。

（2）雨水收集利用中试运行效果表明，每年可节约自来水 1 870 m^3，同时减少外排雨水近 3 000 m^3，减轻下游污水处理厂压力。以行政事业单位自来水费 4.85 元/t、污水处理成本 0.8 元/t 来计算，可节省费用 10 098 元/a。

4.2.2.4 示范应用实例

选择弥勒寺公园开展工程示范，示范工程总面积 47 900 m^2，采用 7 种铺装方式，新建高效渗水材料铺设或铺设结构层优化面积 12 894 m^2，可实现雨水减排 56.41%，年增加雨水利用 20 839 m^3，节约自来水费和污水处理费共计 13.1 万元，具有良好的环境和经济效益，同时公园的建设彻底解决了示范区雨季淹水问题，改善了周边居民居住环境，具有突出的环境效益和社会经济效益。总结技术研发与工程示范成果，编制并由地方政府相关部门颁布了《昆明市雨水收集利用工程设计指南》《昆明市城市建筑与小区雨水收集利用工程（参考）图集》、编制了《滇池流域城市面源污染源头控制管理规范》，为指导设计单位按国家和地方相关规范和规定要求开展雨水综合利用和城市面源源头控制系统设计提供了技术支持。基于研究成果，申请专利 4 项，分别为《射流式加药装置》（201120429679.8）、《新型高效雨水弃流下渗装置》（201120430119.4）、《雨水资源化利用成套技术》（20111034213.X）、《研究不同透水性铺装材料在降雨时雨水快速入渗规律的方法及专用装置》（201110433936.X）。

4.2.2.5　主要创新点

本技术集径流原位削减—雨水快速入渗技术、径流过程削减—雨水渗排一体化技术、径流时空缓冲—雨水调蓄技术、径流空间调度—雨水异位调蓄技术和雨水回用技术为一体，可在城市公共空间、建筑小区、旧城区、商业区、城市交通干道等有各自特征的城市功能单元中进行推广运用，是减少雨季合流制污水收集系统中雨峰冲击的有效手段。

4.2.3　合流污水高效截流处理集成技术

4.2.3.1　技术概述

根据昆明市合流污水溢流污染治理的需求，研究调蓄池与污水处理厂的联动运行模式、优化污水处理厂雨季运行参数，开发了合流制污水处理厂最大削污动态运行及管理调控技术，提升污水处理厂的雨期处理能力，最大限度地减少合流污水的溢流污染。主要集成合流制排水系统截污溢清控制、雨污联合调控净化、合流污水调蓄过程水质净化、合流制污水处理厂最大削污动态运行调控 4 项技术。

4.2.3.2　技术工艺与设计

（1）雨季调蓄池与污水厂深度处理联动运行模式。通过考察不同水力负荷下深度处理过滤工艺处理雨季合流污水的运行效能，比较“重力沉降—过滤”与“混凝沉淀—过滤”处理雨季合流污水的运行效果，比较滤料种类及滤层结构对合流污水过滤处理的影响，研究提出雨季时采用调蓄池与污水处理厂深度处理过滤工段串联运行、深度处理与二级生物处理并联运行的模式处理雨季合流污水。

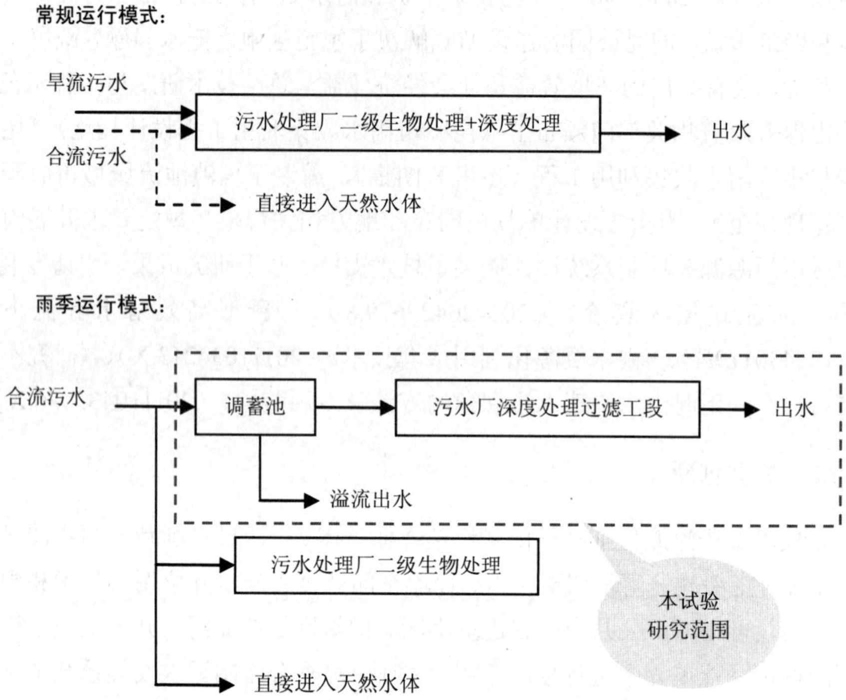

图 4-16 合流污水处理系统示意图

表 4-2 滤层结构与组成

滤柱	流向	上层滤料层			下层滤料层		
		滤料种类	粒径/mm	层高/m	滤料种类	粒径/mm	层高/m
A	上向流	陶粒	2～4	0.9	陶粒	4～6	0.9
B	上向流	石英砂	2～4	0.9	石英砂	4～8	0.9
C	下向流	陶粒	4～6	0.9	石英砂	2～4	0.9

注：承托层为鹅卵石，粒径 10～12 mm，层高 0.2 m。

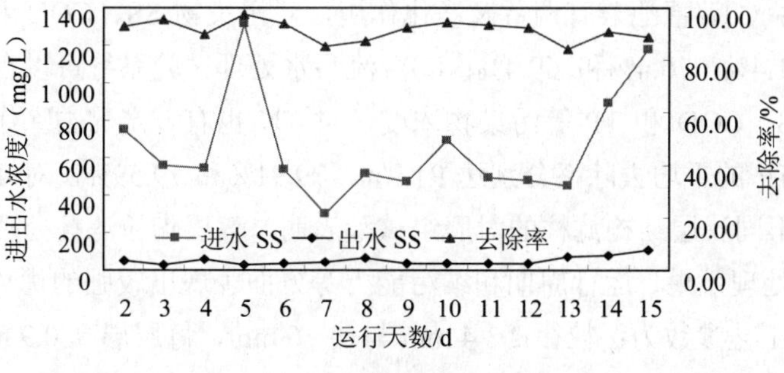

（a）SS 的日变化曲线

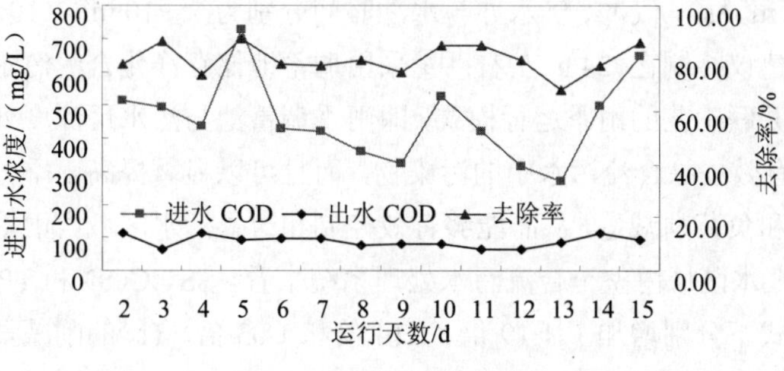

（b）COD 的日变化曲线

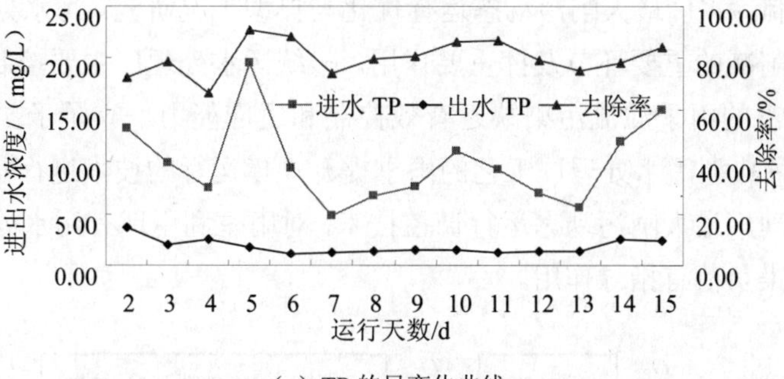

（c）TP 的日变化曲线

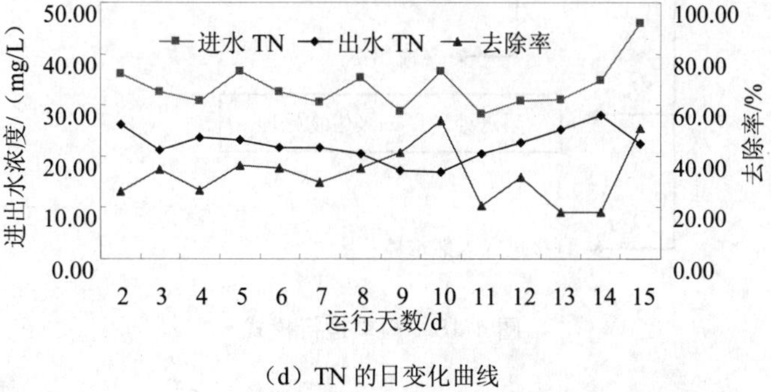

（d）TN 的日变化曲线

图 4-17　合流污水处理试验系统试验结果

研究表明：①调蓄池兼有调蓄及净化作用，对污染物 SS、COD 和 TP 的平均去除率分别为 81.4%、70.4%和 69.4%；②合流污水处理试验系统可以有效降低雨季合流污水中的 SS、COD 和 TP 等污染物浓度，对 TN 也有一定的去除作用，对污染物 SS、COD 和 TP 的平均去除率分别达 91.9%、79.91%和 79.59%，对 TN 的去除率也有 31.9%；③不同滤层结构滤柱的对照组试验表明，双层陶粒滤柱处理合流污水时在抗负荷冲击、处理效果、运行周期和纳污能力等方面表现出较强的优势，双层陶粒滤层滤柱的推荐工艺参数为：粒径 2～4 mm 与 4～6 mm，每层层高 0.9 m，上向流；过滤滤速 6～8 m/h；采用气水联合反冲洗方式，气水冲洗强度分别为 16～19.4L/（m^2 •s）与 5.3～7.1L/（m^2 •s），气冲、气水冲与水冲时间分别为 7～10 min、10 min 与 10 min；滤柱过滤周期建议控制在 24 h 左右；④采用调蓄池储存净化合流污水、污水厂启动串联工艺改为并联工艺的雨季运行模式，即雨季调蓄池与污水厂深度处理联动运行模式，不仅可以有效去除合流污水中的污染物，而且可以显著提高雨季合流污水处理系统的处理能力和负荷削减量，从而能够有效控制和改善汇水区域内雨季合流污水溢流污染状况，从汇水区域内整个合流污水处理系统来看，SS、COD 和 TP 负荷削减总量较常规运行模式下分别增加了 1.19 倍、1.14 倍和 1.03 倍，TN 的削减量也较常规模式时为高。

（2）合流制污水厂最大削污动态运行优化与典型工况研究。污水处理厂作为滇池入湖污染负荷削减的重要环节发挥重要作用，传统污水处理厂主要控制旱流污染，对于滇池流域突出的雨季溢流污染缺乏有效控制和适应能力。立足于昆明市水污染现状，通过对几种典型污水处理厂工艺的雨季提升规模运行的技术进行研究，开发出了合流制污水处理厂最大削污动态运行调控技术，对雨季利用现有污水处理厂最大限度地削减入湖污染负荷有指导作用。

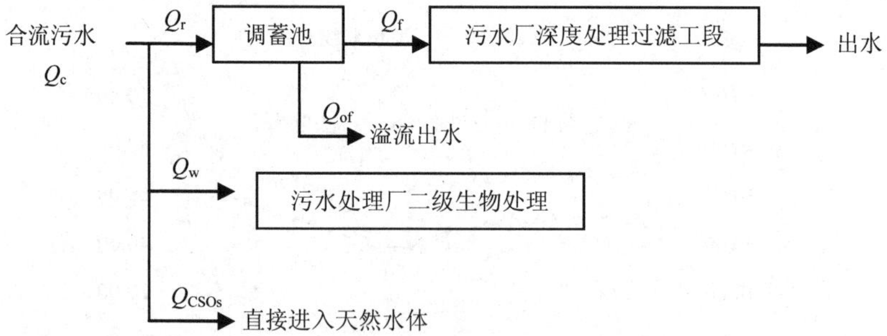

图 4-18 雨季运行模式

研究了污水处理厂一级处理、二级生物处理、深度处理 3 个污水处理单元处理雨季合流污水的运行效能，为各处理单元的组合与提升提供参数。

一级处理或一级强化可对城市污水及合流污水污染物具有一定的有效去除效果，其中 COD 去除率一般为 50%～70%，SS 去除率为 60%～90%，TP 去除率与 COD 相近；沉淀时间较长、沉淀充分时一级强化处理去除率较一级处理高约 5%。

表 4-3　一级（强化）处理工艺处理污水及合流污水效能

地区	药剂及投药量/（mg/L）	削减率/%			备注
		COD	TP	SS	
昆明	—	66.0	68.7	77.1	—
昆明	聚铁 8.5～13	71.2	70.6	82.0	—
武汉	助凝剂 0.15 PAC 35.4	62	67.3	79.2	—
中国香港	氯化铁 10 聚合物 0.15	80（BOD）	—	91	—
中国台湾	PAC30	60（BOD）	—	70	—
美国	氯化铁 10 高聚物 0.15	51	—	83	—
埃及	硫酸铝 250 氯化铁 200 石灰 800	80	—	60	—
英国	石灰 720	89	96	91	—
德国 ATV	—	16.7～33.0	8.0	42.9～57.1	TN9.1%

经过良好设计的 A^2/O 工艺（含 A^2/O 氧化沟）可承受 2.5 倍水力冲击负荷和 1.5 倍水质冲击负荷；而经过良好设计的 SBR 工艺可承受 1.5 倍水质冲击负荷和 1.5 倍水力冲击负荷。

表 4-4　二级处理冲击负荷及恢复

冲击负荷	水质指标	临界负荷/倍	恢复期/d	备注
水量（A^2/O）	COD	3	1	去除率降低 10%～13%
	BOD_5	3	1	去除率降低 10%～13%
	TN	2.5	3	去除率降低 35%～60%
	TP	3	1	去除率降低 10%～16%
	SS	3	1	去除率降低 10%～18%
水质（SBR）	COD	1.5	3	—
	BOD_5	1.5	3	—
	TN	2.5	3	—
	TP	3	3	—
	SS	—	3	—

深度处理滤池用于合流污水时，可以有效降低雨季合流污水中的 SS、COD 和 TP 等污染物浓度，对 TN 也有一定的去除作用。

表 4-5 深度处理滤池及联合工艺用于合流污水处理

工艺	处理效能/%			
	COD	TN	TP	SS
深度处理滤池用于合流污水处理	32.0～33.2	20.3～26.1	29.2～30.0	55.7～62.9
一级处理—深床滤池处理合流污水	76.8±5	27.6±6.4	67.7±6.3	91.5±3.1
一级强化处理—深床滤池处理合流污水	80.8±4.6	32.9±9.5	80.0±7.6	92.0±3.3

基于以上研究，提出了 5 种运行模式，其中 3 种是对现状污水处理厂工艺进行优化组合并适当改造，在适度降低出水标准的前提下，通过提升污水处理厂的雨期处理能力，最大限度地减少合流污水溢流污染。二级处理雨季运行模式——充分利用二级生化处理的冗余处理能力，处理额外的原污水；二级处理、深度处理并行运行模式——将深度处理单元改作二级生化处理的并联处理单元，提高污染物削减总量；一级处理出水超越后续处理单元运行模式——将污水处理厂一级处理出水超越后续处理单元，直接排放。采用边际成本法，可分析不同处理模式在不同处理规模时的效能。

表 4-6 污水处理厂雨季运行模式

编号	运行模式	运行流量
（1）	常规运行模式	（0，Q_s]
（2）	二级处理雨季运行模式	（Q_s，Q_{2m}]
（3）	二级处理、深度处理并行运行模式	
（3a）	常规二级处理、深度处理并行运行模式	（Q_s，$2Q_s$]
（3b）	强化二级处理、深度处理并行运行模式	（Q_s，$Q_{2m}+Q_s$]
（4）	一级处理出水超越后续处理单元运行模式	（Q_s，Q_{1m}]
（4a）	常规超越运行模式	（Q_s，Q_{1m}]
（4b）	超越二级处理雨季运行模式	（Q_s，Q_{1m}]
（4c）	超越二级处理、深度处理并行运行模式	（Q_s，Q_{1m}]
（4c1）	超越常规二级处理、深度处理并行运行模式	
（4c2）	超越强化二级处理、深度处理并行运行模式	
（5）	厂前溢流	$Q_0>Q_{1m}$

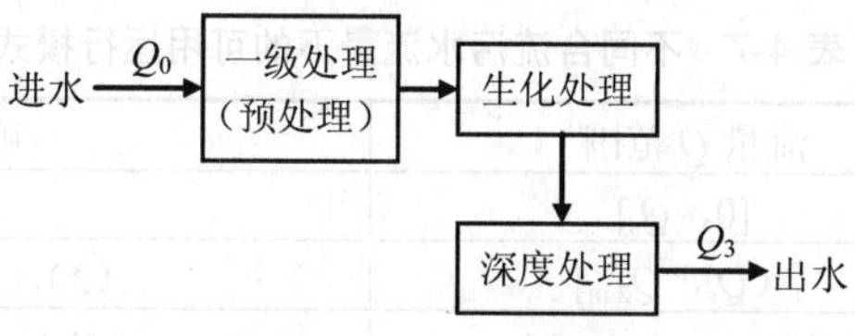

图 4-19　常规运行模式

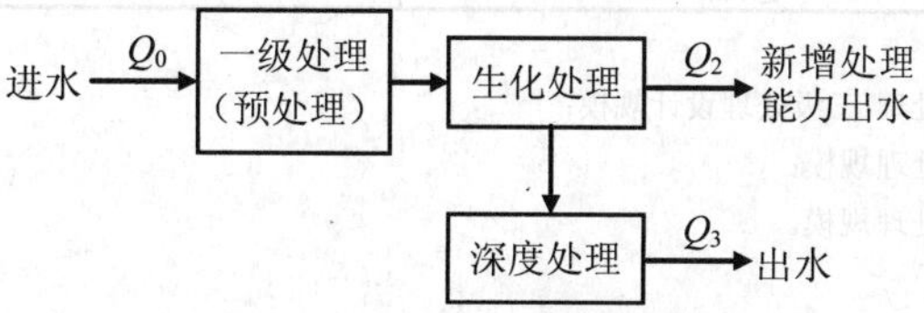

图 4-20　二级处理雨季运行模式

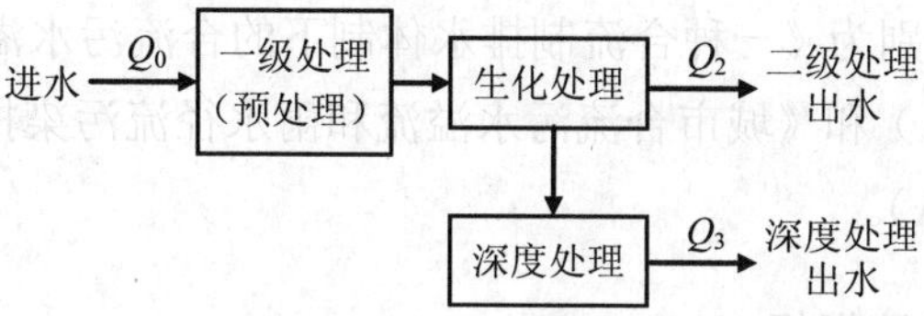

图 4-21　二级处理、深度处理并联运行模式

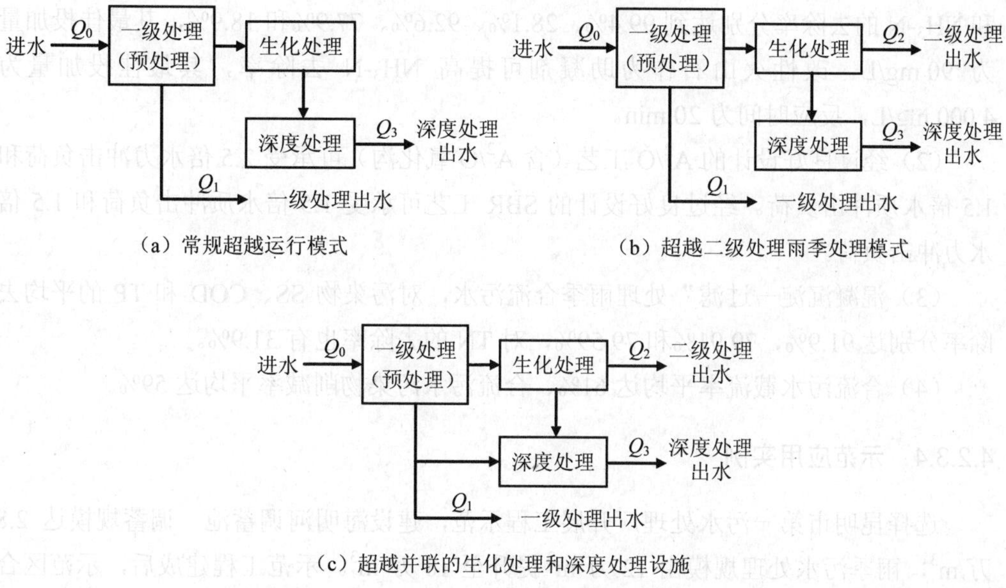

（a）常规超越运行模式　（b）超越二级处理雨季处理模式

（c）超越并联的生化处理和深度处理设施

图 4-22　一级处理出水超越后续处理单元运行模式

表 4-7　不同合流污水流量下的可用运行模式

序号	流量 Q 范围①	可用模式②
1	$[0, Q_s]$	（1）
2	$(Q_s, Q_{2m}]$	（2），（3b）或（4a）
3	$(Q_{2m}, Q_{2m}+Q_s]$	（3b）或（4a）、（4b）
4	$(Q_{2m}+Q_s, Q_{1m}]$	（4）
5	(Q_{1m}, ∞)	（5）+（1），或（5）+以上任一组合

①：流量代号如下所示：

Q_s—— 处理系统/二级处理/三级处理设计规模；

Q_{2m}——二级处理最大处理规模；

Q_{1m}——一级处理最大处理规模。

通过这一对合流制污水处理厂最大削污动态运行调控技术的研究与应用，发挥污水处理厂的最大负荷削减作用，最大限度地减少入湖污染负荷。基于研究成果，申请了两项发明专利，分别为《一种合流制排水体制下的合流污水溢流和城市面源控制方法》（CN102193562A）和《城市合流污水溢流和雨水径流污染控制的装置、方法和用途》（CN102220783A）。

4.2.3.3　主要技术经济指标

（1）聚合氯化铝为处理调蓄池合流污水的最佳絮凝剂，对 SS、TN、TP、COD_{Cr} 和 NH_3-N 的去除率分别达到 99.4%、28.1%、92.6%、77.9%和 18.9%，其最佳投加量为 90 mg/L。改性火山石作为助凝剂可提高 NH_3-N 去除率，其最佳投加量为 4 000 mg/L，反应时间为 20 min。

（2）经过良好设计的 A^2/O 工艺（含 A^2/O 氧化沟）可承受 2.5 倍水力冲击负荷和 1.5 倍水质冲击负荷。经过良好设计的 SBR 工艺可承受 1.5 倍水质冲击负荷和 1.5 倍水力冲击负荷。

（3）混凝沉淀—过滤”处理雨季合流污水，对污染物 SS、COD 和 TP 的平均去除率分别达 91.9%，79.91%和 79.59%，对 TN 的去除率也有 31.9%。

（4）合流污水截流率平均达 61%、合流污水污染物削减率平均达 59%。

4.2.3.4　示范应用实例

选择昆明市第一污水处理厂开展工程示范，建设海明河调蓄池，调蓄规模达 2.8 万 m^3，雨季污水处理规模由 12 万 m^3 提升至 18 万 m^3。示范工程建成后，示范区合流污水截流率达到 61.11%，合流污水 COD、TN、TP 和 SS 负荷削减率达 59.6%、55.2%、47.2%、56.7%，雨季溢流污染 COD、TN、TP 和 SS 负荷排放量削减率达 34.7%、20.4%、38.0%、52.5%。

图 4-23　污水处理厂

图 4-24　调蓄池

4.2.3.5　主要创新点

开发的截污溢清智能控制系统，可最大限度地截流高浓度合流污水。在此条件下以高效截流高浓度合流污水、提高污水处理厂进水污染物浓度为目标，兼顾其净化及沉砂、排泥、除臭等功能，开发适合研究区合流污水的调蓄池型，并合理布局及系统优化，在实现高浓度合流污水贮存、转输功能的同时，实现合流污水 SS、COD 的高效去除。研究优化污水处理厂雨季运行参数，开发了合流制污水处理厂最大削污动态运行及管理调控技术，提升污水处理厂的雨期处理能力，最大限度地减少合流污水的溢流污染。

4.2.4　河流原位、旁路及河口沿程层减污集成技术

4.2.4.1　技术概述

近 20 年来，基于河流自净作用原理，国内外水处理工作者都在开发高效、低投资与低运行成本的水处理技术，而河流水净化技术在发达国家如美国、日本、德国、瑞士、韩国等都得到了广泛研究以及实际工程应用。目前，已经初步形成了河流水净化技术的方法体系。

按照水处理技术的净化原理分类，目前有关河流水净化方法可以分为物理法、化学法和生物/生态技术 3 大类。各种技术具有不同的技术、经济特点以及适用条件，充分掌握并客观、系统地分析总结国内外的各种河道水净化技术的适用条件和经济性，以确立我们开展原位、旁路沿程层减污技术体系。

根据污染河道水净化系统与河道的相对空间关系，受污染河流治理技术可分为三类：第一类是在河道内建设处理系统，沿程进行河水净化的原位处理方法，如河道内的曝气法、投菌法、生物膜法和化学法等；第二类是将河水引出河道水系，在河岸带上建设处理系统，将河水分流其中进行处理的易位强化处理方法，如建于河岸上的生

物滤床、生物接触氧化系统、氧化塘系统以及其他形式的生物反应器等，易位强化处理法是目前受污染河流治理中值得关注的一条新思路；第三类是利用河口区位，构建生物塘、库系统，滞留缓冲河道雨洪污水及其强化处理。具体技术方法及空间位置的选择，需要综合污染河流的地形条件、水文特征、污染特点和使用功能等多种因素而确定。

针对低污染的河水高氮低碳的特征，建立以固相反硝化高效脱氮技术为核心的河流原位、旁路及河口沿程层层减污技术单元，利用河流自有"腔体"、河边绿地园林和河口湖边带为处理空间，集成接触氧化、生物滤床、土壤渗滤、生态湿地等多项水处理技术，实现了分层次多技术分段治水的目的。经过层层减污后的河水水体环境已经得到改善，在下游河道区域采用生态河道构建及生态修复技术初步恢复河流自然属性。

4.2.4.2 技术工艺与主要参数

河流原位治理示范工程采用厌氧预处理+曝气接触氧化（部分为太阳能供能）+固相反硝化+沉淀的组合工艺，在研究区布设仿生水草生物填料作为厌氧预处理，既能挡截河水中悬浮污染物，又能为异养菌和厌氧菌提供载体，通过这些微生物的对水体的净化作用，有效地分解河水中的污染物，为河水进入下段曝气示范工程处理提高了可生化性和氧的利用率。曝气接触氧化段设计为好氧段（硝化反应），在河道上布置仿生水草生物填料，并对河水进行曝气，仿生水草生物填料+微曝气系统形成接触氧化反应区。后段设计为缺氧段（反硝化反应）和沉淀的组合工艺，针对新运粮河低有机污染脱氮碳源不足的水质特征，筛选引入适宜的非水溶性固体物质作为微生物的碳源和附着载体（固相反硝化工艺），为反硝化脱氮提供稳定、易于维护的微生物生存环境，实现硝酸盐氮的高效去除，并依靠微生物的分解作用和固体碳源的吸附作用，同步实现对有机污染的净化。

旁路治理示范工程采用曝气生物滤池预处理+多级土壤渗滤系统（添加自主开发的模块化固相碳源）与"曝气生物滤池预处理+廊道式固相反硝化生物滤床"的组合工艺，通过新型固相碳源的研发，以生物填充床以及多级土壤渗滤系统土壤模块层的配比优化研究成果，针对新运粮河的低污染水质特征，实施了以强化脱氮除磷为核心的廊道式生物滤床、改良型多级土壤渗滤系统的技术。BAF+多级土壤渗滤系统组合工艺中微曝气 BAF 单元，气水比（3～5）∶1，HRT 0.5～1 h。多级土壤渗滤系统，表面水力负荷 1～2 $m^3/(m^2\cdot d)$。BAF+廊道式生物滤床组合工艺中微曝气 BAF 单元：气水比（3～5）∶1，HRT 0.5～1 h。廊道式生物滤床系统：核心单元固相反硝化填充床（空床水力停留时间）HRT 0.5～1.5 h。

河口湖滨区为河口湿地工程和入湖河口弧形浮岛圈，形成河流入湖污染削减的最后一道屏障。示范工程以河流末端入湖低污染水为处理对象，采用河－沟－塘－表－

浮岛等工艺组合，形成了低污染水自然湖滨生态湿地处理系统。

4.2.4.3　主要技术经济指标

河道原位示范工程不占用土地，为降低运行成本，课题开发了太阳能供能的一体化河道曝气装置共 11 套（已获专利），安装于长 100 m 的河段，已稳定、高效、低噪、无成本运行了近 1 年，效果极好。

旁路示范工程建设于河边林带，技术经济指标优于传统土地处理系统，不另占土地，采用地埋式，上部为低矮植被，集生态、景观、治污、科普于一体，示范效果明显。

河流原位、旁路及河口沿程层层减污集成技术单位投资 840～1 040 元/m^3，单位运行费用 0.20 元/m^3，技术经济指标较优，运行费用较低。

4.2.4.4　技术示范实例及其应用效果

建设了长约 2.8 km 的河流原位治理示范工程，采用厌氧预处理+曝气接触氧化（部分为太阳能供能）+固相反硝化+沉淀的组合工艺，其中原位曝气段长 1 km（图 4-25），处理规模达 2 万 m^3/d，非雨季进出水断面透明度提高约 40cm 以上，COD、TN、TP 平均去除率达 30%、30%、20%以上。示范工程不影响河道的行洪安全，能够实现河水的全年全天候运行处理，并具有较好的负荷耐冲击能力，在雨洪过后生物膜及处理效率能快速恢复。

图 4-25　新运粮河流原位曝气示范工程

依托新运粮河下游面积约 6 000 m^2“河长林”，建设占地约 1 000 m^2 的旁路治理示范工程（图 4-26），采用曝气生物滤池预处理+多级土壤渗滤系统（添加自主开发的模块化固相碳源）与“曝气生物滤池预处理+廊道式固相反硝化生物滤床”的组合工艺，处理规模达 2 000 m^3/d，TN、TP 平均去除率达 80%、60%以上。水力负荷达 1～2 $m^3/(m^2\cdot d)$。旁路示范工程建设于河边林带，不另占土地，采用地埋式，上部为低矮植被，集生态、景观、治污、科普于一体，示范效果明显。

图 4-26　河流旁路治理示范工程

以“四退三还”形成的河口湖滨区为处理空间，建设约 60 000m^2+6 600 m^2 河口湿地工程（图 4-27）和入湖河口弧形浮岛圈（图 4-28），形成河流入湖污染削减的最后一道屏障。示范工程以河流末端入湖低污染水为处理对象，采用河－沟－塘－表－浮岛等工艺组合，形成了低污染水自然湖滨生态湿地处理系统，湿地旱季处理规模 5 000～10 000 m^3/d；COD、TN、TP 平均去除率达 20%、15%、15%，出水水质达到或接近Ⅴ类水。水力负荷最大达 0.15 $m^3/(m^2\cdot d)$。

图 4-27　河口湿地工程

图 4-28　河口浮岛工程

4.2.4.5　主要技术创新点

河流原位、旁路及河口沿程层层减污集成技术对城市型污染河流的治理具有明显的效果，针对低污染的河水高氮低碳的特征，建立以固相反硝化高效脱氮技术为核心的河流原位、旁路及河口沿程层层减污技术单元，利用河流自有“腔体”、河边绿地园林和河口湖边带为处理空间，集成接触氧化、生物滤床、土壤渗滤、生态湿地等多项水处理技术，实现了分层次多技术分段治水的目的。经过层层减污后的河水水体环境已经得到改善，在下游河道区域采用生态河道构建及生态修复技术初步恢复河流自然属性。

今后将继续开发集成技术，根据实际城市型污染河流的现状特点，进一步优化集成工艺参数以及拓展一些新的组合工艺，研究出成熟的针对城市型小型污染河道治理的集成技术。

4.2.5 基于固相碳源强化反硝化高效脱氮技术

4.2.5.1 技术概述

低有机污染水的营养盐氮素、磷的污染问题是我国完成点源控污之后未来环境污染的突出问题。经济适用的污水处理工艺均可被借鉴用于河流的易位处理，如自然生态型的土地处理系统（特别是人工湿地处理系统、多级土壤处理系统），氧化塘系统，以及引入生态型的人工强化型的生物接触氧化法、生物滤床等，但在脱氮除磷方面均存在效率比较低下的问题。

多级土壤渗滤系统（multi soil layering system，MSL）技术是日本在 20 世纪 90 年代开发出的一种新型、高效的人工强化土壤渗滤系统，克服了传统土地处理系统占地面积大、处理负荷低、易堵塞等缺陷，脱氮效果也有所提高。MSL 以其独特的“砖砌”式内部空间结构，将系统分为混合模块层（Mixture Layers，ML）和渗滤层（permeable layers，PL），构建系统内部“好氧—厌氧”的微环境，使得系统具有较好的污染物去除效果。MSL 系统在国外生活污水、餐饮废水、畜牧废水、污染河水等的治理均有应用，但针对低有机污染河流以及敏感性流域排水的高效脱氮除磷的需求目标，必须进一步改进原有技术不足，在脱氮除磷方面取得关键技术突破。如怎样长效保证基于“砖砌”式内部空间结构形成的“好氧—厌氧”环境，维持吸附、矿化、硝化、反硝化、高效固磷等过程的顺利进行，如何保证反多级土壤渗滤系统下层或沿水流方向反硝化脱氮的碳源不足导致脱氮效率不高的问题。

本研究针对截污控源后城市型入湖河流低有机污染高氮素的水质特征，开发了一系列新型固相碳源强化固相反硝化生物脱氮的功能，并通过多介质材料优化组合强化脱氮除磷的作用，突破了低污染水的强化脱氮除磷技术，开发以固相碳源的反硝化生物脱氮除磷技术为核心的改良型多级土壤处理系统等生态型景观化的河道易位强化脱氮除磷的技术工艺。

4.2.5.2 技术工艺与主要参数

（1）工艺流程说明。研发了针对生活污水、低污染水的水质特征“基于固相碳源的好氧—缺氧两段式多级土壤渗滤系统”“BAF+多级土壤渗滤系统”组合工艺。其工艺流程以及核心单元净化原理如图 4-27 所示。

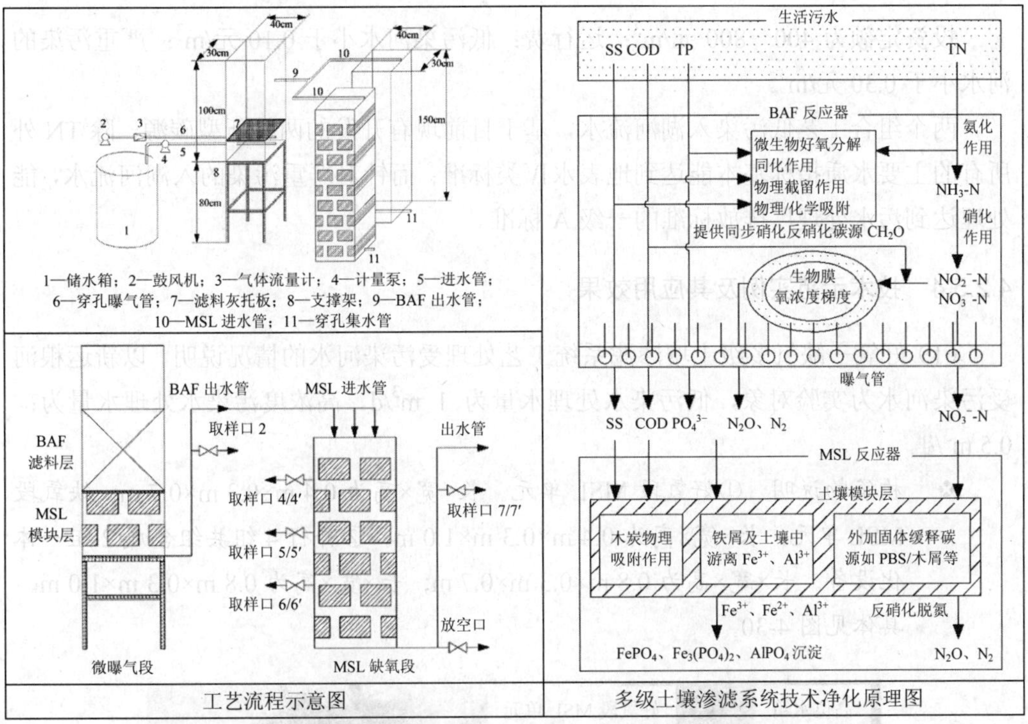

图 4-29　基于固相碳源的多级土壤渗滤系统技术应用工艺流程及其示意图

（2）工艺参数说明。

- ❖ 调节沉淀池：调节沉淀池可以均衡水质、水量，使后续处理工艺在相对稳定的条件下工作。针对一般低污染水可以取消调节沉淀池，但为防止第 1 段曝气多级土壤渗滤系统的堵塞问题，建议选择 HRT 为 1.5 ~ 2.0 h；而针对较高浓度生活污水，建议设置调节初沉池，建议 HRT 为 5 ~ 9 h，充分发挥均和水质、水解（酸化）作用。
- ❖ 基于固相碳源的好氧—缺氧多级土壤渗滤系统组合工艺：由好氧—缺氧两段式多级土壤渗滤系统组成的核心单元。①低污染水：气水比 3∶1；表面水力负荷 1 ~ 2 $m^3/(m^2\cdot d)$；②高浓度生活污水：气水比（4 ~ 8）∶1；表面水力负荷 0.5 ~ 1 $m^3/(m^2\cdot d)$。
- ❖ 基于固相碳源的 BAF+多级土壤渗滤系统组合工艺：由（曝气）惰性载体 BAF+多级土壤渗滤系统一体化组合工艺。①低污染水：微曝气 BAF 单元：气水比（1 ~ 3）∶1，HRT 0.5 ~ 1 h；多级土壤渗滤系统表面水力负荷 1 ~ 2 $m^3/(m^2\cdot d)$。②生活污水：微曝气 BAF 单元：气水比（4 ~ 10）∶1，HRT 0.5 ~

1 h；多级土壤渗滤系统表面水力负荷 0.5 ~ 1 $m^3/(m^2 \cdot d)$。

4.2.5.3 主要技术经济指标

投资定额为 400～800 元/m^3；运行费：低污染河水小于 0.10 元/m^3；严重污染的河水小于 0.30 元/m^3。

两个组合工艺低污染入湖河流水，基于目前现有开发的两种新型碳源，除 TN 外所有的主要水质指标基本能达到地表水Ⅳ类标准；而针对严重污染的入湖河流水，能处理达到污水处理厂排放标准的一级 A 标准。

4.2.5.4 技术示范实例及其应用效果

（1）好氧—缺氧多级土壤渗滤系统工艺处理受污染河水的情况说明。以新运粮河受污染河水为实验对象，低污染水处理水量为 1 m^3/d，高浓度污染水处理水量为：0.5 m^3/d。

❖ 构筑物说明：①好氧段 MSL 单元。长×宽×高为 0.4 m×0.3 m×0.7 m；缺氧段 MSL 单元：长×宽×高为 0.4 m×0.3 m×1.0 m。②并行 4 组共组合成 2 组一体化设备。长×宽×高为 0.8 m×0.3 m×0.7 m；长×宽×高为 0.8 m×0.3 m×1.0 m。具体见图 4-30。

图 4-30 好氧—缺氧两段式多级土壤渗滤系统一体化净化设备

❖ 运转情况说明：处理新运粮河低污染水、重污染河水（接近生活污水）的净化效果数据统计分析结果列于表 4-8。

表 4-8　不同水质特征下好氧—缺氧多级土壤渗滤系统一体化设备的净化效果　单位：mg/L

采样点	DO	COD_{Cr}	NH_3-N	NO_3^--N	TN	TP
河水	0.35±0.61	42.85±6.51	11.89±1.25	4.20±0.97	19.07±2.29	1.37±0.37
曝气段 MSL 出水	5.88±0.72	17.25±3.26（60）	0.65±0.27（94）	14.71±1.62	16.83±2.89（12）	0.18±0.10（87）
组合工艺出水	0.32±0.22	9.16±1.13（78）	0.94±0.40（92）	2.32±0.61	3.92±0.83（78）	0.10±0.02（92）
地表水Ⅳ类		30	1.5	—	1.5	0.3
河水	0.15±0.31	173.86±43.05	39.42±1.87	1.50±0.52	48.01±4.95	3.44±0.23
曝气段 MSL 出水	5.98±0.36	42.14±8.72（75）	0.43±0.05（99）	24.72±1.42	27.42±2.18（42）	1.38±0.18（60）
组合工艺出水	0.25±0.28	34.20±9.18（80）	0.36±0.12（99）	6.81±1.13	7.09±1.70（85）	0.07±0.01（98）
排水 1 级 A 标准		50	5	—	15	0.5

注：括号内表示平均去除百分比。

研究结果证明，好氧—缺氧两段式多级土壤渗滤系统组合工艺对低污染水、高污染河水均表现出良好的净化效果，尤其是脱氮除磷效果非常显著。好氧段 MSL 单元采取持续曝气措施对有机污染物有较好的去除效果，对低污染水、高污染水的 COD 的平均去除率分别达到 78%、80%，COD_{Cr} 平均单位表面去除负荷达到 20.21 g/（m^2 · d）、83.80 g/（m^2 · d）。

在低污染水、高污染水两种水质特征下，组合工艺对 NH_3-N 的去除率均在 90%以上。同时，TN 平均去除率分别为 78%、85%，平均单位表面去除负荷达到 9.09 g/（m^2 · d）、24.55 g/（m^2 · d）。这是由于曝气段内部存在良好的硝化反应，非曝气段土壤模块层中添加了研发的固相碳源，保证良好的硝化-反硝化过程的实现，表现出高效的脱氮效率。

组合工艺同时表现出来高效的除磷能力，低污染、高污染河水水质特征下对 TP 平均去除率分别为 92%、98%，平均单位表面去除负荷达到 0.76 g/（m^2 · d）、2.02 g/（m^2 · d）。MSL 系统高效除磷，一方面是由于土壤胶体颗粒的化学吸附固定作用；同时，ML 层中添加的铁屑发生物理化学反应过程除磷；另一方面，污染程度加剧条件下，缺氧段可能存在反硝化除磷作用。

组合工艺低污染河水，出水水质除 TN 外均达到我国地表水标准Ⅳ类水体标准；处理受严重污染的河水远高于我国生活污水排放标准 1 级 A 标准。

（2）好氧—缺氧多级土壤渗滤系统工艺处理受污染河水情况说明。以新运粮河受污染河水为研究对象，开展了“微曝气 BAF+多级土壤渗滤系统”的技术示范的工程应用研究。处理规模水量约为 1 000 m^3/d。其平面布局、景观效果以及实施前后的情况见图 4-31、图 4-32。

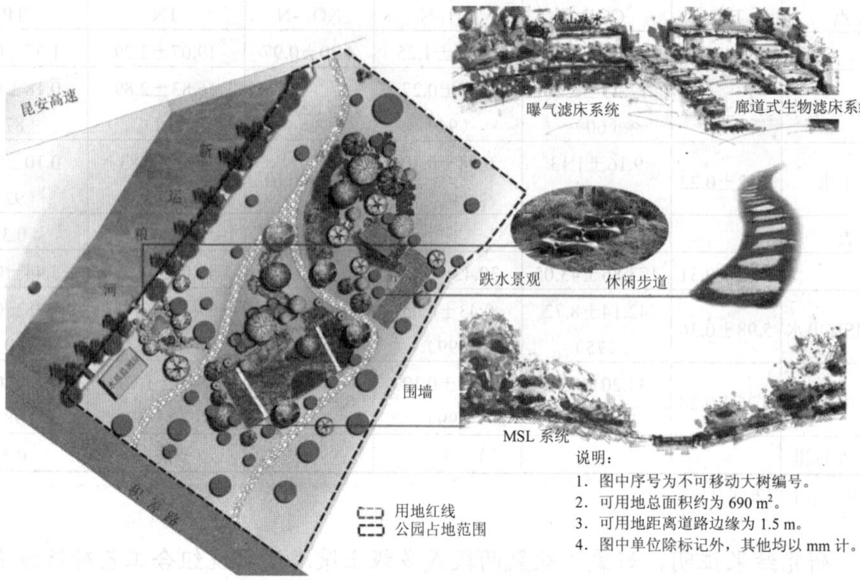

图 4-31　BAF+MSL 系统技术示范工程平面布局与景观效果示意图

图 4-32　BAF+MSL 系统技术示范工程现场实施前后的景观效果情况

❖ 主要构筑物说明：①BAF 单元：长×宽×高 4 m×4 m×3.5 m；②快滤池：长×宽×高 4 m×2 m×3.5 m；③清水池单元：长×宽×高 4 m×2 m×3.5 m；④MSL 系统（A 碳源）：15 m×10 m×3 m +7 m×7 m×3 m；⑤MSL 系统（B 碳源）：

10 m×10 m×3 m +7 m×7 m×3 m。

❖ 运转情况说明：该技术示范项目于 2012 年 3 月底完成施工，专人管理每天 24 h 运行，已持续稳定运行 6 个月以上。研究成员每周至少保证采样 2～3 次，并且自 4 月份起委托第三方每月采样 1～2 次。

根据第三方监测报告分析，两种固相碳源的 BAF-MSL 系统组合工艺的处理效果均达到并优于考核指标中各污染物的去除要求。尤其是在强化脱氮方面都具有高效的反硝化能力，当进水 TN 浓度范围为 9.77～14.53 mg/L 时，两个组合工艺系统出水都能达到 TN＜1.5 mg/L，脱氮效率在 85%以上，远高于传统的土壤渗滤系统、人工湿地系统等。

进水氨氮浓度范围为 2.17～5.84 mg/L，经过微曝气 BAF 滤池的硝化作用后，86%以上的氨氮被好氧硝化为硝氮，为反硝化作用的进行准备了条件，两套 BAF-多级土壤渗滤系统对氨氮的去除率均达到 80%以上，出水氨氮的平均浓度分别为（0.75 ± 0.23）mg/L 和（0.64 ± 0.27）mg/L。

在进水硝氮浓度变化较大的水质条件（1.96～10.22 mg/L）下，两套 BAF-多级土壤渗滤系统对硝氮的去除率达到了 85%以上，获得了较好的脱氮效果。

进水中 TP 的浓度范围为 0.17～0.46 mg/L，在进水 TP 负荷较低的情况下，两套组合工艺对 TP 的去除率仍能达到 35%～78%，到了示范工程对 TP 去除率的考核目标，即 TP 去除率达到 10%～30%，可以看出组合工艺对 TP 的去除具有较明显的优势。

进水 COD 质量浓度在 30～50 mg/L 范围，经过 BAF 中的好氧作用以后，COD 得到了一定程度的降低，再经过两套多级土壤渗滤系统之后，出水 COD 平均质量浓度分别为（24.83 ± 3.22）mg/L 和（28.17 ± 3.11）mg/L，对 COD 的去除率分别为 43.24% ± 3.01%和 35.63% ± 1.78%，达到了技术示范工程预期考核目标中对 COD 的去除率要求，即 30%～50%。

4.2.5.5　主要技术创新点

基于固相碳源反硝化生物脱氮原理、新型固相碳源研发以及在强化脱氮除磷的河流易位处理生态型处理组合工艺研究及其应用方面所取得的强化脱氮除磷的技术突破具有创新性，与国际国内同类技术相比较，该研究处于国际领先水平。

作为固相碳源反硝化生物脱氮技术的突破，其潜在的应用领域是非常广泛的，也是未来我国氮素控制战略的重要技术支撑。该技术可以拓展应用的领域有：①敏感大流域湖泊入湖河流、农业面源、城市面源低 C/N 污染水质特征的氮素控制；②污水处理厂出水的深度脱氮处理；③受污染地下水源作为饮用水的脱氮技术；④城市景观水环境的水质保障工程—富营养化问题—城市河流、城市湖泊以及高档住宅小区水景观等。

今后还需要继续开发技术、经济可行的新型固相碳源，进一步优化生态型组合工艺的参数以及拓展一些新的组合工艺；还需要在微生物群落结构解析基础上探讨调控形成反硝化优势菌的方法（如开发反硝化菌剂等）。

4.3 湖滨区设施农业集水区内面源污染的防控技术

4.3.1 湖滨区设施农业问题与特征

高原湖泊流域农业面源污染问题突出，针对湖滨大棚区生产投入高、水肥施用量大、污染严重的特点，研发了湖滨区设施农业集水区内面源污染防控技术。整合集成滴灌技术、喷灌技术、缓释肥技术、精准施肥技术、植物篱技术、田间径流收集回用技术，固废处理技术等，形成的湖滨区设施农业集水区内面源污染防控成套技术，交叉形成减少氮磷用量、增加氮磷吸收、防止氮磷流失、循环利用氮磷 4 种手段，实现对农业污染物的源头减量控制、过程阻断拦截、终点吸收固定三重拦截和消纳（图 4-33）。

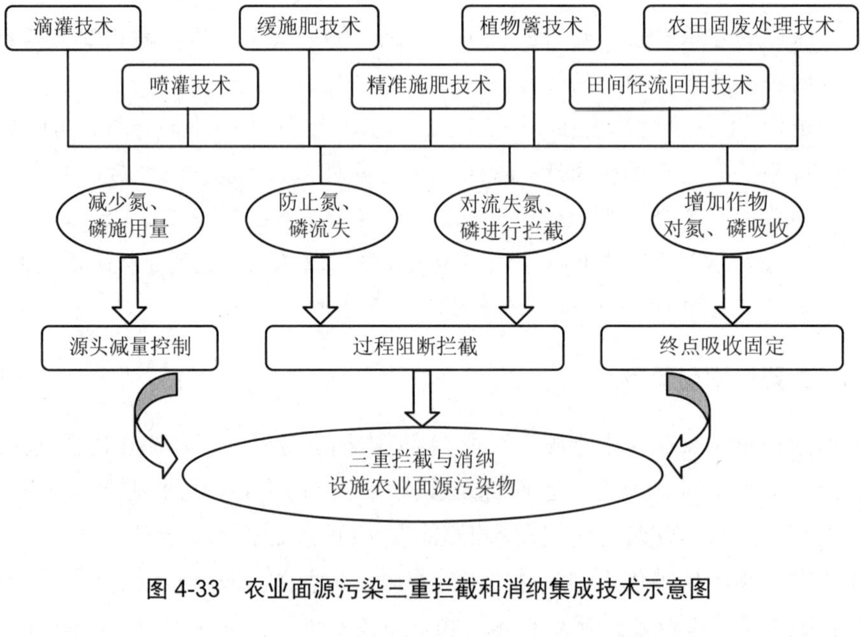

图 4-33 农业面源污染三重拦截和消纳集成技术示意图

该成套技术在滇池柴河小流域 6.07 km^2 的区域开展了规模化示范。核心示范区设施农田氮磷化肥施用减少 35%～50%，利用率提高 5%～10%；农药使用量减少 40%

以上，残留量符合国家标准；农业废弃物利用率达到 90%以上。在入湖农业面源负荷大幅下降的同时，示范区的农业综合效益增加 15.4%。

4.3.2　节肥调控关键技术与示范

4.3.2.1　蔬菜 N、P 素减量试验研究结果

在青椒试验中，本研究土地氮磷条件下，降低氮磷用量可以增加青椒产量。与农户习惯施肥量（氮磷用量 1 320 kg/hm^2）相比，氮磷用量降低 30%～65%，均有不同程度的增产效果，增产幅度 15 135～23 610 kg/hm^2。从肥料效应看，处理 30%CK 的氮磷用量均可。其中，N 用量为 225 kg/hm^2，P_2O_5 用量为 225 kg/hm^2，K_2O 用量为 225 kg/hm^2。

- ◆ 与农户对照相比，蔬菜氮磷用量降低 50%～60%，增产幅度高达 9.9%～22.86%
- ◆ 从肥料增产效应看，处理 50%CK 的氮磷钾用量较为合适。其中 N 用量为 225 kg/hm^2，P_2O_5 用量为 90 kg/hm^2，K_2O 用量为 225 kg/hm^2

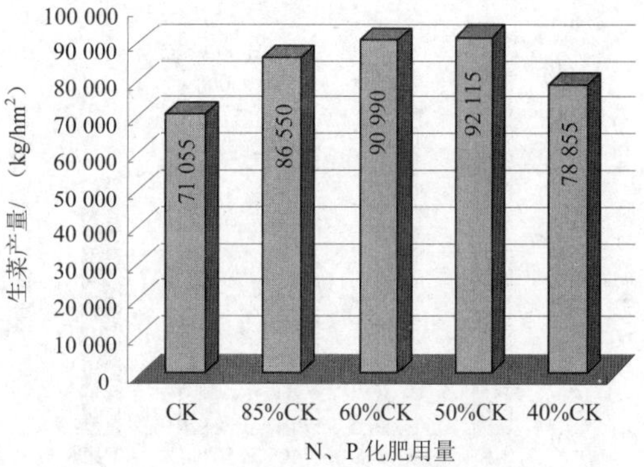

氮磷用量对生菜产量的影响

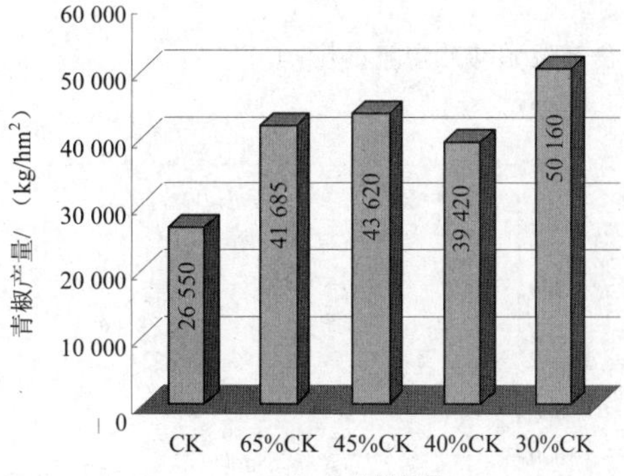

氮磷用量对青椒产量的影响

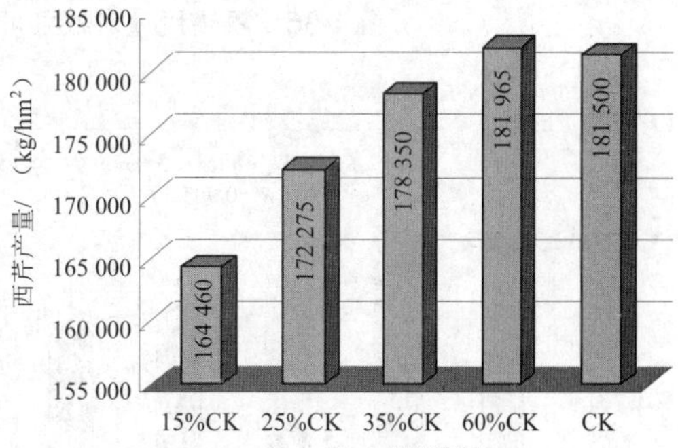

氮磷用量对西芹产量的影响

图 4-34　氮磷用量对蔬菜产量的影响

在结球生菜试验中，本研究土地氮磷条件下，降低氮磷化肥用量具有明显的增产效果。与农户对照相比，生菜氮磷用量降低一半（处理 50%CK），增产幅度高达 22.86%，

产值较 CK 增加 13 478.4 元/hm^2；氮磷化肥用量降低 60%（处理 40%CK），增产幅度为 9.9%；从肥料增产效应看，处理 50%～60%CK 的氮磷钾用量较为合适。其中 N 用量为 225～300 kg/hm^2，P_2O_5 用量为 90～150 kg/hm^2，K_2O 用量为 225～300 kg/hm^2。

西芹试验中，与农户对照（氮磷总量 2 010 kg/hm^2）相比，氮磷用量降低 40%（处理 60%CK），西芹产量不减反升；氮磷用量降低 65%（处理 35%CK），产量只下降 1.74%。施肥过高对作物已没有增收效应。从肥料效应看，处理 35%CK 处理的氮、磷、钾肥料用量较为合适。其中，N 用量为 300 kg/hm^2，P_2O_5 用量为 225 kg/hm^2，K_2O 用量为 450 kg/hm^2 左右。

集约化蔬菜基地氮磷化肥用量减少，蔬菜可食部位硝酸盐含量降低。生菜氮磷用量降低 50%，生菜（净菜，可食部位）硝酸盐含量平均为 1 147 mg/kg，比农户习惯施肥处理的 1 591 mg/kg 减少了 28%。

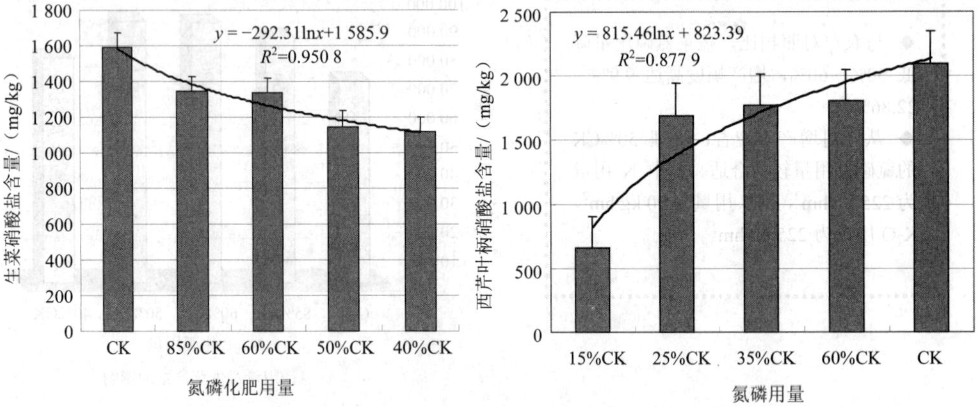

图 4-35　氮磷用量对蔬菜可食部位硝酸盐含量的影响

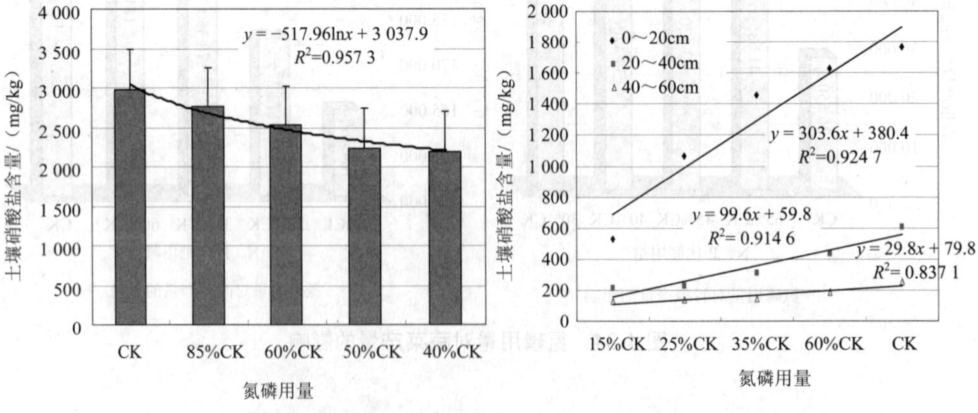

0～20 cm 生菜土壤　　0～60cm 西芹土壤

图 4-36　氮磷用量对蔬菜土壤硝酸盐残留的影响

4.3.2.2　花卉 N、P 素减量试验结果

以滇池周边主要农业生产区晋宁县 3 个玫瑰、3 个康乃馨主栽品种为研究对象，在有 5 年以上栽花历史连续高强度施肥的土壤上，以减少氮磷素流失为目标，研究养分精准管理对产量、经济效益、植株、土壤和地下水氮含量变化规律，进行 N、P 高效利用的污染防控型品种筛选，提出 N、P 素高效利用最佳养分用量与配比。

不同施肥量对玫瑰、康乃馨不同品种产量和经济效益的影响、对土壤养分的影响结果见表 4-9～表 4-18。

表 4-9　不同品种、不同养分管理对玫瑰产量的影响

处理	超级		艳粉		黑玫	
	均值/（枝/hm^2）	标准差	均值/（枝/hm^2）	标准差	均值/（枝/hm^2）	标准差
N0	132 806　bB	16 901.62	144 948　abA	23 877.52	58 935　aA	19 164.29
N1	135 840　bB	17 221.29	153 579　aA	9 221.85	69 049　aA	15 425.63
N2	183 266　aA	24 411.42	133 042　abA	16 449.94	75 445　aA	2 328.129
N3	135 274　bB	18 763.8	129 768　bA	3 073.949	74 171　aA	7 164.73
	处理间 *F* 值：6.199 显著水平：0.008 7		处理间 *F* 值：2.062 显著水平：0.158 9		处理间 *F* 值：1.361 显著水平：0.301 5	

注：N0 代表不施肥；N1 代表 N3 减氮 50%；N2 代表 N3 减氮 25%；N3 代表农民习惯。

表 4-10　不同品种、不同养分管理对玫瑰经济效益的影响

处理	超级/（元/hm^2）		艳粉/（元/hm^2）		黑玫/（元/hm^2）	
	氮肥成本	经济效益	氮肥成本	经济效益	氮肥成本	经济效益
N0	0	88 931.4	0	71 789.4	0	42 569.4
N1	815.22	107 938.4	815.22	75 081.18	815.22	42 509.58
N2	1 222.83	108 736.8	1 222.83	78 602.97	1 222.83	44 044.17
N3	1 630.43	107 949.4	1 630.43	75 873.37	1 630.43	42 038.17

注：N0 代表不施肥；N1 代表 N3 减氮 50%；N2 代表 N3 减氮 25%；N3 代表农民习惯。尿素：2 000 元/t，经济效益仅为扣除氮肥成本而未考虑其他成本的经济效益；花价：按当时市场平均价 12 元/20 枝计算。

表 4-11　收获时各处理不同土层土壤水解性氮含量的影响

项目	处理	超级			艳粉			黑玫		
		0～20 cm	20～40 cm	40～60 cm	0～20 cm	20～40 cm	40～60 cm	0～20 cm	20～40 cm	40～60 cm
水解氮/（mg/kg）	N0	231	181	142	309	280	231	336	289	234
	N1	244	200	161	311	281	241	363	293	258
	N2	251	206	168	333	286	250	411	324	297
	N3	257	224	176	360	332	254	457	359	312

注：N0 代表不施肥；N1 代表 N3 减氮 50%；N2 代表 N3 减氮 25%；N3 代表农民习惯。

表 4-12 收获时各处理不同土层土壤全氮的影响

项目	处理	超级 0～20 cm	超级 20～40 cm	超级 40～60 cm	艳粉 0～20 cm	艳粉 20～40 cm	艳粉 40～60 cm	黑玫 0～20 cm	黑玫 20～40 cm	黑玫 40～60 cm
全氮/（g/kg）	N0	2.04	2.078	2.081	2.075	2.083	2.091	2.081	2.087	2.093
	N1	2.055	2.095	2.105	2.09	2.102	2.112	2.097	2.106	2.115
	N2	2.059	2.099	2.107	2.095	2.106	2.114	2.102	2.109	2.118
	N3	2.061	2.103	2.112	2.096	2.107	2.116	2.103	2.111	2.12
土壤氮总量（20 cm 厚土层）/（kg/hm^2）	N0	6 327.2	6 445.0	6 454.3	6 496.0	6 514.7	6 533.4	6 601.8	6 627.3	6 652.7
	N1	6 373.7	6 497.7	6 528.8	6 545.9	6 574.0	6 602.1	6 649.5	6 687.7	6 719.5
	N2	6 386.1	6 510.2	6 535.0	6 561.5	6 583.4	6 611.5	6 665.4	6 700.4	6 725.9
	N3	6 392.3	6 522.6	6 550.5	6 564.6	6 589.6	6 617.7	6 668.6	6 703.6	6 732.2
	基础	6 345.8	6 466.7	6 485.3	6 511.6	6 533.4	6 561.5	6 614.5	6 646.3	6 671.8
土壤氮总量比基础样增减（20 cm 厚土层/（kg/hm^2）	N0	−18.6	−21.7	−31.0	−15.6	−18.7	−28.1	−12.7	−19.0	−19.1
	N1	27.9	31.0	43.5	34.3	40.6	40.6	35.0	41.4	47.7
	N2	40.3	43.5	49.7	49.9	50.0	50.0	50.9	54.1	54.1
	N3	46.5	55.9	65.2	53.0	56.2	56.2	54.1	57.3	60.4
0～60 cm 土层土壤氮总量亏盈（±kg/hm^2）	N0	−71.3			−62.4			−50.8		
	N1	102.4			115.5			124.1		
	N2	133.4			149.9			159.1		
	N3	167.5			165.5			171.9		

注：N0 代表不施肥；N1 代表 N3 减氮 50%；N2 代表 N3 减氮 25%；N3 代表农民习惯。

表 4-13 不同品种、不同养分管理对花地地下水氮含量的影响

处理	超级 N 含量/（mg/L）	比 N3/%	艳粉 N 含量/（mg/L）	比 N3/%	黑玫 N 含量/（mg/L）	比 N3/%
N0	100.157	−1.0	99.832	−33.2	104.352	−74.1
N1	138.083	−2.5	139.372	−6.7	142.806	−38.9
N2	140.605	−0.7	143.352	−4.0	158.65	−1.7
N3	141.614	0	149.372	0	164.707	0

注：N0 代表不施肥；N1 代表 N3 减氮 50%；N2 代表 N3 减氮 25%；N3 代表农民习惯。

表 4-14 减少磷肥用量对玫瑰产量的影响　　单位：枝/hm^2

处理	超级 产量均值	超级 标准差	艳粉 均值	艳粉 标准差	黑玫 均值	黑玫 标准差
P0	148 219 aA	20 908.29	119 649aA	5 004.275	70 949 bA	2 758.793
P1	181 256 aA	24 866.72	126 494aA	9 592.124	72 208 abA	2 223.696
P2	183 266 aA	24 411.42	133 043aA	16 449.97	75 445 aA	2 328.129
P3	182 633 aA	21 668.37	129 173aA	7 110.217	72 781 abA	1 516.94
	处理间 F 值：2.207 显著水平：0.140 0		处理间 F 值：1.162 显著水平：0.364 5		处理间 F 值：2.832 显著水平：0.083 2	

注：P0 代表不施肥；P1 代表 P3 减氮 50%；P2 代表 P3 减氮 25%；P3 代表农民习惯。

表 4-15　减少磷肥用量对玫瑰经济效益的影响　　单位：元/hm²

处理	磷肥成本	扣除磷肥成本后经济效益		
		超级	艳粉	黑玫
P0	0	88 931.4	71 789.4	42 569.4
P1	492.19	108 261.41	75 404.21	42 832.61
P2	738.28	109 221.32	79 087.52	44 528.72
P3	984.38	108 595.42	76 519.42	42 684.22

注：P0 代表不施肥；P1 代表 P3 减氮 50%；P2 代表 P3 减氮 25%；P3 代表农民习惯。
普通过磷酸钙：700 元/t，经济效益仅为扣除磷肥成本而未考虑其他成本的经济效益；花价：按当时市场平均价 12 元/20 枝计算。

表 4-16　减少磷肥用量对玫瑰土壤速效磷含量的影响

项目	处理	超级/（g/kg）			艳粉/（g/kg）			黑玫/（g/kg）		
		0～20 cm	20～40 cm	40～60 cm	0～20 cm	20～40 cm	40～60 cm	0～20 cm	20～40 cm	40～60 cm
速效磷/（g/kg）	P0	0.13	0.097	0.086	0.157	0.108	0.107	0.237	0.156	0.107
	P1	0.145	0.114	0.105	0.180	0.147	0.122	0.299	0.202	0.143
	P2	0.153	0.116	0.108	0.192	0.155	0.143	0.315	0.216	0.155
	P3	0.178	0.119	0.112	0.205	0.161	0.153	0.331	0.218	0.181

注：P0 代表不施肥；P1 代表 P3 减氮 50%；P2 代表 P3 减氮 25%；P3 代表农民习惯。

表 4-17　减少磷肥用量对玫瑰土壤磷的影响

项目	处理	超级			艳粉			黑玫		
		0～20 cm	20～40 cm	40～60 cm	0～20 cm	20～40 cm	40～60 cm	0～20 cm	20～40 cm	40～60 cm
土壤全磷/（g/kg）	P0	1.823	1.814	1.789	2.169	2.133	2.114	2.222	2.185	2.161
	P1	1.836	1.826	1.801	2.182	2.146	2.126	2.235	2.198	2.173
	P2	1.841	1.831	1.806	2.188	2.151	2.130	2.241	2.203	2.178
	P3	1.848	1.836	1.810	2.195	2.155	2.136	2.247	2.208	2.182
	基	1.825	1.816	1.791	2.171	2.135	2.116	2.223	2.186	2.162
土壤磷总量（20 cm 厚度）/（kg/hm²）	P0	5 652.9	5 624.7	5 547.1	6 770.7	6 658.3	6 599.0	7 069.5	6 951.8	6 875.4
	P1	5 694.4	5 663.4	5 584.3	6 811.2	6 698.9	6 636.4	7 110.9	6 993.1	6 913.6
	P2	5 710.0	5 678.9	5 599.8	6 830.0	6 714.5	6 648.9	7 129.9	7 009.0	6 929.5
	P3	5 731.7	5 694.4	5 613.8	6 851.8	6 727.0	6 667.7	7 149.0	7 025.0	6 942.2
	基	5 660.3	5 632.4	5 554.9	6 776.9	6 664.5	6 605.2	7 072.7	6 955.0	6 878.6

项目	处理	超级			艳粉			黑玫		
		0～20 cm	20～40 cm	40～60 cm	0～20 cm	20～40 cm	40～60 cm	0～20 cm	20～40 cm	40～60 cm
土壤磷总量比基础样增减（20 cm）/（kg/hm^2）	P0	−7.4	−7.8	−7.8	−6.2	−6.2	−6.2	−3.2	−3.2	−3.2
	P1	34.1	31.0	29.5	34.3	34.3	31.2	38.2	38.2	35.0
	P2	49.6	46.5	45.0	53.1	49.9	43.7	57.3	54.1	50.9
	P3	71.3	62.0	58.9	74.9	62.4	62.4	76.4	70.0	63.6
0～60 cm土层土壤磷总量亏盈/（±kg/hm^2）	P0	−23.0			−18.7			−9.5		
	P1	94.6			99.9			111.4		
	P2	141.1			146.7			162.3		
	P3	192.3			199.8			210.0		

表 4-18 减少磷肥用量对花地地下水磷含量的影响

处理	水溶性总磷/（mg/L）			总磷/（mg/L）		
	超级	艳粉	黑玫	超级	艳粉	黑玫
P0	0.508	0.097	1.271	1.251	1.277	2.387
P1	0.542	0.162	1.432	1.369	1.716	3.484
P2	0.798	0.235	1.548	1.433	1.854	3.826
P3	0.835	0.241	1.846	1.482	1.934	4.112

注：P0 代表不施肥；P1 代表 P3 减氮 50%；P2 代表 P3 减氮 25%；P3 代表农民习惯。

综上所述，从产量、经济效益、植株带走的氮磷、土壤氮磷盈亏、对地下水氮磷污染风险等方面综合考虑，该试验条件下推荐氮磷高效、环境友好型玫瑰种植品种为超级，推荐施肥量为农民习惯减氮 25%，施氮量为 281.25 kg/hm^2；农民习惯减磷 25%，施磷肥（P_2O_5）量为 168.75 kg/hm^2；3 个康乃馨品种推荐化肥用量为 N 641 kg/hm^2、P_2O_5 630 kg/hm^2、K_2O 为 1 199 kg/hm^2，N∶P_2O_5∶K_2O 为 1∶0.98∶1.87。氮、磷高效利用品种为火焰。

4.3.2.3 技术效果

通过对低肥力示范田块进行实际测产，结果表明，第一户示范户推荐处理比习惯处理增产 2 951 枝/亩，增产 36.77%；第二户示范户推荐处理比习惯处理增产 2 632 枝/亩，增产 32.94%；第三户示范户推荐处理比习惯处理增产 2 883 枝/亩，增产 33.83%；低肥力田块上种植玫瑰平均增产 2 822 枝/亩，增产率为 34.5%。

表 4-19　低肥力玫瑰同田对比产量实收结果

试验点	处理	肥料用量/（kg/亩）			产量	增产	
		N	P_2O_5	K_2O	（枝/亩）	枝/亩	%
1	NP	4	2.5	0	8 024	0	
	NPK	4	2.5	6	10 975	2 951	36.77
2	NP	4	2.5	0	7 992	0	
	NPK	4	2.5	6	10 625	2 632	32.94
3	NP	4	2.5	0	8 521	0	
	NPK	4	2.5	6	11 403	2 883	33.83
平均	NP	4	2.5	0	8 179	0	
	NPK	4	2.5	6	11 001	2 822	34.50

通过对中肥力示范田块进行实际测产，结果表明，第一户示范户推荐处理比习惯处理增产 2 714 枝/亩，增产 28.71%；第二户示范户推荐处理比习惯处理增产 2 795 枝/亩，增产 28.28%；第三户示范户推荐处理比习惯处理增产 2 730 枝/亩，增产 28.17%；中肥力田块上种植玫瑰平均增产 2 302 枝/亩，增产率 23.32%。

表 4-20　中肥力玫瑰同田对比产量实收结果

试验点	处理	肥料用量/（kg/亩）			产量	增产	
		N	P_2O_5	K_2O	（枝/亩）	（枝/亩）	%
1	NP	6	5	0	9 452	0	
	NPK	6	5	8	12 166	2 714	28.71
2	NP	6	5	0	9 885	0	
	NPK	6	5	8	12 681	2 795	28.28
3	NP	6	5	0	9 691	0	
	NPK	6	5	8	12 422	2 730	28.17
平均	NP	6	5	0	9 869	0	
	NPK	6	5	8	12 171	2 302	23.32

通过对高肥力示范田块进行实际测产，结果表明，第一户示范户推荐处理比习惯处理增产 2 503 枝/亩，增产 24.00%；第二户示范户推荐处理比习惯处理增产 2 533 枝/亩，增产 23.70%；第三户示范户推荐处理比习惯处理增产 2 681 枝/亩，增产 27.15%；高肥力田块上种植玫瑰平均增产 2 572 枝/亩，增产率 24.90%。

表 4-21 高肥力玫瑰同田对比产量实收结果

试验点	处理	肥料用量/（kg/hm^2）			产量/（$枝/hm^2$）	增产	
		N	P_2O_5	K_2O		枝	%
1	NP	8	7	0	10 431	0	—
	NPK	8	7	10	12 935	2 503	24.00
2	NP	8	7	0	10 687	0	—
	NPK	8	7	10	13 220	2 533	23.70
3	NP	8	7	0	9 872	0	—
	NPK	8	7	10	12 552	2 681	27.15
平均	NP	8	7	0	10 330	0	—
	NPK	8	7	10	12 902	2 572	24.90

通过对低肥力示范田块进行实际测产并计算产值，结果表明，第一户示范户推荐处理比习惯处理增收 1 758.48 元/亩，增产 36.56%；第二户示范户推荐处理比习惯处理增收 1 567.6 元/亩，增产 32.72%；第三户示范户推荐处理比习惯处理增收 1 717.64 元/亩，增产 33.63%；低肥力田块上种植玫瑰平均增收 1 681.24 元/亩，增产率 34.29%。

表 4-22 低肥力玫瑰同田对比净收益比较

试验点	处理	肥料用量/（kg/亩）			产值/（元/亩）	净收益/（元/亩）	增值/%
		N	P_2O_5	K_2O			
1	NP	4	2.5	0	4 814.68	4 810.33	—
	NPK	4	2.5	6	6 585.04	6 568.81	36.56
2	NP	4	2.5	0	4 795.32	4 790.97	—
	NPK	4	2.5	6	6 374.80	6 358.57	32.72
3	NP	4	2.5	0	5 112.44	5 108.09	—
	NPK	4	2.5	6	6 841.96	6 825.73	33.63
平均	NP	4	2.5	0	4 907.48	4 903.13	—
	NPK	4	2.5	6	6 600.60	6 584.37	34.29

注：玫瑰平均价格 12 元/20 枝；尿素 2.25 元/kg；普钙 0.5 元/kg；氯化钾 3.3 元/kg。

表 4-23 中肥力玫瑰同田对比产值比较

试验点	处理	肥料用量/（kg/亩）			产值/（元/亩）	净收益/（元/亩）	增值/%
		N	P_2O_5	K_2O			
1	NP	6	5	0	5 671.32	5 664.68	—
	NPK	6	5	8	7 299.68	7 277.20	28.47
2	NP	6	5	0	5 931.24	5 924.60	—
	NPK	6	5	8	7 608.40	7 585.92	28.04
3	NP	6	5	0	5 814.88	5 808.24	—
	NPK	6	5	8	7 453.12	7 430.64	27.93
平均	NP	6	5	0	5 921.28	5 914.64	—
	NPK	6	5	8	7 302.32	7 279.84	23.08

注：玫瑰平均价格 12 元/20 枝；尿素 2.25 元/kg；普钙 0.5 元/kg；氯化钾 3.3 元/kg。

通过对中肥力示范田块进行实际测产并计算产值，结果表明，第一户示范户推荐处理比习惯处理增收 1 612.52 元/亩，增产 28.47%；第二户示范户推荐处理比习惯处理增收 1 661.32 元/亩，增产 28.04%；第三户示范户推荐处理比习惯处理增收 1 622.4 元/亩，增产 27.93%；中肥力田块上种植玫瑰平均增收 1 365.2 元/亩，增产率 23.08%。

通过对高肥力示范田块进行实际测产并计算产值，结果表明，第一户示范户推荐处理比习惯处理增收 1 482.16 元/亩，增产 23.71%；第二户示范户推荐处理比习惯处理增收 1 499.88 元/亩，增产 23.42%；第三户示范户推荐处理比习惯处理增收 1 588.52 元/亩，增产 26.86%；高肥力田块上种植玫瑰平均增收 1 523.52 元/亩，增产率 24.62%。

表 4-24　高肥力玫瑰同田对比产值比较

试验点	处理	肥料用量/（kg/亩）			产值/（元/亩）	净收益/（元/亩）	增值/%
		N	P_2O_5	K_2O			
1	NP	8	7	0	6 258.88	6 250.00	—
	NPK	8	7	10	7 760.84	7 732.16	23.71
2	NP	8	7	0	6 412.40	6 403.52	—
	NPK	8	7	10	7 932.08	7 903.40	23.42
3	NP	8	7	0	5 922.96	5 914.08	—
	NPK	8	7	10	7 531.28	7 502.60	26.86
平均	NP	8	7	0	6 198.08	6 189.20	—
	NPK	8	7	10	7 741.40	7 712.72	24.62

注：玫瑰平均价格 12 元/20 枝；尿素 2.25 元/kg；普钙 0.5 元/kg；氯化钾 3.3 元/kg。

在不同肥力玫瑰地上进行的节肥调控示范结果可以看出，低肥力田块上种植玫瑰增产 2 822 枝/亩，增产率 34.5%，增值 1 681.24 元/亩，增值率 34.29%；中肥力田块上种植玫瑰，增产 2 302 枝/亩，增产率 23.32%，增值 1 365.2 元/亩，增值率 23.08%；高肥力田块上种植玫瑰，增产 2 572 枝/亩，增产率 24.9%，增值 1 523.52 元/亩，增值率 24.62%。总之，花卉农业面源污染防控节肥调控技术具有节本增效的优点，不仅经济效益显著，而且社会效益和生态效益也很明显。

在晋宁县上蒜乡洗澡堂、段七、竹园、宝兴、柳坝村委会建成示范区建成污染防控型集约化花卉、蔬菜核心示范区。节肥调控技术 1 000 hm^2（竹园、段七、柳坝、普达村委会）。节肥调控技术利用减量施肥、控失肥施用、施肥时期调控和施肥方法调控使氮用量减少 45.99～333.35 kg/hm^2（示范施氮量为 260.61～333.35 kg/hm^2）、磷用量减少 18～150 kg/hm^2（示范施磷量为 102～150 kg/hm^2）仍可获得节本增收效果。在 1 000 hm^2 示范上节约氮肥投入 4.59 万～33.33 万 kg，磷肥投入 1.80 万～15.0 万 kg。节肥调控技术能不同程度减低不同土层土壤碱解氮含量、土壤速效磷含量和地下水 TN 和 TP 含量。

4.3.3 节水控污关键技术与示范

4.3.3.1 不同用水条件下的试验结果

不同灌溉条件、养分管理条件下对黄瓜产量、产值、土壤环境质量的影响试验分析结果见表4-25～表4-34。综合分析可以看出，滴灌比浇灌省水（耗水量为46.21 m^3/亩），仅为浇灌耗水量（84.25 m^3/亩）45.2%，并且产量、产值、经济效益、养分农学效率、氮磷利用率都优于浇灌，在黄瓜生产中建议采用滴灌方式进行灌溉。

表4-25 不同灌溉条件下氮养分管理对产量的影响

处理	滴灌		浇灌	
	产量/（kg/亩）	标准差/（kg/亩）	产量/（kg/亩）	标准差/（kg/亩）
N0	2 565.3bA	132.5	2 088.9cB	96.932 5
N1	2 723.7abA	104.0	2 406.4bA	102.858 4
OPT	2 822.7aA	96.9	2 569.4aA	88.126
N3	2 759.9aA	142.5	2 515.7abA	47.862 3
方差分析	处理间：均方值 48 106.82，*F* 值 3.313，显著水平 0.057 1；处理内：均方值 14 520.54		处理间：均方值 185 082.7，*F* 值 24.651，显著水平 0.000 0；处理内：均方值 7 508.189	

表4-26 不同灌溉方式下氮养分管理对产值的影响

处理	滴灌		浇灌	
	产值/（元/亩）	标准差/（元/亩）	产值/（元/亩）	标准差/（元/亩）
N0	5 130.5bA	264.975 7	4 177.8cB	193.865 1
N1	5 447.5abA	208.061 3	4 812.7bA	205.716 7
N2	5 645.4aA	193.795 3	5 138.7aA	176.252
N3	5 519.8aA	285.082 7	5 031.5abA	95.724 6
方差分析	处理间：均方值 192 429.8，*F* 值 3.313，显著水平 0.057 1；处理内：均方值 58 082.6		处理间：均方值 740 330.8，*F* 值 24.651，显著水平 0.000 0；处理内：均方值 30 032.76	

表4-27 不同灌溉条件下氮养分管理对黄瓜经济效益的影响

处理	滴灌/（元/亩）				浇灌/（元/亩）			
	经济收益	成本	净收益	OPT/%	经济收益	成本	净收益	OPT/%
N0	5 130.50	256.16	4 874.34	−6.09	4 177.80	256.16	3 921.64	−16.27
N	5 447.50	370.03	5 077.47	−2.18	4 812.70	370.03	4 442.67	−5.15
OPT	5 645.40	454.80	5 190.60	0.00	5 138.70	454.80	4 683.90	0.00
N3	5 519.80	540.38	4 979.42	−4.07	5 031.50	540.38	4 491.12	−4.12

注：肥料价格按：硝铵磷 5 元/kg，磷酸一铵 4.5 元/kg，尿素 2.8 元/kg，普钙 0.4 元/kg，硫酸钾 5 元/kg，氯化钾 5 元/kg；黄瓜 2 元/kg。

表 4-28　不同灌溉条件下氮养分管理对养分农学效率和利用率的影响　　单位：mg/kg

处理	灌溉方式	全磷	有效磷	Al-P 量	Fe-P 量	O-P 量	Ca-P 量	有机磷
N0	滴灌	2 989.40	83.95	75.68	305.15	827.78	827.22	953.57
N1		3 040.96	87.13	106.06	316.82	793.70	767.36	1 057.02
OPT		3 013.22	84.89	100.77	339.19	792.22	763.74	1 017.30
N3		3 131.60	95.67	100.68	359.23	801.48	767.87	1 102.35
N0	浇灌	2 978.60	64.99	75.68	257.40	975.93	904.32	765.27
N1		3 004.75	72.19	98.02	268.88	957.41	907.22	773.23
OPT		3 001.96	81.53	96.72	285.61	864.44	897.43	857.75
N3		3 096.63	89.90	94.57	308.43	838.10	835.30	1 020.24

表 4-29　不同灌溉条件下氮养分管理对土壤磷形态的影响　　单位：mg/kg

处理	灌溉方式	全磷	有效磷	Al-P 量	Fe-P 量	O-P 量	Ca-P 量	有机磷
N0	滴灌	2 989.40	83.95	75.68	305.15	827.78	827.22	953.57
N1		3 040.96	87.13	106.06	316.82	793.70	767.36	1 057.02
OPT		3 013.22	84.89	100.77	339.19	792.22	763.74	1 017.30
N3		3 131.60	95.67	100.68	359.23	801.48	767.87	1 102.35
N0	浇灌	2 978.60	64.99	75.68	257.40	975.93	904.32	765.27
N1		3 004.75	72.19	98.02	268.88	957.41	907.22	773.23
OPT		3 001.96	81.53	96.72	285.61	864.44	897.43	857.75
N3		3 096.63	89.90	94.57	308.43	838.10	835.30	1 020.24

表 4-30　不同灌溉方式下磷养分管理对产量的影响

处理	滴灌		浇灌	
	产量	标准差	产量	标准差
P0	2 574.7bB	66.289 5	2 530.1aA	87.187 4
P1	2 716.8abAB	76.505 8	2 661.9abA	61.412 5
P2	2 822.7aA	96.897 7	2 713.0abA	51.271
P3	2 783.7aA	120.814 2	2 669.4AaB	181.290 5
方差分析	处理间：均方值 47 517.87，*F* 值 5.552，显著水平 0.012 6；处理内：均方值 8 558.17		处理间：均方值 24 914.95，*F* 值 2.126，显著水平 0.150 2；处理内：均方值 11 717.02	

表 4-31　不同灌溉方式下磷养分管理对产值的影响　　单位：元/亩

处理	滴灌		浇灌	
	产值	标准差	产值	标准差
P0	5 149.5bB	132.579 1	5 060.3bA	174.374 8
P1	5 433.6abAB	153.011 6	5 323.9abA	122.825
P2	5 645.4aA	193.795 3	5 425.9aA	102.541 9
P3	5 567.5aA	241.628 5	5 338.7abA	362.580 9
方差分析	处理间：均方值 190 071.5，*F* 值 5.552，显著水平 0.012 6； 处理内：均方值 34 232.68		处理间：均方值 99 659.81，*F* 值 2.126，显著水平 0.150 2； 处理内：均方值 46 868.08	

注：黄瓜价格 2 元/kg。

表 4-32　不同灌溉条件下磷养分管理对黄瓜经济效益的影响

处理	滴灌/（元/亩）				浇灌/（元/亩）			
	产值	成本	净收益	OPT/%	产值	成本	净收益	OPT/%
P0	5 149.50	341.29	4 808.21	−7.37	5 060.30	341.29	4 719.01	−5.07
P1	5 433.60	430.78	5 002.82	−3.62	5 323.90	430.78	4 893.12	−1.57
OPT	5 645.40	454.80	5 190.60	0.00	5 425.90	454.80	4 971.10	0.00
P3	5 567.50	484.89	5 082.61	−2.08	5 338.70	484.89	4 853.81	−2.36

注：肥料价格按：硝铵磷 5 元/kg，磷酸一铵 4.5 元/kg，尿素 2.8 元/kg，普钙 0.4 元/kg，硫酸钾 5 元/kg，氯化钾 5 元/kg；黄瓜 2 元/kg。

表 4-33　不同灌溉条件下磷养分管理对养分农学效率、利用率的影响

处理	氮利用率/%		磷养分农学效率/（元/kg）		磷利用率/%		钾利用率/%	
	浇灌	滴灌	浇灌	滴灌	浇灌	滴灌	浇灌	滴灌
P0	31.3	31.7	—	—	—	—	11.4	11.8
P1	36.3	36.7	43.93	47.35	9.9	9.8	11.9	12.3
OPT	40.4	41.1	36.57	49.59	6.1	6.0	12.8	12.6
P3	40.9	42.0	18.57	27.86	4.2	4.1	11.6	12.5

注：农学效率=（施肥处理产值−空白处理产值）/施该养分量；

养分利用率=植株氮养分含量（kg/亩）÷该养分用量（kg/亩）×100/100。

表 4-34　不同灌溉条件下磷养分管理对土壤磷形态的影响　　单位：mg/kg

处理	灌溉条件	全磷	有效磷	Al-P 量	Fe-P 量	O-P 量	Ca-P 量	有机磷
P0		2 667.09	85.14	104.74	271.93	798.81	656.06	835.56
P1	滴灌	2 832.40	88.08	113.98	297.09	796.67	790.70	833.97
OPT		2 913.22	107.72	120.77	295.61	792.22	863.74	840.87
P3		3 007.18	118.53	131.53	299.11	807.78	869.39	899.37
P0	浇灌	2 554.22	64.89	109.21	270.63	800.52	624.17	749.68
P1		2 784.12	72.96	117.71	295.18	804.29	754.30	812.64
OPT		2 841.96	94.17	126.72	299.19	789.44	807.43	819.18
P3		2 901.05	106.28	135.71	292.36	795.24	819.30	858.44

在示范区选择黄瓜、番茄、辣椒和玫瑰 3 种蔬菜和 1 种花卉进行控污滴灌和农民习惯浇灌的同田对比试验。每种作物分别实施同田对比试验 5 组，分别记载每组试验的产量、灌溉用水量、肥料用量、农药用量和用工量。同一作物 5 组试验结果进行加权平均后，得出的同田对比试验结果（表 4-35）。

表 4-35　同田对比试验结果

作物	灌溉方式	增产		节水		节肥		省药		省工	
		产量/（kg/hm²）	增产率/%	用水/（m³/hm²）	节水率/%	节肥/（元/hm²）	节肥率/%	用药/（元/hm²）	省药率/%	元/hm²	元/hm²
黄瓜	滴灌	79 980	33.3	4 114	45.15	953.5	35.2	147.4	26.2	2 250	4 500
	浇灌	60 000	—	7 500	—	1 471.5	—	200	—	6 750	—
番茄	滴灌	110 447	26.5	4 000	68.85	939.7	30.8	160.6	19.7	2 400	2 900
	浇灌	87 310	—	12 841	—	1 358	—	200	—	5 300	—
辣椒	滴灌	54 503	20.13	3 800	35	843.6	29.7	122.1	18.6	1 800	2 580
	浇灌	45 370	—	5 846	—	1 200	—	150	—	4 380	—
玫瑰	滴灌	219 569	21.27	2 000	75	1 197	33.5	194.7	35.1	2 400	4 700
	浇灌	181 058	—	8 000	—	1 800	—	300	—	7 100	—
合计	滴灌	—	25.3	—	56	—	32.3	—	24.9	—	3 670
	浇灌	—	—	—	—	—	—	—	—	—	—

注：玫瑰产量用枝/（季·hm²）表示；n=20。

从表 4-35 中黄瓜同田对比试验结果可以看出：滴灌在比浇灌节水 45.15%的省水情况下增产 33.3%；滴灌比浇灌节肥 35.2%；滴灌减少杂草和病虫害生长，减少了化学农药对土壤的污染，滴灌比浇灌省药 26.2%；滴灌比浇灌省工 4 500 元/hm²。

从番茄同田对比试验结果可以看出：滴灌在比浇灌节水 68.85%的省水情况下增产 26.5%；滴灌比浇灌节肥 30.8%；滴灌比浇灌省药 19.7%；滴灌比浇灌省工 2 900 元/hm²。

从辣椒同田对比试验结果可以看出：滴灌在比浇灌节水 35%的省水情况下增产 20.13%；滴灌比浇灌节肥 29.7%；滴灌比浇灌省药 18.6%；滴灌比浇灌省工 2 580 元/hm^2。

从玫瑰同田对比试验结果可以看出：滴灌在比浇灌节水 75%的省水情况下增产 21.27%；滴灌比浇灌节肥 33.5%；滴灌比浇灌省药 35.1%；滴灌比浇灌省工 4 700 元/hm^2。

4.3.3.2 大范围应用综合效果

2009 年在晋宁县竹园村委会安装节水控污设备 126 户（其中包括 125 户农户和一个集体所有户），节水控污温室大棚灌溉面积为 13 hm^2，共有混凝土结构大棚 400 栋，工程涉及晋宁县上蒜乡竹园村委会迁移户小组。该工程利用适宜的低成本滴灌设备，结合种植结构调控、肥水优化配套技术在上蒜乡柴河流域竹园村委会设施农业示范基地进行应用。2010 年节水控污面积在竹园、柳坝村委会扩大到 250 hm^2。2011 年节水控污面积在竹园、柳坝、段七村委会扩大到 500 hm^2。

示范区推广技术及示范工程效果监测按照点面结合的原则，进行同田对比“点监测”和集水区“面监测”。

同田对比“点监测”：采用同田对比监测对不同防控措施下污染物质的流失规律及防治效果进行客观的评价。选择晋宁县上蒜乡柴河流域段七、柳坝、竹园、宝兴、下石美和石寨村委会作为滇池流域设施农业面源污染负荷削减典型区域，针对 6 种不同类型主栽蔬菜（叶菜类、茄果类、瓜类、豆类、葱蒜类、根菜类）、3 种主栽花卉 9 个品种（玫瑰：卡罗拉、艳粉、黑玫；康乃馨：红色恋人、火焰、马斯特；非州菊：141、147、热带草原）进行旱季、雨季不同季节农业面源污染防控技术效果定位观测。每个品种观测点位 10 个，面积不小于 1 333 m^2。

- ❖ 氮磷减量技术：氮磷用量减少 15%～50%可获得节本增收的效果。
- ❖ 节水控污技术：减低氮磷流失 30%～55%。
- ❖ 水肥循环利用技术：每循环利用 1 次，氮流失减少 30%，磷流失 20%。
- ❖ 防污控害技术：化学农药投入量减少 40%以上，农药残留量（土壤、水、农产品）符合国家标准。
- ❖ 固废无害化处理技术：农业废弃物资源化和无害化处理利用率达到 90%～95%，缩短处理周期 45%～50%，降低处理成本 30%以上。

集水区“面监测”：在示范区选择具有代表性的集水小区，分别对比研究有无治理措施两种条件下的污染输出水平。

在晋宁县上蒜乡洗澡堂、段七、竹园、宝兴、柳坝村委会建成示范区，建成污染防控型集约化花卉、蔬菜核心示范区。节水控污工程 250 hm^2（竹园村委会）。

核心示范区示范效果监测结果（由第三方取样监测）：核心示范区径流氮磷流失降低 20%～55%，减少氮磷肥投入量 15%～50%，氮磷化肥利用率提高 5～7 个百分点；化学农药投入量减少 40%以上，农药残留量（土壤、水、农产品）符合国家标准。

图 4-37　示范集水区“面监测”点

4.3.4　设施农业污染防控型水肥循环利用的关键技术与示范

在示范区实施花卉水肥循环利用试验 10 组，蔬菜试验 10 组。每个试验 5 次处理，每次处理 400 m^2，4 次重复。每个试验花卉或蔬菜品种相同。生物吸收过滤作物为黄豆，蓄积池 3 m^3，固肥循环利用池 3 m^3。试验研究结果见表 4-36。从表 4-36 中可以看出，该技术可以提高径流中的养分利用，减少径流中营养物质的外排。

表 4-36　设施农业污染防控型水肥循环利用效果　　单位：kg/hm^2

处理	生物吸收量		径流循环利用量		秸秆循环利用/量		合计	
	TN	TP	TN	TP	TN	TP	TN	TP
①对照	—	—	—	—	—	—	—	—
②导流	—	—	—	—	—	—	—	—
③导流+生物吸收过滤	3 240	390	—	—	—	—	3 240	390
④导流+生物吸收过滤+蓄积利用	3 240	390	12 600	6 000	—	—	15 840	6 390
⑤导流+生物吸收过滤+蓄积利用+固肥循环利用	3 240	390	12 600	6 000	1 661	297	17 501	6 687

注：n=20。

于2009年和2010年在普达、竹园、宝兴、柳坝集约化花卉、蔬菜生产基地进行示范应用，示范面积13 hm^2。

本技术针对农用化学品大量施用造成农业面源污染的现状，以大棚花卉和蔬菜为研究对象，以水肥循环利用为目标，通过对设施农业面源产生输移的源—流—汇过程和决定面源形成的水—肥—土关键要素进行全过程和关键点控制，实现对设施农业区面源污染的就地削减。本技术农田径流每循环利用 1 次，氮流失减少 30%，磷流失20%。田间固废循环利用率达95%，与传统堆肥相比处理周期可缩短10～15 d，对霜霉、白粉病菌的灭活率达 95%以上。该技术可实现每年雨季（6—9 月）农田径流循环利用量1 440 m^3/hm^2（按雨季每月平均降雨量200 mm计），实现135 t/hm^2秸秆的资源化利用，减少农田化肥施用量约765 kg/hm^2，折合降低化肥施用成本2 250元/hm^2，降低农田生产综合成本大于750元/hm^2。通过污染防控型水肥循环利用技术的推广使用，带动当地群众对农业面源污染防控的意识。

4.3.5 太阳能增效无动力固液分离堆沤肥装置与示范

本装置是一种造价低廉、操作简易、充分利用太阳能增温增效的作用实现高效堆捂发酵以及利用生物膜技术对渗滤液进行高效降解的田头有机废弃物堆肥装置，解决了传统堆肥或已有堆肥装置堆体温度不易保持、易被雨水淋失造成二次污染的问题。

试验用木箱（0.5 m×0.5 m）作为堆肥试验装置，选用滇池流域典型的花卉、蔬菜秸秆（玫瑰花、康乃馨、水竹、白菜、西芹、青花菜、青笋、生菜等秸秆）为试验材料，设置添加堆肥调理剂、快腐菌剂（ETM菌剂、VT-1000菌剂、自制菌剂）以及太阳能辅助（覆盖透明、黑色、黄色、蓝色塑料薄膜）对堆肥效果的影响，共设处理11次（表4-37）。在此基础上形成装置的适用参数。

表4-37 堆肥处理情况表

编号	处理内容
A	混合堆料（CK）
B	混合堆料 + ETM菌剂
C	混合堆料 + VT-1000菌剂
D	混合堆料 + ETM菌剂（0.3 kg）+ 太阳能辅助（黑色塑料薄膜）
E	混合堆料 + VT-1000菌剂（50 mL）+ 太阳能辅助（黑色塑料薄膜）
F	混合堆料 + ETM菌剂（0.3 kg）+ 太阳能辅助（蓝色塑料薄膜）
G	混合堆料 + VT-1000菌剂（50 mL）+ 太阳能辅助（蓝色塑料薄膜）
H	混合堆料 + ETM菌剂（0.3 kg）+ 太阳能辅助（黄色塑料薄膜）
I	混合堆料 + VT-1000菌剂（50 mL）+ 太阳能辅助（黄色塑料薄膜）
J	混合堆料 + ETM菌剂（0.3 kg）+ 太阳能辅助（透明塑料薄膜）
K	混合堆料 + VT-1000菌剂（50 mL）+ 太阳能辅助（透明塑料薄膜）

2010 年在示范区竹园和段七村委会建成固定式太阳能增效无动力固液分离堆沤肥装置 100 套。通过 6 个月的应用示范，累计处理农田固废 900 t，折合减少农田化肥 7 500 kg，有效改善了示范区大田土壤环境质量，土壤有机质与常规施肥相比平均提高 0.2%。同时对部分病原菌具有良好的灭活效果，通过对比试验，太阳能增效堆沤肥装置处理的堆肥熟料中灰霉病病菌、青枯病病菌灭活率分别达 87.8%、89.9%，而常规堆沤肥处理分别达 45.2%和 48.2%，能有效防治农田固废还田引起的病原菌连作障碍。该装置的推广应用使示范区秸秆得到了有效利用，降低了农作物秸秆随意堆放、焚烧带来的环境污染，而且秸秆堆捂腐熟后作为有机肥还田不仅降低农田化肥施用量，而且可以改善滇池流域由于长期过量施肥导致的土壤生态环境恶化的问题，从而降低氮磷流失量。

本装置单位建设成本为 320 元/m^3，以规格为 1.5 m×1.5 m×1.5 m 型号的装置为例，每年可实现 135 t/hm^2 秸秆的资源化利用，减少农田化肥施用量约 765 kg/hm^2，折合降低化肥施用成本 2 250 元/hm^2，降低农田生产综合成本大于 750 元/hm^2。通过装置的推广使用，提高了当地群众对作物秸秆资源化利用的意识，宣传了生态农业的理念，为当地农业面源污染防治工作的开展打下了群众基础。

4.3.6　示范工程规模和工程内容一览表

2009—2011 年在晋宁县上蒜乡洗澡堂、段七、竹园、宝兴、柳坝村委会建成示范区建成污染防控型集约化花卉、蔬菜核心示范区。在进行种植结构调控的基础上，集成应用节水滴灌技术、农业固废综合处理技术、环境友好型肥料精准施用技术、农药绿色替代技术等（表 4-38），示范面积 2 278 hm^2。

表 4-38　设施农业重污染集水区内污染削减技术示范工程一览

示范工程名称	示范工程内容	工程规模
（1）节水控污工程示范	选择低成本滴灌设备，结合种植结构调控、肥水优化配套技术在集约化花卉和蔬菜基地进行工程示范	该工程覆盖面积 250 hm^2。在柳坝、竹园、段七村委会实施
（2）水肥循环利用工程示范	在上蒜乡集约化花卉和蔬菜示范基地构建收集沟渠系统，蓄水塘、池，循环沟渠系统	在竹园、宝兴村委会实施 13 hm^2
（3）节肥调控技术示范	由污染防控型肥料的使用和氮磷素减量技术组成。利用污染防控型肥料的控释和缓释性，提高肥料的利用效率，减少氮磷肥的流失；通过氮磷素减量技术减少氮磷的用量，源头控制氮磷施入量	竹园、段七、柳坝、普达村委会 1 000 hm^2

示范工程名称	示范工程内容	工程规模
（4）防污控害技术示范工程	在上蒜乡集约化花卉和蔬菜示范基地主要采用物理和生物措施构建防污控治病虫害示范工程	防污控害覆盖面积 1 000 hm^2。在段七、柳坝、竹园、宝兴、下石美、石寨村委会实施
（5）生物截污生态工程示范	在集约化花卉和蔬菜示范基地采用植物篱构建排水沟生物截污系统	在竹园村委会和宝兴村委会示范 15 hm^2
（6）固体废物无害化处理工程示范	农田秸秆分类收集点，分散式堆肥直接还田	分散式固废处理装置 100 套。在竹园、宝兴、段七村委会实施

4.4 高原重度受损湖泊的“湖泊分区生态系统修复－湖滨带建设－湖滨区基底修复”的集成技术

4.4.1 滇池生态系统问题与特征

滇池是国内“三河三湖”中治理难度最大的湖泊。国家和地方对滇池治理投入了大量的人力和物力，取得一定的成效，环境恶化的趋势总体得到遏制。由于对滇池生态系统的现状和退化成因缺乏科学、系统的认识，采取的生态修复技术和途径单一，尤其是缺乏高营养负荷条件下生态修复的思路、技术和成套方案，滇池水环境治理并未取得预期的成效。课题以滇池为研究对象，全面展开滇池生态系统退化调查，剖析了生态系统退化成因，摸清滇池生态格局特征，提出了滇池生态系统分区分步修复的新思路和总体方案。课题研发了高原重污染湖区草型清水态转换等一批关键技术，并集成了“湖泊分区生态系统修复－湖滨带建设－湖滨区基底修复”的成套技术。在不同退化阶段的湖区进行工程示范，在较高营养负荷条件下成功构建了沉水植物群落，并实现了生态系统的良性转变，拓宽了生态修复的界限。

4.4.2 种子库的恢复技术

针对滇池实际情况的利用种子库恢复严重受损湖泊水生植被的关键技术，技术要点包括种子库评估和补充、恢复区生境条件改造技术、种子库移植技术和恢复区管理与维护技术。主要工艺流程是挖掘目标区表层 30 cm 的底泥，补充目标物种种子，在自然条件下露天储存 2～4 个月，激发种子库中种子的萌发活性，随后将底泥以 10 cm 左右的厚度平铺在湖滨带，监控重建植物的生长繁殖及限制因子，去除外来物种。本技术的主要特色与创新是根据湖泊沉水植物退化历史和种子库的物种资源状况，定向设计沉水植被的恢复步骤，重建能自我维持的沉水湖泊生态系统。

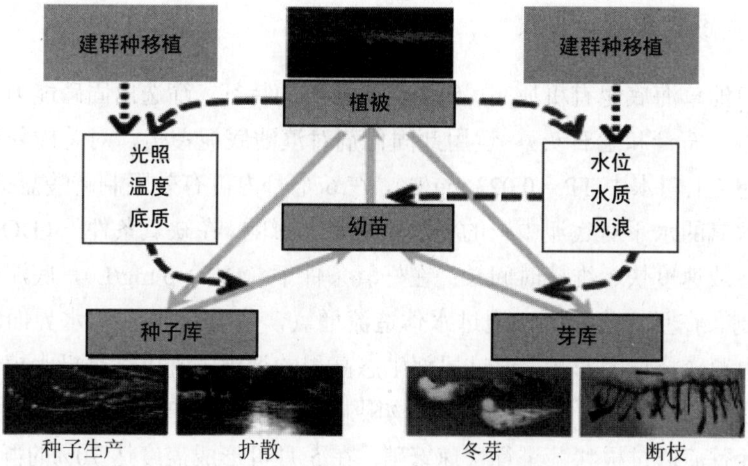

图 4-38　种子库恢复技术工艺流程

4.4.3　天然湖滨带保护技术

该技术示意图如图 4-39 所示，主要包括防浪堤生态处置技术、生境恢复技术、湖滨湿地修复技术和湖—塘连通区生态修复技术。所开发的防浪堤处置技术，保证了滇池水体与原堤内水体的连通和交换，同时保留原有的消浪功能，为湖滨植被恢复营造条件；生境恢复技术主要包括湖滨带底质修复、湖泊水文和水质条件的改善等；湖滨湿地保护和修复技术提出对拆堤后新形成的湖—塘连通区进行生态修复，主要技术包括疏浚不利于水生植物着生的半流体态淤泥，清除含高营养盐的表层沉积物及其表面由营养物质形成的絮状胶体、半休眠状活体藻类和植物残骸等，降低内源污染；营造利于全系列湖滨湿地生境水位和其他环境条件，对现有的沉水植物物种结构进行改造，同时增补其他生态类型的种类。

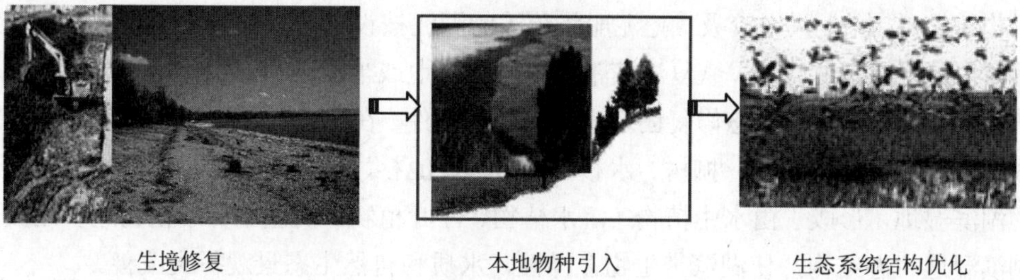

图 4-39　天然湖滨带保护技术示意图

4.4.4 基底修复与改善技术

针对滇池草海底泥有机质高、磷氮污染严重的特征，筛选出固磷能力较强的复合材料（红壤、石膏和生石灰）。运用此固化剂对滇池底泥覆盖，对总磷释放的抑制效果十分理想（上覆水中 TP = 0.023 mg/L），在 6 个月内可有效限制磷酸盐穿透覆盖层。水体中溶解氧的水平对底泥中磷的释放具有重要影响。在缺氧条件下（DO<1 mg/L），底泥磷的释放速度快、维持时间长；在好氧条件下（DO>6 mg/L），底泥磷的释放受到明显抑制。在重污染湖区，通过水体造流增氧，能有效改善泥/水界面的溶解氧状况，缓解内源磷释放的影响。通过局部生态高程的调整，既可满足挺水植物正常生长的水位要求（≤0.8 m），也能将挺水植物限制在湖岸的狭窄区域，减缓湖泊的沼泽化进程。狭叶香蒲通过根状茎进行快速繁殖，在 5 月可形成盖度达 70%的群落密度，最高群落密度达 90%以上。

覆盖物阻隔　　　　水位高程调控

图 4-40　基底修复与改善技术示意图

4.4.5 湿地构建的关键技术

该关键技术主要是利用湖泊底泥对生境条件恶劣的受损湖滨岸带进行基底修复，包括不同基底高程控制修复和不同基质基底控制修复，本技术主要采用在目标水域外沿构筑简易围埝，采用绞吸式挖泥船将疏浚的湖泥按设计高程要求吹填至基底修复工程区内，形成缓坡浅滩，恢复湖滨带自然坡度滩地或半岛地形，改善湖泊沿岸带自然条件，为湖泊沿岸带生态修复创造良好的生境条件。在此基础上采用经滇池多年研究成功筛选出的湿地植物，柳树、水杉、中山杉、池杉、竹子等，构建以湿生乔木为主的湖滨湿地，形成了由水生植物（沉水植物、浮叶植物）向湿生乔木植物逐步过渡的湖滨湿地生态结构，使湖滨带生物多样性、水质和自然生态景观得到改善。

4.4.6 沉水植被构建的关键技术

沉水植被重建是湖泊生态系统重建的关键所在，沉水植被在构建草型清水稳态生态系统起到基本构架作用，是食物链赖以存在的物质基础和维持生态系统清水稳态的必要条件。沉水植被构建的关键在于改善生境条件，根据环境条件选择合适的先锋种和建群种，促进沉水植被的扩增。

首先需确定沉水植被先锋种和建群种选择的目标和原则。在解析滇池外草海的水环境现状的基础上，对外草海恢复沉水植被的基本条件进行了分析。针对外草海氮磷及有机负荷高的特征，开展了 5 种沉水植物适应性的研究。结果表明，光胁迫和营养胁迫共同作用时，沉水植物的生长具有明显抑制甚至导致其死亡，在解除光胁迫的条件下，沉水植物可耐受较高的营养胁迫，不影响其正常生长。针对外草海的环境特征，选择轮叶黑藻作为沉水植被构建的先锋种和建群种。

沉水植被的定植与构建采用断枝或整株繁殖方式。轮叶黑藻在浅水区（<1 m）采用枝尖插植、营养体移栽方式进行定植，而在深水区（1～2 m）则采用整株种植方式进行定植。轮叶黑藻在 4 月种植，通过自然扩增，1 个月后可建立起优势群落，覆盖度达到 50%左右。6 月群落继续快速扩增，其覆盖度可达 80%以上。通过对沉水植被的盖度进行调控，有利于维持系统的稳定性。沉水植被示范工程区内水体清澈见底，水体景观改善效果十分显著。

构建的沉水植被对水环境的改善作用明显，可显著降低浊度、氮、磷及有机污染负荷。轮叶黑藻对水质的改善效果十分明显，与对照区比较，总磷下降 42%，总氮下降 43%，浊度下降 70%，叶绿素 a 下降 65%。

4.4.7　技术示范

4.4.7.1　示范区概况

滇池外草海属于严重受损湖区，水质为劣Ⅴ类，生境条件恶劣，底泥的理化性状差且污染较为严重，不利于沉水植物的生长繁育。在这些不具备生态系统修复基础条件的湖区，通过以生境条件改善为主线的技术研究，为水生植物特别是沉水植物的恢复创建基础条件，进而为生态系统的修复提供基础平台。

外草海柱状沉积物大体可分为 3 层，即污染层、过渡层和正常层。污染层厚 0.10～0.97 m，平均 0.57 m，颜色为黑色或灰黑色，流塑状淤泥，含大量有机质，并杂夹生活垃圾和其他杂物。过渡层厚 0.00～1.81 m，平均 1.13 m，颜色为灰黑色或黑色，软塑或流塑状，主要成分为泥炭，内含有机质黏土夹腐草团，部分点位含粉质黏土。正常层湖积黏性土，局部夹杂粉土、粉沙，含水草碎屑、螺壳等，颜色为灰、深灰或青灰色，局部夹粉土、粉砂，软塑状。考虑到正常层底泥中有机质含量较高（17.3%）且磷（331 mg/kg）、氮（0.22%）含量偏高，我们认为草海原位底泥不宜作为基底改善的材料。

滇池外草海表层底泥通常含有大量的强还原性物质（有机质含量约 30%，硫化物含量高于 150 mg/kg，氧化还原电位低），造成底泥常年处于厌氧或缺氧状态，有利于沉积物中的内源污染物向水柱迁移。

2008 年调查表明，草海南部约有 3 km^2 的水域有沉水植物分布，覆盖度为 70%～100%，主要的沉水植物群落类型是蓖齿眼子菜群落，优势种是蓖齿眼子菜，部分区域伴生有金鱼藻、菹草。草海几乎没有浮叶植物分布。夏季，漂浮植物群落成为草海的优势群落，整个草海以水葫芦、大薸、浮萍水面占有绝对优势，形成漂浮植物稳态系统。由于管理部门每年组织大量人力打捞漂浮植物，才使得下层的蓖齿眼子菜得以生存发展。草海岸带的挺水植物较少，目前在岸带偶有分布的挺水植物（如茭草、菖蒲、香蒲等）均为人工修复的结果。令人惋惜的是，2010 年草海底泥疏浚二期工程在草海南部开展，大面积蓖齿眼子菜等沉水植被全部破坏，种子库损失殆尽。

同时，草海西岸在 2010 年建立的伊乐藻+黑藻群落+蓖齿眼子菜群落（盖度一度达到 70%以上），由于人工打捞漂浮植物，这些沉水植被也遭受极大破坏，盖度下降至接近零。但得益于开展水专项课题研究的需要，草海西岸约有 0.31 km^2 的区域的种子库得以保存。

4.4.7.2 示范工程设计

（1）严重受损湖区创建生态系统修复条件的关键技术。底泥固化，即于污染底泥上部覆盖一层或多层覆盖层，使底泥与上覆水隔开，从而达到阻止或减少底泥中营养盐释放的目的的一项技术，它是目前国内外具有广阔发展前途的一种底泥磷释放控制技术。覆盖分为化学覆盖和物理覆盖，化学覆盖的含义是向湖内投入化学物质以抑制溶解态氮磷污染物自沉积物向水中释放。如德国东北部 Schmaler Luzin 湖和 Stechlin 湖施用方解石、丹麦 Sonderby 湖施铝、奥地利 Alte Donau 湖和英国 Suffolk 水库施铁、波兰 Flosek 湖施钙等，其主要目的均为抑制磷的释放。物理覆盖多以沙（日本 Biwa 湖）、粉煤灰、粉粒（希腊 olvi and Koronia）、黏土（美国 Huron 湖）、砾石（芬兰 Jamsanvesi 湖）、塑料（加拿大 Shield 湖）、聚乙烯、玻璃纤维等为基本材料。传统的覆盖材料主要通过物理覆盖作用抑制污染物的释放，效果有限，目前研发的活性覆盖材料则主要通过吸附或者共沉淀污染物的作用，使底泥污染物的释放得到最大限度的控制。迄今为止，研究者对天然沸石、方解石、粉煤灰、坡缕石、颗粒性活性炭、水泥等覆盖材料抑制底泥磷释放进行了大量研究，天然沸石、方解石、粉煤灰、坡缕石、颗粒性活性炭等几种材料廉价易得，但除磷效果不好，水泥除磷效果虽好但价格较昂贵，因此筛选经济高效的覆盖材料并应用于重污染底泥的治理具有实际意义。红壤在我国南方地区分布广泛（面积达 200 多万 km^2），因富含铁、铝氧化物，使其对磷酸盐的固定作用很强。单独用石膏，除磷率约 4%，水体 pH 值在 10 左右时石膏除磷率约 80%，生石灰具有碱性，可与石膏结合调节水体 pH 值，以使石膏具有较好的除磷效果。因此将红壤、石膏和生石灰投加到水体中，既能去除水体中磷酸盐，又能将底泥中的磷固定。本示范工程主要利用红壤、石膏和生石灰吸附磷的能力、对底泥磷释放的抑制作用和对沉水植物的影响。

从经济性和除磷率考虑，用生石灰将水体 pH 值调至 10.7 左右，石膏和红壤投加量均选为 100 mg/L（石膏与红壤的比例 1∶1），对于草海水体的除磷可以达到比较理想的效果（＞80%）。当除磷率要求达到 90%以上时，石膏和红壤投加量分别为 500 mg/L 和 400 mg/L。

（2）沉水植被构建关键技术。沉水植物能够改变湖水与底泥之间的物质交换平衡，促使悬浮或溶解在湖水中的污染物向底泥转移，能够澄清和净化水质。近 10 年来，国内外对水生高等植物在湖泊生态系统中的作用及其恢复进行了广泛的研究，试图将以藻类为优势的浊水态水体转化为以水生高等植物为优势的清水态水体。包括生物操纵的开拓者 Shapiro 也认为生物操纵作为湖泊恢复的手段，必须恢复水生高等植物，才能维持清水态湖泊生态系统；许多研究表明水生高等植物可维持水体长期稳定于清澈状态。

沉水植物还能分泌助凝物质，促进湖水中的小颗粒物质、溶解态有机物和胶体物质的絮凝沉降。此外水生植物与湖水之间有庞大的接触面积，能够吸附湖水中的污染物质并通过周丛生物进行分解转化，剩余部分通过剥落—沉降进入底泥。另外，大量同化产物的死亡凋落过程将溶解态营养物输送到底泥。

由于大型水生植物引起的沉积增加和再悬浮的沉积物的减少，大型水生植物的出现就会同时出现水变清和浮游植物生物量降低的现象，因此，大型水生植物群落的建立和维持水体的水质至关重要。

为了达到预期的示范目标，示范工程设计中针对外草海的水质、底质及水底高程分布特征，确定草海沉水植被先锋种和建群种选择的目标和原则如下：①所选植物应具备草甸型植被的特点；②所选植物应能耐受草海高营养负荷要求；③所选植物应具有生长快、繁殖迅速、生长期长的特点；④所选植物应具有生态安全的特点。基于上述原则以及室内研究结果，选择轮叶黑藻作为群落的先锋种和建群种。示范工程选择轮叶黑藻（*Hydrilla verticillata*）作为群落的先锋种和建群种。轮叶黑藻属水鳖科、黑藻属单子叶多年生沉水植物，茎直立细长，长 50～80 cm，叶带状披针形，4～8 片轮生，通常以 4～6 片为多，长 1.5 cm 左右，宽 1.5～2 cm。叶缘具小锯齿，叶无柄。花小，单性；雄花单生，具短柄，生于近球形的佛焰苞内，萼片、花瓣和雄蕊均 3 枚；雌花 1～2 朵，无柄，生于一管状、2 齿裂的佛焰苞内，花被与雄花相似，但较狭；子房延伸于苞外成一线状的长喙，1 室，花柱 2 或 3；果锥尖，平滑或有小突点。广布于池塘、湖泊和水沟中。在中国南北各省及欧洲、亚洲、非洲和大洋洲等广大地区均有分布。轮叶黑藻具有喜高温、生长期长、适应性好、再生能力强等优点，特别适合于光照充足的大水面进行播种或栽种。每年深秋季节，黑藻植株小枝的顶端会形成特化营养器官鳞状芽苞，到翌年春繁殖芽苞（冬芽）萌发成新植株，组成新群落。黑藻的引种有枝尖插植繁殖、营养体移栽繁殖和整株种植 3 种方式，前两种水深要求较浅，后一种水深可较深。枝尖插植繁殖是利用轮叶黑藻具有须状不定根的特性，在每年的 4—8 月，当黑藻处于营养生长阶段，取其枝尖插植，3 天后就能生根，形成新的植株；营养体移栽繁殖方式是在每年的 3—4 月，捞取黑藻的冬芽，育壮苗后包泥点播于工程区内；整株种植方式是在每年的 5—8 月，用草夹将轮叶黑藻（长 40～60 cm）植株连同底泥一同夹起，保阴湿，理直装框后运到工程区进行栽种。

（3）水植物群落构建与快速扩增技术。

❖ 构建时机、环境条件与有害鱼类控制：根据草海的水位运行方式（每年 4 月起开始降低水位，运行至当年 10 月；11 月起开始蓄水，至次年 4 月），可以确定轮叶黑藻群落的构建时机为 4 月，这一时间与轮叶黑藻的断肢繁殖和整株繁殖时机吻合。

因草海下穿隧道工程的实施，2009 年 9 月草海水位降至 1 885.74 m，接近《滇池保护条例》法定的最低工作水位（1 885.50 m）。2010 年 4 月，水位上升至 1 886.2 m。此时水温也已升至 15℃以上，有利于轮叶黑藻的生长繁殖。利用这一有利时机，在 4 月开始进行轮叶黑藻的移栽。为了防止草海夏季大量暴发性生长的漂浮植物（凤眼莲、大薸、浮萍）等对新建沉水植物的影响，进行了围隔拦截设施的工程建设。在工程建设收尾阶段，用敲击船底发出声响赶鱼方式驱逐工程区内的鱼类，防止草食性鱼类对沉水植物的影响。工程完工后，用迷魂阵对示范区内残存鱼类进行捕捞和清除，减轻食底栖动物鱼类（如鲤鱼和鲫鱼）对水草和底泥的扰动。

❖ 繁殖体定植与移栽：依据水深和透明度情况，在工程区的浅水区（＜50 cm）采用扦插繁殖，此区的底泥为黑色淤泥，混杂少部分高海工程施工时的工程用土，黏性较好。选择 10～20 cm 的健壮顶枝或断肢，4～7 枝为一丛，插入 3～4 cm，密度为 9 丛/m^2；深水区（50～150 cm）底泥为黑色淤泥，性状稀疏，可塑性差。此区采用整株繁殖方式，选择 30～40 cm 长的植株，以不少于 10 株为一丛，以网片包裹农田土壤后连同坠石沉至泥面以下，密度约为 5 丛/m^2。构建初期，忌频繁扰动，上浮的繁殖体应及时清理，可重新插入泥中。在后期管理中观测记录轮叶黑藻的生长、种群扩增情况，监测覆盖度的变化。

4.4.7.3　示范工程运行效果

示范工程将优化后石膏、红壤和生石灰混配材料应用于各种实际水体，其除磷效果见表 4-39。对于原水磷质量浓度大于 0.07 mg/L 的水体（小河嘴上、下村，草海和外海），除磷率都高于 90%，而对于原水磷质量浓度小于 0.07 mg/L 的水体（艺术学院和五甲塘湿地），除磷率接近 80%。表明红壤、石膏和生石灰对不同磷含量的水体都有较好的除磷效果。

表 4-39　红壤、石膏和生石灰对实际水体中磷酸盐去除的影响

	原水中磷酸盐/（mg/L）	去除后磷酸盐/（mg/L）	去除率/%	原水 pH 值	初始 pH 值	24 h 后 pH 值	加入生石灰质量浓度/（mg/L）
小河嘴上村	1.990	0.038	98.06	7.66	10.66	9.92	653.75
小河嘴下村	1.780	0.011	99.39	7.86	10.66	9.99	722.50
五甲塘湿地	0.019	0.004	77.75	7.97	10.64	9.79	354.50
艺术学院	0.014	0.003	77.21	8.06	10.66	9.95	372.75
草海	0.364	0.034	90.76	10.07	10.66	9.42	39.00
外海	0.073	0.006	91.99	9.38	10.66	9.13	69.20

为研究湖滨湿地植被恢复后试验区水质的变化情况，2009 年 1 月—2011 年 3 月，对草海中试区开展逐月水质监测，主要监测项目为 pH 值、水温、水深、SD、DO、高锰酸盐指数、TN、NH_3-N、TP 9 项指标，当试验区湿地植被恢复后，根据对草海试验区水质跟踪监测结果表明，草海试验区水质较草海中心明显改善，TP 和 TN 呈下降趋势，TP 下降约 42.3%，TN 下降约 61.7%（图 4-41），SD 提高约 25.3%。水质指标逐渐向地表水Ⅴ类水质标准靠近。示范工程建成以来，示范区内沉水植被平均覆盖度为 40%以上，水面景观明显改善（图 4-40）。

示范工程启动前（2010 年 3 月），示范工程区域内的沉水植被以蓖齿眼子菜（红线草）为主，散落分布狐尾藻和菹草群落，数量较少，盖度小于 10%。示范工程完成两个月后，沉水植被盖度增加到 40%以上。沉水植物主要以地毯型植物轮叶黑藻为主，其他沉水植物有篦齿眼子菜、伊乐藻、苦草、微齿眼子菜。其中轮叶黑藻和篦齿眼子菜盖度增加比较显著。图 4-42 为示范工程实施前后效果对比图。

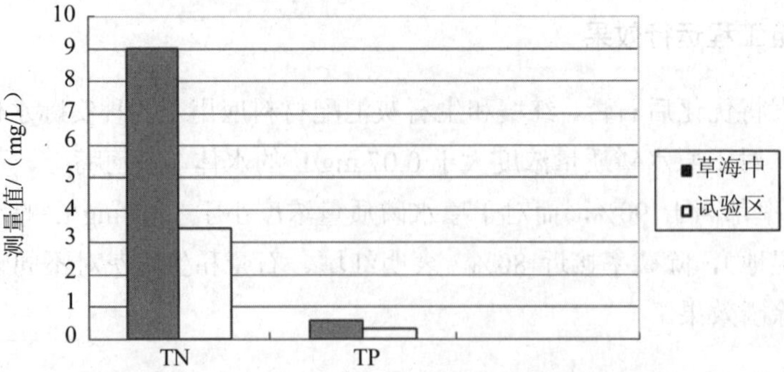

图 4-41 示范区与草海中心水质比较

（a） （b）

图 4-42 示范工程实施前（a）和实施后（b）水中植被对比

草海中试区沉水植物的变化情况，开展了对草海试验区沉水植物的跟踪观测，根据观测结果表明，沉水植物生长旺盛的时段为每年的 4—11 月，8 月为高峰期，在此期间试验区内在中试区有黑藻、金鱼藻、伊乐藻、菹草、红线草、马来眼子菜、轮藻和苦草等沉水植物 8 种。在湿生乔木区近岸带水深 1.0 m 左右，主要以伊乐藻群落为优势种盖度大于 90%；在浮叶植物区水深 1.5 m 左右，为黑藻、伊乐藻、金鱼藻和菹草混交群落，盖度大于 80%黑藻、伊乐藻群落为优势种；远岸沉水植物区域水深 2.0 m 左右，为黑藻、金鱼藻、伊乐藻、菹草、红线草混交群落，盖度大于 60%。沉水植物生物量较大的沉水植物依次为伊乐藻、菹草、红线草。在草海中试区湖滨带形成了以沉水植物—浮叶植物—湿生乔木植物复合生态结构的生态修复试验区，植被覆盖率大于 60%，中试区生物多样性、水质和自然生态景观明显改善。

第 5 章 成果应用与成效

5.1 规模示范区及其效果

5.1.1 规模规范区概况

“十一五”期间，滇池水专项项目以滇池及其流域为研究范围，共集中建设了 20 项示范工程（表 5-1、图 5-1）。其中：“滇池北岸重污染排水区控源技术体系研究与工程示范区”主要位于滇池北岸主城区；“城市型污染河流入湖负荷削减及水环境改善技术与工程示范区”主要位于滇池北岸主城区；“滇池流域面源污染调查与系统控制研究及工程示范区”主要位于滇池南部柴河流域；“湖泊生态系统退化调查与修复途径关键技术研究及工程示范区”主要位于滇池湖体区域。在此基础上，项目形成了滇池北岸及草海规模化示范区，示范区总面积 30 km^2。

表 5-1 滇池水专项“十一五”主要示范工程

编号	示范工程名称	示范工程承担单位	示范工程原理及技术简介	示范工程规模、运行效果简介
1	重污染商业排水区生活污水控源技术工程示范	北京大学	主体工艺为 A/O MBR，通过研究确定最优工艺参数、膜污染控制及出水水质安全保障对策	污水处理规模 50 m^3/d，主体工艺为 A/O MBR，污水经处理后达到《城市污水再生利用 城市杂用水水质标准》（GB/T 18920—2002）
2	重污染居民排水区生活污水控源技术工程示范	中国地质大学（北京）	采用 ICEAS 工艺，通过改进自动控制系统，确定最佳工艺参数并制定运行管理规程，以使该系统稳定运行	处理规模 200 m^3/d，出水水质达到《城市污水再生利用 城市杂用水水质标准》（GB/T 18920—2002）

编号	示范工程名称	示范工程承担单位	示范工程原理及技术简介	示范工程规模、运行效果简介
3	重污染排水区面源污染控源技术工程示范	中国地质大学（北京）、云南高科环境保护科技有限公司	采用城市面源污染削减多层渗滤（MI）技术，开展城市道路面源截留与渗滤处理工程	新建下凹式绿地（人行道与非机动车隔离带、非机动车道与机动车道隔离带，面积约9 316 m^2），实现COD去除率达20%以上
4	重污染排水区雨水调蓄减排工程示范	云南高科环境保护科技有限公司	采用了雨水快速下渗技术、雨水原位收集调蓄技术和雨水集中调蓄技术，实现雨水的调蓄减排	示范区面积不小于30 000 m^3，采用多层渗滤介质铺装新技术建设，示范区雨水减排量大于20%
5	合流污水高效截流处理技术工程示范	环境保护部华南环境科学研究所、中国市政工程中南设计研究总院	集成运用合流制排水系统截污溢清、雨污联合调控、调蓄过程水质强化净化及合流制污水处理厂最大化削污动态调控工程体系	调蓄能力达到1.5万 m^3，雨季提升能力最大由12万 m^3/d 提升至18万 m^3/d。实现合流污水的截流处理率达到50%
6	城市分流制排水区面源（初期雨水）滞留及处理技术研究与工程示范	环境保护部南京环境科学研究所	通过滞洪调蓄池实现径流量的调节，并配合过滤技术初步去除雨水中的悬浮物；以多介质土壤层技术（MSL）为核心，结合强化雨水的净化效果，实现对城区雨水的净化目的	人民西路与华苑路间4 000 m^2 植被过滤带；华苑路两岸1 200 m长低势绿地；梁源西区17 m^2 渗滤沟，百集龙附近30 m^3 MSL系统。处理能力：植被带550 m^3/次，华苑路低势绿地700 m^3/次，渗滤沟13 m^3/次，MSL系统100 m^3/d
7	城郊径流面源治理技术集成与工程示范	华南农业大学	开展适宜的地表拦截方式收集雨水；通过滞洪调蓄池及生态沟渠实现径流量的调节，并配合污水沉淀池去除雨水中的悬浮物；以垂直流—水平潜流一体化湿地为核心，实现对城区雨水的净化目的	表收集沟渠长约1 km，构建示范工程1座，占地面积302 m^2，沉淀池12 m^2。污水处理规模为200 m^3/d。生态沟渠—景观水塘系统污水处理规模设定为200 m^3/d。其余雨污水全部经过生态沟渠——河道氧化塘系统处理后排放。出水水质已经达到了《城镇污水处理厂污染物排放标准》（GB 18918—2002）中一级B标准
8	入湖河道水质改善原位净化技术与示范工程	云南省环境科学研究院	河岸采用了四段阶梯式砾石护岸和斜披式护岸两种形式，河道底部铺设生态砾石浅层，并在河道中设置分段式跌水曝气。下游在河道内设置缺氧段—好氧段—固相反硝化段，形成一套完整的沿程减污技术体系。实现全年全天候河水的原位沿程净化	上游示范区 COD_{Cr} 去除率为62.7%，BOD_5 去除率为42.2%，TN去除率为59.5%，NH_3-N去除率为77.0%，TP去除率为67.5%。出水水质已经达到了GB 3838—2002的Ⅴ类标准。主河道示范区 COD_{Cr} 去除率为43.2%，BOD_5 去除率为43.1%，TN去除率为20.5%，NH_3-N去除率为53.1%，TP去除率为60.8%

编号	示范工程名称	示范工程承担单位	示范工程原理及技术简介	示范工程规模、运行效果简介
9	河道岸堤及两侧空地旁路处理技术与示范工程	北京大学	采用微曝气生物滤池、固相碳源反硝化脱氮技术以及改良型多级土壤渗滤系统技术等开展低污染水的强化脱氮除磷组合工艺技术示范研究	处理规模：2 000 m^3/d。旱季（11—4 月）示范工程净化效果 COD、TN 和 TP 分别达到 40% ～ 60% 、 40% ～ 60% 和 20%～40%以上；雨季（5～10 月）示范工程净化效果 COD、TN 和 TP 分别达到 30%～50%、30%～50%和 10%～30%以上
10	生态河道构建及生态修复技术示范工程	中国科学院水生生物研究所	以河道自身稳定性为基础，利用不同介质设计多形貌河堤与基底的联合，提高河道自净能力，促进河道生态系统恢复	通过河道生态基质改造，建立长约 1.5 km 的生态河道，示范河段初步建立稳定的生态系统，河流生态系统的生物多样性（浮游动物、底栖动物）较项目实施前均有所提高；岸带植被覆盖度达 80%
11	入湖河口塘库水量调节缓冲、净化技术与工程示范	环境保护部华南环境科学研究所、云南省环境科学研究院	以沟—塘—表仿自然湿地为主体工艺进行改造，通过物理沉降、过滤、根区微生物作、植物吸收等有效净化低污染河水，同时，构建河口浮岛，改变微环境，促进通过河道入湖的污染物在河口沉积，保护湖泊水环境	第一片在新运粮河河口，建立 20 亩的前置库；第二片在新运粮河口左侧，总面积约 10 亩，由 5 个不同塘组成；第三片于新运粮河河口右侧，面积约 3 亩，由三个塘组成；第四片为东风坝人工恢复湿地，总面积约 80 亩。所有示范工程均已稳定运行。污染物（COD、TN、TP）削减率 3%～5%
12	设施农业重污染集水区内污染削减关键技术研究与工程示范	云南省农业科学院	采用设施农业面源污染物源头控制技术，过程阻断拦截技术和终端消纳技术	示范面积 2 278 hm^2。运行效果良好，农业综合效益增加 15.4%
13	村庄汇水区内污染削减关键技术研究及工程示范	云南大学	塘系统工艺、土壤渗滤系统、一体化净化设备+人工强化湿地处理技术	李官营村处理规模 30 m^3/d，石头村处理规模 10 m^3/d，段七村生活污水处理规模 150 m^3/d，宝兴村生活污水处理规模 50 m^3/d
14	山地及富磷区域固磷控蚀的关键生物生态技术与工程示范	云南大学	采用以增强土壤降雨入渗为主的山地及农田“缓产流”技术及以收集径流、拦截土壤流失为主的“拦蓄集”技术	建成研究和工程示范区面积 40 hm^2，控制面积达 2 km^2，示范控制区内，降水入渗增加 30%以上，水土流失减少 40%，磷向外输移降低 30%

编号	示范工程名称	示范工程承担单位	示范工程原理及技术简介	示范工程规模、运行效果简介
15	坡耕地微污染小流域内污染削减关键技术研究与工程示范	云南大学	采用调整坡耕地种植条件、优化坡耕地种植结构、改进坡耕地耕作技术、发展植物篱/生态缓冲带技术、完善山地集水截污技术	核心示范区面积 30 hm^2，示范区控制面积 50 hm^2。坡耕地植物篱/生态缓冲带构建技术工程示范规模：核心示范区面积 45 hm^2，示范区控制面积 100 hm^2。坡耕地汇流区集水截污系统构建与资源化利用技术工程示范规模：改造和建设沉沙池/蓄水池（窖）1 000 m^3、沟渠 3 000 m。通过上述工程示范，在技术集成示范区内土壤侵蚀模数降低 30%，水土资源综合利用率提高 20%，示范区氮、磷污染负荷输出削减达到 30%以上
16	坝平地传统种植业集水区内污染削减关键技术研究与工程示范	云南农业大学	优化耕种模式工程示范、灌排与养分循环利用技术工程示范	工程示范规模：核心示范区面积 75 hm^2，示范控制区面积 150 hm^2。建设改造水池及沉沙凼 20 座、透水坝 5 座、沟渠 20 000 m
17	农村沟渠系统的生态功能修复与面源污染再削减技术研究与工程示范	昆明市环境科学研究院	所选择的区域包含山地及富磷地带、半集约化农业种植区及农村沟渠—水网系统等代表滇池流域过渡区特征的主要微污染汇水区类型	示范工程包括坡/台耕地示范区 3.0 km 截留沟渠系统建设，支沟生态修复总计近 3.56 km，河道及干渠生态整治 5.82 km，毛沟断面改造、水网优化 6.29 km，支沟断面改造、水网优化 9.2 km，湿地—塘系统建设 2 090 m^2 及淤地坝 2 座，生态缓冲带构建约 2.5 万 m^2
18	以自然修复为主的滇池生态系统恢复技术示范工程	中国科学院武汉植物园昆明市环境科学研究院	在小于 3 m 水深的滇池南部水域，通过先锋种引种改造水环境，利用底泥中现存的种子库和无性繁殖体库自然恢复	工程总面积 0.5 km^2，包括种子库、自然生态恢复和河—湖复合系统示范区各 1 个。核心示范区植物平均覆盖度超过 40%，物种多样性增加，水质明显改善
19	严重受损湖区水生植被恢复技术示范工程	中国科学院水生生物研究所	通过生态修复条件创建、水生植被构建和水生植被维护技术的优化与集成，形成严重受损湖区水生植被恢复的成套技术	总面积 0.35 km^2 在滇池外草海成功构建并维持草型清水态生态系统，沉水植被盖度达 80%，水体清澈，水质改善效果明显
20	受损湖滨带基底修复与生态建设关键技术示范工程	云南省环境科学研究院	利用湖泊底泥对受损湖滨带进行底泥吹填基底修复后构建以湿生乔木为主的湖滨湿地	滇池草海受损湖滨带基底修复示范工程面积 0.13 km^2，底泥吹填工程量 18 万 m^3，湿生乔木构建示范工程面积 0.18 km^2，湿地植被覆盖度大于 60%

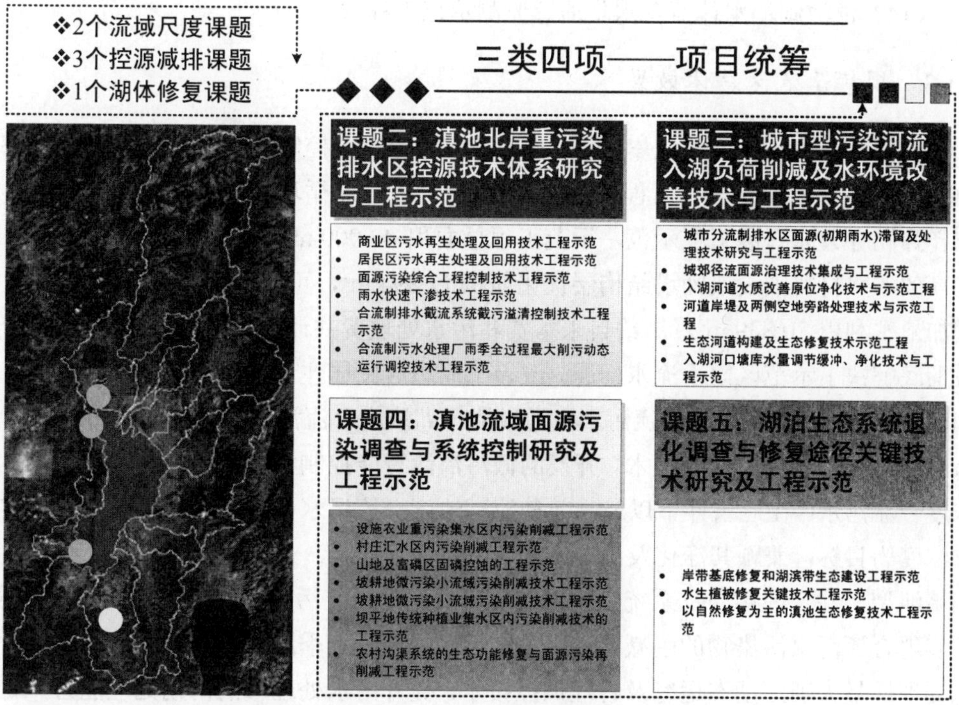

图 5-1　滇池水专项“十一五”主要示范工程空间布局

5.1.2　规模示范区示范工程布设

滇池北岸及草海规模化示范区内共建设示范工程 14 项，包括：

（1）重污染商业排水区生活污水控源技术工程示范。

（2）重污染居民排水区生活污水控源技术工程示范。

（3）重污染排水区面源污染控源技术工程示范。

（4）重污染排水区雨水调蓄减排工程示范。

（5）合流污水高效截流处理技术工程示范。

（6）城市分流制排水区面源（初期雨水）滞留及处理技术研究与工程示范。

（7）城郊径流面源治理技术集成与工程示范。

（8）入湖河道水质改善原位净化技术与示范工程。

（9）河道岸堤及两侧空地旁路处理技术与示范工程。

（10）生态河道构建及生态修复技术示范工程。

（11）入湖河口塘库水量调节缓冲、净化技术与工程示范。

（12）严重受损湖区水生植被恢复技术示范工程。

（13）受损湖滨带基底修复与生态建设关键技术示范工程。

（14）滇池湖泊水体蓝藻水华遥感监测示范工程。

5.1.3 规模示范区总体效果

在规模示范区的滇池北岸，集成基于城市面源污染控制及雨水资源化利用的“3i”［直接入渗（infiltrate）—工程截留（intercept）—还原循环（improve）］技术体系。选择弥勒寺公园开展工程示范，示范工程总面积 47 900 m^2，采用 7 种铺装方式，新建高效渗水材料铺设或铺设结构层优化面积 12 894 m^2，可实现雨水减排 56.41%，年增加雨水利用 20 839 m^3，节约自来水费和污水处理费共计 13.1 万元，同时公园的建设彻底解决了示范区雨季淹水问题，改善了周边居民居住环境，具有突出的环境效益和社会经济效益。集成了合流污水截污溢清—高浓度合流污水调蓄净化—污水处理厂最大削污动态运行的成套技术。开发的截污溢清智能控制系统，可最大限度地截流高浓度合流污水。在此条件下以最高效截流高浓度合流污水、提高污水处理厂进水污染物浓度为目标，兼顾其净化及沉砂、排泥、除臭等功能，开发适合研究区合流污水的调蓄池型，并合理布局及系统优化，在实现高浓度合流污水储存、转输功能的同时，可实现合流污水污染物的削减。研究优化污水处理厂雨季运行参数，开发了合流制污水处理厂最大削污动态运行及管理调控技术，提升污水处理厂的雨期处理能力，最大限度地减少合流污水的溢流污染。选择昆明市第一污水处理厂开展工程示范，在污水厂雨季提升动态运行中，合流污水截流率达到 61.11%，合流污水污染物 COD、TN、TP、SS 削减率分别达 59.6%、55.2%、47.2%、56.7%，雨季溢流 COD、TN、TP、SS 负荷排放量削减率分别达 34.7%、20.4%、38.0%、52.5%。滇池北岸昆明主城点源和面源 COD、TN、TP 产生总量分别为 101 261 t、14 823 t、1 253 t，现有污水处理设施可削减负荷比例为 62%。入湖污染负荷占污染产生量的 38%，湖泊上游城市合流制排水区污染控制技术体系的推广应用可进一步削减其中 32%的入湖污染负荷。

在滇池北岸昆明主城区，开展了河流原位减污技术、旁路减污技术和河口减污技术示范，在新运粮河长约 5 km 的中下段开展工程示范。示范效果显示，新运粮河水质明显改善，主河道由黑臭河流正逐渐向清水河流转变，示范区河流水体消除黑臭，平均透明度由 20 cm 升至 1 m，污染负荷平均削减 30%以上，入湖口主要水质指标（NH_3-N，COD、TP）在旱季基本达到地表水环境质量标准Ⅴ类水质标准。集成技术单位投资 840～1 040 元/m^3，单位运行费用 0.20 元/m^3，技术经济指标较优，运行费用较低。该集成技术已申请专利 12 项（其中：发明专利 6 项、实用新型 6 项），已授权实用新型 5 项；并在云南省抚仙湖梁王河、杞麓湖主要入湖河道、牛栏江流域、晋宁县等地的河流治理中得到推广应用，水质改善效果显著。

在昆明主城区下游的草海示范区，以“湖泊分区生态系统修复—湖滨带建设—湖滨区基底修复”成套技术为支撑，重点选择滇池草海重污染区域西岸（0.5 km^2）进行技术系统设计及工程示范。示范区监测结果表明，沉水植被盖度达 40%以上，最高达到 80%，在沉水植被生长期，水清澈见底，水质改善效果明显（已连续运行 2 年以上）。示范区内 TN、TP、浊度和 Chl a 浓度分别下降了 60%、54%、70%和 65%。实现了在高营养负荷下草型清水稳态的转换。

5.2　水专项支撑下的滇池流域水环境的改善效果

水专项针对滇池"十一五"规划的重点项目开展研究，研发和形成的成套技术有力地支撑了治理滇池的"六大工程"，在相关工程的共同作用下，在连续 4 年的干旱气候条件下，滇池流域水环境质量逐年改善。2012 年，水质综合达标率由 2010 年的 29%上升为 51.7%，河流水质改善明显，水质达标率由 37.5%提高为 66.7%。

在水专项"湖泊分区生态系统修复—湖滨带建设—湖滨区基底修复"成套技术的支持下，2012 年，尽管滇池草海水质仍然为劣Ⅴ类水，但与 2008 年相比，营养状态由重度富营养转为中度富营养，营养状态指数下降 3.72%。超过Ⅴ类水的指标由 4 项（生化需氧量、氨氮、总磷和总氮）减少为 2 项（生化需氧量和总氮），主要污染物高锰酸盐指数下降 1.2%、生化需氧量下降 6.0%、氨氮下降 70.8%、总磷下降 67.8%、总氮下降 43.5%。

5.3　水专项技术推广应用及其效果

"十一五"水专项形成的研究成果，在滇池流域水污染防治"十二五"规划及治滇决策中发挥了重要的科技支撑和引领作用。研究成果多角度、多层次、尽可能多地渗透和应用到滇池流域水污染防治"十二五"规划的规划目标、思路、控制单元确定、方案设计和重点工程设计等环节，在数据、结论、模型、关键技术、思路、方案以及规划建议等方面发挥了全面的科技支撑作用。形成的 4 大板块技术已经在"十二五"滇池治理中得到规模化推广，提供了强有力的科技支撑，并在抚仙湖、杞麓湖等其他云南高原湖泊中得到应用，得到了云南省昆明市相关部门的一致认可，取得了良好的环境效益和社会效益。

5.3.1　水专项成果对滇池"十二五"规划编制的支撑

"十一五"滇池水专项团队的工作为滇池流域水污染防治"十二五"规划提供了技术基础和决策支持，也为高原湖泊流域水污染控制与治理提供示范与借鉴。自 2009 年年底起，滇池水专项团队积极参与并全力支持《滇池流域水污染防治"十二五"规划》编制工作，将水专项的阶段性成果多角度、多层次、尽可能多地渗透和应用到滇池“十二五”规划目标、方案设计和重点工程等环节。

在数据支撑上：向规划编制组提供了大量“一手”观测数据，尤其是流域尺度下的城市面源、农业面源、内源、暴雨径流、水文气象数据；在结论支撑上：水专项的阶段性成果表明，滇池的水质和生态退化趋势趋稳；提高污水处理厂出水标准、控制雨季面源污染、强化河道截污和河口湿地的“过程截污”是保障“十二五”滇池水质改善的前提；这些结论在“十二五”的规划方案制定中均得到了体现。在模型支撑上：量化了流域尺度内经济社会发展与滇池水环境保护的相互作用机理，提供了滇池流域综合模型及模拟结果以及基于水环境承载力的滇池流域产业结构调整方案；在方案支撑上：基于3大类机理模拟模型和系统评估成果，提供了相对可行、可靠的滇池水污染防治规划目标、控制重点和在“十二五”期间容易见效的水质改善方案等决策建议；在技术支撑上：滇池水专项团队与《滇池流域水污染防治“十二五”规划》编制组讨论，将水专项提出的分区分步生态修复理念以及开发的28项关键技术筛选后切实纳入“十二五”规划中，以全面支持滇池“十二五”的水质改善和规划目标。

在规划建议上：滇池水专项团队的多名课题负责人在云南省和昆明市各级人大和政协担任职务，基于水专项研究成果提出的农村产业结构调整、低水经济、面源污染防控等相关政策建议和提案已经在《滇池流域水环境防治“十二五”规划》《云南省九大高原湖泊沿湖村落环境综合整治工作方案》中得到落实。

5.3.2 关键技术的推广应用

5.3.2.1 湖泊上游城市合流制排水区污染控制技术体系推广

滇池北岸昆明主城点源和面源产生总量为 COD 101 261 t、TN 14 823 t、TP 1 253 t，现有污水处理设施可削减62%。入湖污染负荷占污染产生量的38%，本项目研究技术的推广应用可进一步削减其中32%的入湖污染负荷。

项目技术示范成果与滇池治理重大工程进行了较好的衔接，在滇池流域水污染防治“十二五”规划中得到推广应用。昆明市政府计划投入65.6亿元，建设“昆明主城排水管网完善工程”“昆明主城老城区市政排水管网及调蓄池建设工程”“城市公共绿地初期雨水处理及资源化利用工程”，拟建设26座合流污水/雨水调蓄池，规模达约36万 m^3，并在79个公园中实施雨水收集利用工程。工程实施后，可实现合流污水/雨水调蓄利用量达约3 200万 m^3/a，削减污染负荷 COD 7 202 t/a、TN 896 t/a、TP 100 t/a，对于实现滇池流域水污染防治“十二五”规划水质目标具有重大贡献（图5-2）。

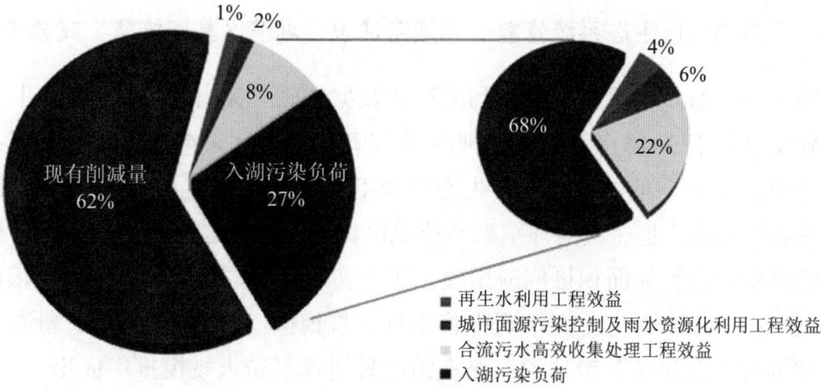

图 5-2 课题技术推广预期效果

5.3.2.2 流域农田面源污染防控技术推广

项目针对设施农业、村落、富磷区、传统种植业 4 种不同面源污染类型在晋宁县上蒜乡洗澡堂、段七、竹园、宝兴、柳坝村委会开展污染控制示范，并通过沟渠—水网系统的贯通，形成一个控制面积达到 6 km^2 的综合示范区，通过面源污染整体削减的技术集成及工程示范，在不影响经济发展和农民收入的基础上使面源污染负荷削减 30%以上。

项目在晋宁县上蒜乡竹园、段七建成污染防控型集约化花卉、蔬菜核心示范区，进而在该乡镇洗澡堂、段七、竹园、宝兴、柳坝村推广应用。在进行种植结构调控的基础上，集成应用节水滴灌技术、农业固废综合处理技术、环境友好型肥料精准施用技术、农药绿色替代技术等。推广面积 2 265 hm^2。其中：节水控污工程 250 hm^2（竹园村委会）；生物截污 15 hm^2（竹园村委会和宝兴村委会）；节肥调控技术 1 000 hm^2（竹园、段七、柳坝、普达村委会）；防污控害技术 1 000 hm^2（竹园、宝兴村委会）。

特别是在滇池流域连续三年严重干旱缺水的情况下，集水截污补灌技术在流域传统农业种植区示范与推广应用，不仅能够支撑流域水质改善、污染物削减以及环境管理决策，而且还对保证农田稳定生产起到重要的作用。提出的每个村落需要预留污水处理用地的建议已得到昆明市政府采纳；湖滨低洼地大棚迁往山地区的建议得到采纳；大棚区强制规定收集处理秸秆废弃物的建议也得到采纳。项目对村落污水、垃圾的处理处置思路和昆明市政府的方案已实现衔接。

开发的水肥资源回收利用性水窖的设计图已在晋宁县得到推广应用，仅在示范区内就有 76 座水窖已按图施工完成。本项目开发的节水节肥型设施农业技术，因污染少，成本低，效益高，已在示范区附近柳坝村推广 200 亩，目前正在示范区周边地区迅速推开。

5.3.2.3 “湖泊分区生态系统修复—湖滨带建设—湖滨区基底修复”成套技术推广

课题5在生态系统退化调查得到的翔实数据基础上提出的《滇池湖滨生态带管理维护指导意见》于2010年1月被昆明市人民政府办公厅采纳，并下发沿湖各县区政府，在总面积5万亩的滇池湖滨带生态管理工作中得到执行。“高原严重受损湖区草型清水态转换技术”是在滇池外草海原位湖区内进行的，这就为在物理条件与水质条件近似的外草海进行大面积推广应用奠定了坚实基础。本研究成果已列入滇池“十二五”规划，在“十二五”草海治理中将进行大规模推广与应用。“受损湖滨岸带基底修复及湖滨带生态建设关键技术”已在滇池外海湖滨带大规模推广应用，2010年在滇池外海灰湾、东大河和乌龙湖滨带建成了面积2 000亩的湿生乔木为主的湖滨湿地。

5.3.3 治滇决策咨询与直接参与

（1）2010年3月，应昆明市滇管局的邀请，水专项团队在前期系统观测、评估、模拟和规划研究等阶段性工作的基础上，提交了滇池流域总体规划实施方案，作为昆明市推行流域综合管理决策的依据。

（2）2009年12月—2010年4月，基于前期对昆明主城区的系统调查和研究，水专项团队参与并向市政府提交了《昆明主城二环内市政排水管网雨污分流完善工程可行性研究报告》，为昆明市开展下一步重大工程实施提供了依据。

（3）水专项团队就云南极端干旱气候对滇池蓝藻水华暴发的影响为昆明市政府提供决策咨询。从2009年9月开始，云南出现持续极端干旱气候；滇池水位持续下降，比往年同期降低约1 m。在此情况下，昆明市公众和政府部门十分关注这种极端气候对滇池蓝藻水华暴发的影响。滇池水专项团队基于前期研究建立的滇池生态观测网络，用最新监测数据展示了滇池蓝藻生长状况并与历史同期作了对照，提出了干旱气候对滇池蓝藻水华暴发的影响机制，对蓝藻水华发展趋势进行了分析和预测。上述成果已及时提交给昆明市人民政府，作为蓝藻治理和预警决策的科技支撑。

（4）水专项团队直接参与昆明市的农村治理与建设决策。滇池水专项团队收集整理的基础数据资料，以及对滇池面源污染源类型、空间分布、污染源强的判断，为昆明市制定面源污染防控政策、把握投资力度，编制治理方案提供了指导。2010年6月28日，中共昆明市委办公厅、昆明市人民政府办公厅《关于印发农村“六清六建”工作实施方案及其考核办法和问责规定等八个文件的通知》（昆办通〔2010〕81号），所涉及的《关于清理农村垃圾建立垃圾管理制度的实施方案》《关于清理乱搭乱建建立村庄容貌管理制度的实施方案》《关于清理农村粪便建立人畜粪便管理制度的实施方案》《关于清理农作物秸秆建立秸秆综合利用制度的实施方案》《关于清理农村区域工业污染源建立稳定达标排放制度的实施方案》《关于清理河道建立农村水面管护制度的实施方案》（以上六项工作简称“六清六建”）思路和内容，很多都是基于本课题工作的成果，并与相关责任单位共同讨论，提交给政府形成的决策文本。

2009 年以来，项目组将研究成果和资料进行总结和归纳，以政协提案的形式提交云南省、昆明市有关部门，提出的建议得到了采纳，有的思路被纳入治理滇池及云南高原湖泊的规划或政府文件中。以政协委员的身份在 2009 年提交的“关于把九大高原湖泊流域内农村产业结构调整纳入水污染防治对策的提案”、2010 年提交的“关于把农村生态环境保护作为我省经济社会发展的重要突破口来抓的提案”等所提出来的“滇池流域及昆明市应致力于发展低水经济，寻找‘低水’发展或‘脱水’发展的方式，破解经济社会发展引起的水资源短缺及水环境污染问题”、把农村产业结构调整、经济社会发展与高原湖泊面源污染防控、新农村建设有机融合起来的建议和思路，已经被政府采纳。

（5）流域水环境综合管理决策支撑平台全面服务于公众、科研、业务及管理需求，定期为昆明市政府、云南省“九湖办”及气候中心、昆明市环保局等部门提交《滇池水质月报》《河长月报》《污染源监测简报》《昆明市主要集中式饮用水水源地、重点湖库、河流水质监测及达标综合排名情况的通报》《滇池蓝藻周报》及《滇池蓝藻预警监测周报数据表》《污染源在线监测周报》《污水处理厂污染物排放情况月报表》等各类报告、报表，并与监察部门形成了联动监管机制。实现了流域水环境信息数字化、专家支持多元化、环境管理智能化，提升了流域水环境监管水平，创新了流域水环境监管模式，带动了流域管理理念和机制转变，推进了水污染防治中长期规划的滚动实施，为滇池流域水环境监控预警和综合管理提供重要的技术支持。

第 6 章 总结与展望

6.1 标志性成果

6.1.1 滇池流域水污染防治与富营养化控制中长期路线图

根据项目的相关研究，得到“滇池流域水污染防治与富营养化控制中长期路线图”标志性成果，该成果都被应用到国家、地方滇池水污染防治工作当中，包括国务院的“滇池流域水污染防治‘十二五’规划”、昆明市人民政府的“昆明市环境保护与生态建设‘十二五’规划”、云南省人民政府的“滇中引水工程滇池、洱海、杞麓湖及异龙湖水环境影响专题研究”。此外，2011 年 3 月 24 日，昆明市副市长王道兴在《新闻联播》中明确指出重大水专项和科技技术的数据用在滇池治理的“十二五”规划当中，得到广泛的社会影响。

6.1.1.1 战略目标

“十一五”期间对滇池流域污染特征与富营养化的系统诊断、观测与模拟结果证实：滇池的污染类型已经发生了变化，而传统的城市污水处理设施无法满足这种新的变换对 N、P 污染负荷的进一步去除；滇池流域目前面临的主要问题是持续的人口规模扩张和预期更多的 N、P 污染负荷输入以及水陆交错带与湖滨湿地的缺乏制约了滇池生态恢复。

在目前我国的湖泊水环境质量标准与污染控制中，仍主要针对 N、P 等营养物质，而根据滇池的水生态安全评估结论可知，导致滇池湖泊功能丧失、生态破坏的主要原因是富营养化，尤其是周年性的蓝藻暴发。借助于“十一五”开发的滇池三维水质—水动力模型可知：即便当水质达到III类时，在其他物理条件存在的情况下，滇池仍会有蓝藻水华发生。因此一味地追求将滇池外海 TN、TP 质量浓度控制在更高的水质标准（Ⅲ类、Ⅳ类），并不一定能有效地控制蓝藻水华的暴发。因此，单纯的流域污染负荷与水质改善在降低周年性蓝藻暴发时面临困境，滇池治理的思路必须发生转换。对滇池这种富营养化水体而言，最终目标应该是恢复其健康的生态系统。所以规划的目标除了水质恢复目标外，更应考虑滇池恢复的生态目标，尤其是与蓝藻水华暴发相关的指标，如透明度（SD）、溶解氧（DO）、叶绿素 a（Chl a）以及营养状态指数等。

为此，滇池富营养化及周年性蓝藻水华暴发的特征决定了在规划的战略目标必须发生转移，也即应坚持水质目标和生态目标并重，且生态系统健康应是滇池恢复的目标。

6.1.1.2　战略方案

在战略目标的指引下，本研究提出的滇池水污染防治与富营养化控制规划方案，其总体思路为：以实现滇池水质持续性改善和滇池生态系统草型清水稳态为中长期规划的总体目标，以流域水环境承载力与容量总量控制为约束，通过构建 3 个尺度、8 个分区及 4 个规划重点的流域污染减排（抑增减负）与湖体生态修复集成方案体系及情景方案，为滇池水质恢复及分步、分区生态修复提供流域控源、湖滨生境及外部条件。

具体包括：松华坝水源保护区污染防治与生态保育规划；城西草海汇水区区域性控源与再生水利用规划；外海北岸重污染排水区综合控源规划；外海东北岸“城市—城郊—农村”复合污染区综合防治规划；外海东岸新城水污染防治规划；外海东南岸农业面源污染控制区控源减排规划；外海西南岸高富磷区污染防治与陆地生态修复规划；外海西岸湖滨散流区陆地生态修复规划。

6.1.1.3　战略路线图

滇池水污染治理与富营养化控制的战略路线图是在战略目标与战略方案的基础上确立的，尽管与现有的滇池治理思路不同，但这个思路不排斥污染源的治理，而是需考虑在可行的目标前提下以污染源治理与有条件的湖泊生态修复并重；污染源治理是个长期的过程，一步期望达到水质目标的现实具有不可行性；“十一五”的研究证明，可以在流域控源与湖泊生态修复的基础上长期持续达到水质目标。亦即通过控制一定的条件，恢复滇池水生态系统，改善水体透明度，促进滇池外海从目前的“浊水藻型”向“清水草型”的方向演替，有效地控制蓝藻水华的暴发。这是控制滇池外海蓝藻水华暴发的一种行之有效的思路和途径。

（1）近期。重点控源、草海功能调整、优先恢复南部湖滨、北部湖滨示范性恢复、水质稳定Ⅴ类、藻类暴发频次与强度降低。

（2）中期。巩固控源、完成河道全面系统治理、北部与东部湖滨重点恢复、水质趋近Ⅳ类、北部蓝藻堆积面积显著减小。

（3）远期。稳定控源、湖滨生态闭合、构建系统的湖泊治理—评估—监控体系、水质稳定Ⅳ类型、草型为主但仍较为脆弱。

总之，在湖泊的治理中，污染源治理是个长期的过程，一步期望达到水质目标在现实中具有不可行性；即便水质达到较高的标准（Ⅲ类、Ⅳ类），并不一定能有效地控制蓝藻水华的暴发。因此，需要同时考虑控源减排与生态修复，以长期持续达到水质目标，实现水质有限改善基础上的生态恢复；同时，还需注意滇池生态修复与生态系统健康恢复的长期性和复杂性。

6.1.2 高原重污染湖泊生态系统向草型清水态转换

基于分区分步生态修复的策略，根据湖泊稳态转换理论，通过生态修复条件创建、水生植被构建和水生植被维护技术的优化与集成，形成“湖泊分区生态系统修复－湖滨带建设－湖滨区基底修复”成套技术。成功实现了在较高营养负荷条件下构建和维持以沉水植被为主的草型清水生态系统。示范工程的成功实现和连续运行证明：经典的长江下游浅水湖泊稳态转换的营养阈值范围不适用于高原湖泊。湖泊生态修复可在较高营养负荷条件下开始进行，这使得生态修复的界限在传统意义上得以拓宽，不必要在营养盐降低至低水平时才能实施，从而可以大幅降低湖泊治理的成本。

图6-1 示范区实景图

通过分析滇池过去50年的沉水植物和水环境数据，确定沉水植物消失的时间顺序表，提出滇池外海沉水植被恢复路线，实现高原湖泊稳态转换的多模式。

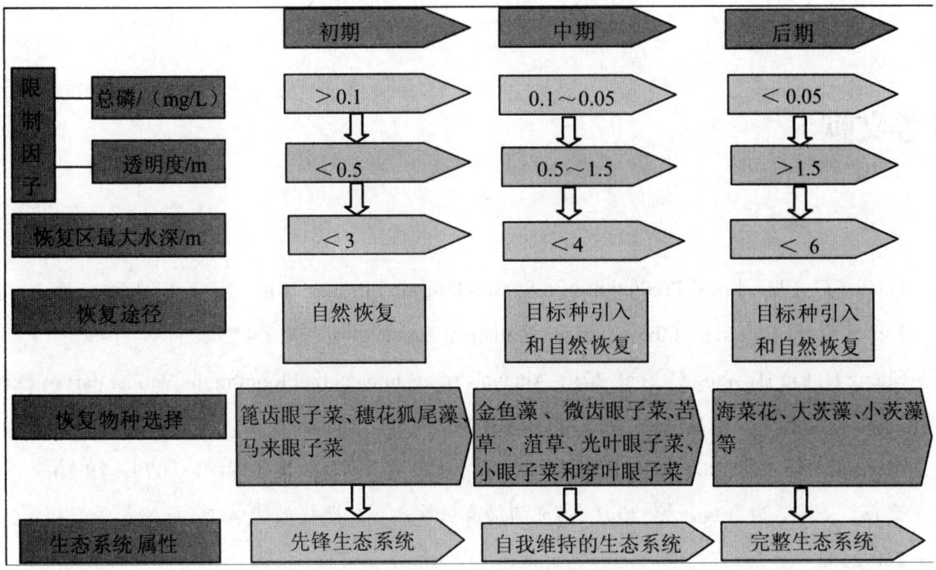

图 6-2 稳态多模式转变示意图

6.2 研究展望

根据“十一五”滇池水专项的研究，未来仍然需要在如下 5 方面继续开展深入的研究，以更好地支撑滇池流域水污染治理和富营养化控制：

（1）滇池富营养化的新阶段特征剖析，识别影响滇池富营养化的主要因素及未来的控制重点。

（2）滇池从“浊水藻型”向“清水草型”的方向演替的主要途径和科学问题。

（3）滇池流域“控源—减排—截污—治污—生态修复”递阶削减技术集成及优化途径。

（4）流域经济社会发展与滇池水环境的相互作用机理。

（5）营养物在滇池流域系统中迁移转化的关键过程识别。

参考文献

[1] Haas T C. 1995. Local Prediction of a Spatio-Temporal Process with an Application to Wet Sulfate Deposition[J]. Journal of the American Statistical Association，90（432）：1189-1199.

[2] Sheng H，Liu H，Wang C，et al. 2012. Analysis of cyanobacteria bloom in the Waihai part of Dianchi Lake，China[J]. ECOLOGICAL INFORMATICS，10：37-48.

[3] 段永蕙，张乃明. 2003. 滇池流域农村面源污染状况分析[J]. 环境保护，（07）：28-30.

[4] 高伟，周丰，郭怀成，等. 2013. 滇池流域高分辨率氮、磷排放清单[J]. 环境科学学报，（01）：240-250.

[5] 李清光，王仕禄. 2012. 滇池流域硝酸盐污染的氮氧同位素示踪[J]. 地球与环境，（03）：321-327

[6] 李跃勋，徐晓梅，何佳，等. 2010. 滇池流域点源污染控制与存在问题解析[J]. 湖泊科学，（05）：633-639.

[7] 李中杰，郑一新，张大为，等. 2012. 滇池流域近 20 年社会经济发展对水环境的影响[J]. 湖泊科学，（06）：875-882.

[8] 陆轶峰，李宗逊，雷宝坤. 2003. 滇池流域农田氮、磷肥施用现状与评价[J]. 云南环境科学，（01）：34-37.

[9] 盛虎，郭怀成，刘慧，等. 2012. 滇池外海蓝藻水华暴发反演及规律探讨[J]. 生态学报，（01）：56-63.

[10] 盛虎，刘慧，王翠榆，等. 2012. 滇池流域社会经济环境系统优化与情景分析[J]. 北京大学学报（自然科学版），（04）：638-647.

[11] 邢可霞，郭怀成，孙延枫，等. 2004. 基于 HSPF 模型的滇池流域非点源污染模拟[J]. 中国环境科学，（02）：102-105.

[12] 郑一新，李中杰，倪金碧，等. 2010. 滇池流域工业企业水污染状况调查与分析研究[Z]. 中国上海：7.

[13] 郑一新，李中杰，倪金碧. 2012. 基于 GIS 的工业水污染调查研究——以滇池流域为例[J]. 环境保护科学，（03）：20-24.

[14] 郁亚娟，王翔，王冬，等. 2012. 滇池流域水污染防治规划回顾性评估[J]. 环境科学与管理，37（4）：184-189.

[15] 金相灿. 2008. 湖泊富营养化研究中的主要科学问题——代"湖泊富营养化研究"专栏序言 [J]. 环境科学学报，28（1）：21-23.

[16] 舒庆. 2008. “十一五”环境规划汇编 [M]. 北京：红旗出版社.

[17] 王红梅，陈燕. 2009. 滇池近 20 年富营养化变化趋势及原因分析 [J]. 环境科学导刊，28（3）：57-60.

[18] 苏涛. 2011. “十一五”期间滇池水质变化及原因 [J]. 环境科学导刊，30（5）：33-36.

[19] Yang Y H，Zhou F，Guo H C，et al. 2010. Analysis of spatial and temporal water pollution patterns in Lake Dianchi using multivariate statistical methods [J]. Environmental Monitoring and Assessment，（170）：407-416.

[20] 邓义祥，郑一新，富国，等. 2011. 路径分析法在滇池流域水污染防治规划中的应用[J]. 湖泊科学，23（4）：520-526.

[21] 吴悦颖，肖丁. 2009. 《滇池流域水污染防治规划》解读[J]. 环境保护，12：15-16.

[22] 刘永，郭怀成，周丰，等. 2006. 基于流域分析方法的湖泊水污染综合防治研究[J]. 环境科学学报，26（2）：337-344.

[23] 宋国君，宋宇，王军霞，等. 2010. 中国流域水环境保护规划体系设计 [J].环境污染与防治，32（12）：81-86.

[24] National Research Council. 2001. Assessing the TMDL Approach to Water Quality Management [M]. Washington，D C：National Academy Press.

[25] Havens K E，Walker W W. 2002. Development of a total phosphorus concentration goal in the TMDL process for Lake Okeechobee，Florida（USA）[J]. Lake and Reservoir Management，18（3）：227-238.

[26] Elshorbagy A，Teegavarapu RSV，Ormsbee L. 2005. Total maximum daily load（TMDL）approach to surface water quality management：concepts，issues，and applications [J]. Canadian Journal of Civil Engineering，32（2）：442-448.

[27] Whiting P J. 2006. Estimating TMDL background suspended sediment loading to great lakes tributaries from existing data [J]. Journal of The American Water Resources Association，42（3）：769-776.

[28] Zheng Y，Keller A A. 2008. Stochastic watershed water quality simulation for TMDL development-A case Study in the Newport Bay Watershed [J]. Journal of the American Water Resources Association，44（6）：1397-1410.

[29] 赵卫， 刘景双，孔凡娥. 2008. 辽河流域水环境承载力的仿真模拟 [J]. 中国科学院研究生院学报，25（6）：738-747.

[30] 孟伟. 2008. 流域水污染物总量控制技术与示范[M]. 北京：中国环境科学出版社.

[31] 刘慧. 2011. 滇池流域水环境经济系统综合模拟及应用研究 [D]. 北京大学.

[32] 万能，宋立荣，王若南，等. 2011. 滇池藻类生物量时空分布及其影响因子[J]. 水生生物学报，32（2）：184-188.

[33] 王丑明，谢志才，宋立荣，等. 2011. 滇池大型无脊椎动物的群落演变与成因分析[J]. 动物学研究，32（2）：212-221.

[34] 宋任彬，韩亚平，潘珉，等. 2011. 滇池外海沉水植物生态环境调查与分布特点分析 [J]. 环境科学导刊，30（3）：61-64.

[35] Lung W S. 2001. Water Quality Modeling for Wasteload Allocations and TMDLs [M]. America：John Wiley Press.

[36] Pelley J. 2003. New watershed approach rooted in TMDL [J]. Environmental Science & Technology，37（21）：388A.

[37] 周丰，郭怀成. 2009. 不确定性非线性系统“模拟—优化”耦合模型研究[M]. 北京：科学出版社.

[38] 万能，宋立荣，王若南，等. 2008. 滇池藻类生物量时空分布及其影响因子 [J]. 水生生物学报，32（2）：184-188.

[39] 杨逢乐，金竹静，王伟. 2009. 滇池流域受污染河流原位处理技术研究 [J]. 环境工程，27（3）：17-19；32.

[40] 罗佳翠，马巍，禹雪中，等. 2010. 滇池环境需水量及牛栏江引水效果预测 [J]. 中国农村水利水电，（7）：25-28.

[41] 北京大学，云南省环境科学研究院，昆明市环境科学研究院，云南大学，昆明市环境监测中心. 2011.流域社会经济结构调整与水污染防治中长期规划研究报告 [R]. 2008ZX07102-001. 北京：北京大学：72-85.

[42] 李跃勋，徐晓梅，何佳，等. 2010. 滇池流域点源污染控制与存在问题解析 [J]. 湖泊科学，22（5）：633-639.

[43] Carvalho L，Bekioglu M，Moss B. 1995. Changes in a deep lake following sewage diversion-a challenge to the orthodoxy of external phosphorus control as a restoration strategy？ [J]. Freshw Boil，34（2）：399-410.

[44] 常锋毅. 2009. 浅水湖泊生态系统的草-藻型稳态特征与稳态转换研究 [D]. 中国科学院水生生物研究所.

[45] Carpenter S R.2005. Eutrophication of aquatic ecosystems：biostability and soil phosphorus [J]. Proceedings of the National Academy of Sciences，102：10002-10005.

[46] Contamin R，Ellison A M. 2009. Indicators of regime shifts in ecological systems：What do we need to know and when do we need to know it？ [J]. Ecological Applications，19（3）：799-816.

[47] Hamrick J M. 1992. A three-dimensional environmental fluid dynamics computer code：Theorectical and computational aspects[R]. Special paper 317，the College of William and Mary，Virginia Institute of Marine Science，Williamsburg，VA.

[48] Hamrick J M. 1996. User's Manual for the Environmental Fluid Dynamics Computer Code[R].

Special Report No. 331 in Applied Marine Science and Ocean Engineering. Department of Physical Sciences，School of Marine Science，Virginia Institute of Marine Science，The College of William and Mary，Gloucester Point，VA.

[49] Park K，Kuo A，Shen J，et al. 1995. A Three-dimensional Hydrodynamic- Eutrophication Model（HEM-3D）：Description of Water Quality and Sediment Process Submodels（EFDC Water Quality Model）[R]. Special Report No. 327 in Applied Marine Science and Ocean Engineering.

[50] Zou R，Bai S，Parker A. 2008. Hydrodynamic and eutrophication modeling for a tidal marsh impacted estuarine system using EFDC[J]. Coastal and Estuary Modeling：561-589.

[51] Zou R，Zhang Z Z，Liu Y，et al. 2010. Neural networks for approximating numerical water quality models：Applicability and deceptive effects of insensitive parameters[J]. Acta Scientiae Circumstantiae，2010，30（10）：1964-1970.

[52] World Bank. 2001. China：Air，Land，and Water. Washington，D.C.，USA. http：//www.worldbank.org.cn/English/content/china-environment.pdf

[53] Yang Y H，Zhou F，Guo H C，et al. 2009. Analysis of spatial and temporal water pollution patterns in Lake Dianchi using multivariate statistical methods. Environmental Monitoring and Assessment，DOI：10.1007/s10661-009-1242-9.

[54] Liu Z H，Liu X H，He B，et al. 2009. Spatio-temporal change of water chemical elements in Lake Dianchi，China. Water and Environment Journal，23（3）：235-244.

[55] 王苏民，窦鸿身. 1998. 中国湖泊志[M]. 北京：科学出版社.

[56] 胡元林. 2010. 高原湖泊流域可持续发展理论及评价模型研究[D]. 昆明理工大学.

[57] 于洋. 2011.云贵高原湖泊水质现状及演变[J]. 湖泊科学，22（6）：820-828.

[58] 郭怀成，孙延枫. 滇池水体富营养化特征分析及控制对策探讨[J]. 地理科学进展，21（5）：500-506.

